高等学校规划教材

基础化学实验

刘 露 张震北 李 英 主编

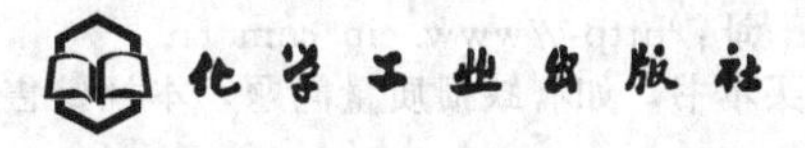

·北京·

内容简介

《基础化学实验》分为三部分，第一部分包括第一章基础化学实验规则和第二章试剂、仪器与基本操作，介绍了基础化学实验室的基本规则，常用试剂的级别和种类、实验仪器及基本操作，还介绍了实验室废液的归类和处理方法等内容；第二部分为第三章基础化学实验数据的处理，介绍了实验数据的记录原则和实验报告的撰写，针对现在数字信息时代的特点，增加了计算机软件 Excel 和 Origin 在化学实验数据处理中的应用示例；第三部分为实验部分，包括基础化学基本操作训练实验、基础化学基本原理实验、常量分析实验和综合设计实验。在实验内容的选择上，重点考虑基础化学实验的基础性与系统性，培养学生的基本实验操作技能的规范性，为化学实验课程打下坚实的基础；同时兼顾基础化学实验学科的综合性，选择近些年出现的一些分析化学和有机化学研究热点，如茶叶中咖啡因的提取及其性质，从槐花米中提取芦丁等内容；在教材内容的编排上，除了选择传统的基础化学实验内容外，还增加了实验中使用仪器的介绍及更新，不仅有较新型号的酸度计、电导率仪这些常见仪器的原理及使用方法，也对分光光度计、红外光谱仪、X 射线粉末衍射（XRD）仪、水浴锅、微波仪等进行了介绍，能够满足大多数基础化学实验课程的要求；另外，本教材还编入了部分综合设计性实验以供选择，适合创新性人才培养模式的需求。

《基础化学实验》可作为化学化工类专业、农林类专业、医药类专业本科生的实验教材，也可供相关人员参考使用。

图书在版编目（CIP）数据

基础化学实验/刘露，张震北，李英主编．—北京：化学工业出版社，2022.9

ISBN 978-7-122-41489-2

Ⅰ.①基… Ⅱ.①刘…②张…③李… Ⅲ.①化学实验-高等学校-教材 Ⅳ.①O6-3

中国版本图书馆 CIP 数据核字（2022）第 090992 号

责任编辑：李　琰　宋林青　　　　装帧设计：刘丽华
责任校对：边　涛

出版发行：化学工业出版社（北京市东城区青年湖南街 13 号　邮政编码 100011）
印　　装：北京科印技术咨询服务有限公司数码印刷分部
787mm×1092mm　1/16　印张 10¼　字数 245 千字　2022 年 8 月北京第 1 版第 1 次印刷

购书咨询：010-64518888　　　　售后服务：010-64518899
网　　址：http://www.cip.com.cn
凡购买本书，如有缺损质量问题，本社销售中心负责调换。

定　　价：28.00 元

《基础化学实验》编写人员

主　　编： 刘　露　张震北　李　英

副 主 编： 郭　昂　张　瑾　程银锋

编　　者（以姓氏汉语拼音为序）：

程银锋　郭　昂　侯玉霞　黄世江

李　英　李芸玲　刘　露　刘　萍

曲　黎　王吉超　王天喜　张　瑾

张玉泉　张震北　赵　宁

前言

《基础化学实验》是一门独立的课程，既是基础化学课程理论教学的延伸，又与相应的理论课《无机化学》《分析化学》和《有机化学》紧密联系。本教材内容主要包括无机化学实验、分析化学实验和有机化学实验。作为一门重要的化学专业基础课，重点培养学生深入掌握本专业的基本知识、基本操作和基本技能的训练，突出学生的主动性和独立性，同时注重培养学生的创新思维与创业能力，为后续其他专业实验课程的学习奠定坚实的基础。

本教材的编写遵循"加强实验基本技能、着重实践能力提升、强化创新精神培养"的原则，在实验内容的编排上，先无机实验后分析实验，再综合设计实验。内容包括七个章节，22 个基础性实验，17 个综合设计性实验。

本教材具有以下特色：

（1）注重基本操作与技能训练，夯实基础

在实验内容的选取和编排上，着重考虑基础化学实验的基础性，重点培养学生掌握化学实验的基本操作与技能。详细介绍实验室的基本规则，常用试剂的级别和种类、实验仪器及基本操作，使学生为实验课程夯实基础；再进行基本操作训练实验，学以致用；然后再进行基本原理实验、常量分析实验，最后是综合设计实验，整个内容由易到难、层次分明、循序渐进，使学生对化学的认识逐渐加深，实验技能逐步得到提高。

（2）紧密联系生产与生活实际，提高兴趣

在综合设计实验中，增加了部分紧密联系生产、生活实际的素材，如：从果皮中提取果胶、饲料中铜含量的测定等，有利于激发学生参与实验的积极性，提高学生的学习兴趣，培养学生理论联系实际的能力和创新精神，彰显新时代人才培养的理念。

参加本书编写的人员有：河南科技学院程银锋，郭昂，侯玉霞，刘露，刘萍，李英，李芸玲，王吉超，王天喜，张瑾，张玉泉，张震北，赵宁；新乡工程学院黄世江，曲黎，全书由刘露、李英和张震北统稿定稿。

本书在修订过程中，得到了河南科技学院化学实验基础系列教材编写指导委员会的大力支持，侯振雨教授、范文秀教授、李长恭教授对本书的内容提出了宝贵而诚挚的建议，在此表示衷心感谢！编写过程中，参考了一些兄弟院校的教材，在此表示衷心感谢！河南科技学院教务处和化学工业出版社对本书的出版也给予了大力支持和帮助，在此表示衷心感谢！

限于编者水平有限，书中不妥之处在所难免，请与我们联系（liululiulu2012@126.com 和 hnliy0412@126.com），以便后期改进。

编者

2022 年 4 月

目录

第一章 基础化学实验规则

一、实验目的和要求

基础化学包含化学学科里面最基础的知识，是一门重要化学专业基础课，对培养学生深入掌握本专业的基本理论和基本技能具有重要作用。而化学中所学的很多知识都源于实验，同时又被实验所检验，实验在基础化学的理论课程教学中占有极其重要的地位。特别是基础化学实验课，其教学质量直接影响着学生专业知识技能及实践操作能力的培养，影响着学生后续专业课程学习，影响着学生的创新能力。基础化学实验课不仅能巩固学生在基础化学理论课学习到的基本知识、基本原理，更重要的是能够培养学生的动手能力、观察问题的能力以及分析问题和解决问题的能力，为后续的专业理论课和实验课打下良好的基础。

要掌握基础化学实验的基本技能和原理，不仅要有正确的学习态度，而且要有正确的学习方法。基础化学实验的学习方法如下：

(1) 课前预习

认真预习实验内容，是做好实验的第一步。预习时应认真阅读实验教材和理论课教材；明确实验目的、基本原理与技能；了解实验内容及实验难点；熟悉安全注意事项；参考实验内容，写出实验预习报告。预习报告是实验报告的一部分，包括实验目的、简要的实验原理与计算公式、实验步骤或流程图、数据记录与处理的格式等。

(2) 认真做实验

学生在教师指导下独立进行实验是实验课的主要教学环节，也是训练学生正确掌握实验技能、达到培养目的的重要手段。实验时，原则上应按实验教材上所提示的步骤、方法和试剂用量进行，若提出新的实验方案，应经教师批准后方可进行试验。

实验课要求做到下列几点：

① 认真听老师讲解具体实验内容。

② 做好实验准备工作，如实验台面的擦拭、玻璃仪器的洗涤及仪器的检查等。

③ 按正确方法进行实验操作，仔细观察实验现象，并及时、如实地做好记录。

④ 如果发现实验现象和理论不符合，应尊重实验事实，认真分析和检查原因，也可以做对照试验、空白试验或自行设计实验来核对，必要时应多次重做验证，从中得到有益的结论。

⑤ 实验过程中应勤于思考，仔细分析，力争自己解决问题，但遇到疑难问题而自己难以解决时，可提请教师指点。

⑥ 在实验过程中，严格遵守实验室规则。

（3）完成实验报告

完成实验报告是对所学知识进行归纳和提高的过程，也是培养严谨的科学态度、实事求是精神的重要措施，应认真对待。

实验报告的内容一般可分为三部分：

① 实验预习（实验前完成） 按实验目的、实验原理、实验步骤等项目简要书写。

② 实验记录（实验过程中完成） 包括实验现象、实验数据，这部分数据称为原始数据。必须如实记录，不得随意更改。

③ 数据处理与结果（实验后完成） 包括对数据的处理方法及对实验现象的分析和解释。

实验报告的书写应字迹端正，简明扼要，整齐清洁，绝不允许草率应付或抄袭编造。

二、实验室规则

实验室规则是人们在长期的实验室工作中的经验、教训中归纳总结出来的，可以防止意外事故的发生，保持正常的实验环境和工作秩序。遵守实验室规则是做好实验的重要前提。

① 学生在做实验前，必须认真预习，明确实验目的、实验原理、实验步骤及操作规程，未做好预习工作者，教师应对其提出批评和警告。

② 学生进入实验室后，未经教师准许不得随意开始实验，不得乱动仪器、药品或其他设备用具。教师讲授完毕，凡有不明确的问题，应及时向教师提出，在完全明确本次实验各项要求，并经教师同意后，方可进行实验。

③ 学生做实验时，要严格按规定的步骤和要求进行操作，按规定的量取用药品。如，称取药品后，应及时盖好原瓶盖并放回原处，不得做规定以外的实验，凡遇疑难问题应及时请教，不得自行其是。

④ 学生做实验时，应按照要求，仔细观察实验现象，并正确地进行记录；实验所得数据与结果，不得涂改或弄虚作假，必须如实记在记录本上。

⑤ 学生进行实验时，要注意安全，爱惜仪器和试剂。如有损坏，必须及时登记补领。

⑥ 实验中必须保持肃静，不准大声喧哗，不得到处乱走。

⑦ 实验中要注意实验室及实验台的卫生工作。如，实验台上的仪器应整齐地放在指定的位置上，并保持台面的清洁；废纸、火柴梗和碎玻璃等应倒入垃圾箱内。

⑧ 实验过程中的废液，未经允许，不得倒入下水道。较稀的酸、碱废液可倒入水槽中，但应立即用水冲洗，较浓的酸、碱废液应倒入相应的废液缸中，或经处理后直接排出。

⑨ 使用精密仪器时，必须严格按照操作规程进行操作，细心谨慎，避免因粗心大意而损坏仪器。如发现仪器有故障，应立即停止使用，报告教师。使用后必须自觉填写仪器使用登记本。

⑩ 实验结束时，应将所用仪器洗净并整齐地放回柜内。实验台及试剂架必须擦净，经教师或实验员检查实验记录和实验台合格后方可离开实验室。

⑪ 室内任何物品，严禁私自拿出室外或借用。需在室外进行实验时，所需物品应经教师或实验员同意，列出清单查核登记后方可带出室外。实验完毕后及时清理，如数归还。

⑫ 实验中，凡人为损坏或遗失仪器设备及工具者应追查责任，给予批评教育，并按有关规定办理赔偿手续。

⑬ 每次实验后由学生轮流值勤，打扫和整理实验室，并检查水龙头、煤气开关、门、

窗是否关紧，电闸是否关闭，以保持实验室的整洁和安全。

⑭ 实验室属重点防护场所，非实验时间除本室管理人员外，严禁任何人随意进入；实验时间内非规定实验人员不得入内。室内存放易燃、易爆、有毒及贵重的物品，必须按有关部门的规定妥善保管。每次实验完毕后，实验员应进行安全检查，确认无误后方能离开实验室。

⑮ 实验室必须配备灭火设备，如灭火器、石棉布、沙子等。

⑯ 实验室应配备处理人员意外受伤的急救药箱。

三、实验室安全知识

化学药品有很多是易燃、易爆、有腐蚀性和有毒的。因此，重视安全操作，熟悉一般的安全知识是非常必要的。

注意安全首先需要从思想上高度重视，绝不能麻痹大意。其次，在实验前应了解仪器的性能和药品的性质以及本实验中的安全事项。再次，要学会一般救护措施，一旦发生意外事故，可及时进行处理。实验室的废液，必须按要求进行处理，不能随意乱倒，以保持实验室环境不受污染。

(1) 实验室安全规则

① 实验时，应穿上实验工作服，不得穿拖鞋。

② 不要在实验室内拨打手机，也不要将手机或其它电子产品放在实验台上。

③ 严禁在实验室内吃东西、吸烟，或把食具带进实验室。实验完毕，必须洗净双手后才能离开实验室。

④ 不要用湿手、湿物接触电源。水、电、煤气（液化气）一经使用完毕，应立即关闭水龙头、电闸和煤气（液化气）开关。点燃的火柴用后立即熄灭，不得乱扔。

⑤ 严格按实验步骤及要求做实验，绝对不允许随意更改实验步骤或混合各种化学药品，以免发生意外事故。

⑥ 实验室所有药品不得带出室外。用剩的有毒药品应如数还给教师。

⑦ 洗涤过的仪器，严禁用手甩干，以防未洗净容器中含有的酸、碱液等伤害他人身体或衣物。

⑧ 倾注药剂或加热液体时，不要俯视容器，以防溅出。试管加热时，切记不要使试管口对着自己或别人。

⑨ 不要俯向容器去嗅放出的气味。闻气味时，应该是面部远离容器，用手把离开容器的气流慢慢地扇向自己的鼻孔。能产生有刺激性或有毒气体（如 H_2S、HF、Cl_2、CO、NO_2、Br_2 等）的实验必须在通风橱内进行。

⑩ 有毒药品（如重铬酸钾、钡盐、铅盐、砷的化合物、汞的化合物、特别是氰化物）不得进入口内或接触伤口。剩余的废液也不能随便倒入下水道。

⑪ 易燃、易爆及有毒试剂，必须在掌握其性质及使用方法后方可使用。

⑫ 进行有危险性的实验时应佩戴防护眼镜、面罩和手套等防护用具。

⑬ 掌握各种安全用具（灭火器、沙桶和急救箱等）的使用方法。

(2) 常见有害试剂的使用及处理方法

① 钾、钠和白磷等暴露在空气中易燃烧。所以钾、钠应保存在煤油中，白磷则可保存在水中。使用时必须遵守其使用规则，如取用时要用镊子。一些有机溶剂（如乙醚、乙醇、

丙酮、苯等）极易引燃，使用时必须远离明火，用毕立即盖紧瓶塞。

② 混有空气的氢气、CO等遇火易爆炸，操作时必须严禁接近明火；在点燃氢气、CO等易燃气体之前，必须先检查并确保纯度。银氨溶液不能留存，久置后会变成氮化银且易爆炸。某些强氧化剂（如氯酸钾、硝酸钾、高锰酸钾等）或其混合物不能研磨，否则将引起爆炸。

③ 浓酸、浓碱具有强腐蚀性，切勿使其溅在皮肤或衣服上，尤其应注意眼睛的防护。稀释时（特别是浓硫酸）应将它们慢慢倒入水中，切不能反向进行，以避免迸溅。

④ 处理过金属钠的剪刀、镊子、滤纸，要仔细检查并回收附着的钠块后再于清水中浸泡处理；实验台和地面必须用湿布处理。严禁将处理过金属钠的滤纸直接丢弃到垃圾桶中。

⑤ 金属汞易挥发（瓶中要加一层水保护），并可通过呼吸道而进入人体内，逐渐积累会引起慢性中毒。取用汞时，应该在盛水的搪瓷盘上方操作。做金属汞的实验应特别小心，不得把汞洒落在桌上或地上。一旦洒落，应用滴管或胶带纸将洒落在地面上的汞粘集起来，放进可以封口的小瓶中，并在瓶中加入少量水，难以收集起来的汞，用硫黄粉覆盖在汞洒落区域，使汞转变成不挥发的硫化汞，再加以清除。

（3）实验室事故的处理方法

① 创伤　皮肤被玻璃戳伤后，不能用手抚摸或用水洗涤伤处，应先把碎玻璃从伤口处挑出，然后用消毒棉棒把伤口擦净。轻伤可涂以紫药水（或红汞、碘酒），必要时撒些消炎粉或敷些消炎膏，用绷带包扎。

② 烫伤　不要用冷水洗涤伤处。伤处皮肤未破时可涂上饱和$NaHCO_3$溶液或用$NaHCO_3$粉调成糊状敷于伤处，也可抹獾油或烫伤膏；如果伤处皮肤已破，可涂些紫药水或稀$KMnO_4$溶液。

③ 受酸（如浓硫酸）腐蚀致伤　先用大量水冲洗，再用饱和$NaHCO_3$溶液（或稀氨水、肥皂水）洗，最后再用水冲洗，如果酸溅入眼内，用大量水冲洗后，送医院诊治。

④ 受碱腐蚀致伤　先用大量水冲洗，再用2%醋酸溶液或饱和硼酸溶液清洗，最后用水冲洗。如果碱溅入眼中，应立刻用硼酸溶液清洗。

⑤ 吸入刺激性或有毒气体　吸入氯、氯化氢气体时，可吸入少量酒精和乙醚的混合蒸气使之解毒。吸入硫化氢或一氧化碳气体而感到不适时，应立即到室外呼吸新鲜空气，但应注意氯、溴中毒时不可进行人工呼吸，一氧化碳中毒不可使用兴奋剂。

⑥ 受溴腐蚀致伤　用苯或甘油清洗伤口，再用水冲洗。

⑦ 受磷灼伤　用1%硝酸银或5%硫酸铜清洗伤口，然后包扎。

⑧ 毒物进入口内　把5～10mL稀硫酸铜溶液加入一杯温水中，内服后用手指伸入咽喉部，促使呕吐，吐出毒物，然后立即送医院。

⑨ 触电　首先切断电源，然后在必要时进行人工呼吸。

⑩ 爆炸　实验中，由于违章使用易燃易爆物，或仪器堵塞、安装不当及化学反应剧烈等均能引起爆炸。为了防止爆炸事故的发生，应严格注意以下几点：

a. 某些化合物如过氧化物、干燥的金属炔化物或重氮盐、多硝基芳香化合物、硝酸酯等，受热或剧烈振动易发生爆炸。使用时必须严格按照操作规程进行。

b. 如果仪器装置安装不正确，也会引起爆炸。因此，常压操作时，安装仪器的全套装置必须与大气相通，严禁对密闭体系进行加热。减压或加压操作时，注意仪器装置能否承受其压力，安装完毕加入反应物料前，应进行加压或减压试验，实验中应随时注意体系压力的变化。

c. 若反应过于剧烈，致使某些化合物因受热分解，体系热量和气体体积突增有可能发生爆炸时，通常可用冷冻反应体系、控制加料速度等措施缓和反应。

d. 加热处理乙醚或四氢呋喃前必须用还原剂如硫酸亚铁除去其中的过氧化物。

e. 严禁用金属钠处理卤代烃类溶剂，如：二氯甲烷和三氯甲烷。

⑪ 起火　起火后，要一面灭火，一面采取措施防止火势蔓延（如切断电源，移走易燃药品等）。灭火时要针对起因选用合适的方法。一般的小火用湿布、石棉布或沙子覆盖燃烧物，即可灭火；火势大时应使用灭火器（表 1-1）。但电器设备所引起的火灾，应使用二氧化碳灭火器或四氯化碳灭火器灭火，不能使用泡沫灭火器，以免触电。活泼金属如钠、镁以及白磷等着火，宜用干沙灭火，不宜用水、泡沫灭火器以及 CCl_4 等。实验人员衣服着火时，切勿惊慌乱跑。应尽快脱下衣服，或用石棉布覆盖着火处。

⑫ 伤势较重者　应立即送医院。

为了对实验室意外事故进行紧急处理，实验室须配备常用急救药品。如红药水、碘酒（3%）、烫伤膏、消炎粉、消毒纱布、消毒棉、剪刀、棉花棒等药品。

表 1-1　常用灭火器介绍

灭火器类型	灭火剂成分	适用范围
泡沫灭火器	$Al_2(SO_4)_3$ 和 $NaHCO_3$	适用于油类起火
二氧化碳灭火器	液态 CO_2	适用于扑灭忌水的火灾，如电器设备和小范围油类火灾等
酸碱式灭火器	H_2SO_4 和 $NaHCO_3$	非油类和非电器的一般火灾
干粉灭火器	碳酸氢钠等盐类物质与适量的润滑剂和防潮剂	适用于不能用水扑灭的火灾，如油类、可燃性气体、电器设备、图书文件和遇水易燃物品的初起火灾
四氯化碳灭火器	液态 CCl_4	适用于扑灭电器设备、小范围的汽油、丙酮等失火
1211 灭火剂	CF_2ClBr 液化气体	特别适用于不能用水扑灭的火灾，如精密仪器、油类、有机溶剂、高压电器设备的失火等

四、实验室废液的处理

实验室产生的三废（废气、废液及废渣）必须经过处理后方可排弃。

在证明废弃物已相当稀少而又安全时，可以排放到大气或排水沟中；尽量浓缩废液，使其体积变小，放在安全处隔离储存；利用蒸馏、过滤、吸附等方法，将危险物分离，而只弃去安全部分；无论液体或固体，凡能安全燃烧的则燃烧，但数量不宜太大，燃烧时切勿残留有害气体或烧余物，如不能焚烧时，要选择安全场所填埋，不让其裸露在地面上。

一般有毒气体可通过通风橱或通风管道，经空气稀释后排除，大量的有毒气体必须通过与氧充分燃烧或吸附处理后才能排放。

废液应根据其化学特性选择合适的容器和存放地点，通过密闭容器存放，不可混合贮存，须标明废物种类、贮存时间，定期处理。

实验室三废的处理方法：

（1）产生少量有毒气体的实验

应在通风橱内进行，通过排风设备将少量毒气排到室外（使排出气在外面大量空气中稀释），以免污染室内空气；产生毒气量大的实验必须备有吸收或处理装置，如 NO_2、SO_2、Cl_2、H_2S、HF 等可用导管通入碱液中使其大部分吸收后排出；CO 可点燃转变为 CO_2；在反应、加热、蒸馏中，不能冷凝的气体，排入通风橱之前，要进行吸收或其他处理，以免污染空气。常用的吸收剂及处理方法如下：

① 氢氧化钠稀溶液　处理卤素、酸气（如 HCl、SO_2、H_2S、HCN 等）、甲醛、酰氯等。

② 稀酸（H_2SO_4 或 HCl）　处理氨气、胺类等。

③ 浓硫酸　吸收有机物。

④ 活性炭、分子筛等吸附剂　吸收气体、有机物气体。

⑤ 水　吸收水溶性气体，如氯化氢、氨气等。为避免回吸，处理时用防止回吸的仪器。

⑥ 氢气、一氧化碳、甲烷气　如果排出量大，应装上单向阀门，点火燃烧。但要注意，反应体系空气排净以后，再点火。最好事先用氮气将空气赶走再点燃。

⑦ 较重的不溶于水挥发物　导入水底，使下沉。吸收瓶吸入后再处理。

（2）实验室废液的处理方法

① 无机酸类　将废酸慢慢倒入过量的含碳酸钠或氢氧化钙的水溶液中或用废碱互相中和，中和后用大量水冲洗。

② 氢氧化钠、氨水　用 $6mol \cdot L^{-1}$ 盐酸水溶液中和，用大量水冲洗。

③ 对含重金属离子的废液　可加碱调 pH 为 8～10 后再加硫化物处理，使其毒害成分转变成难溶于水的氢氧化物或硫化物沉淀，分离后的沉淀残渣掩埋于指定地点，清液达环保排放标准后方可排放。

④ 废铬酸洗液　可加入 $FeSO_4$，使六价铬还原为毒性很小的三价铬后，再按普通重金属离子废液处理。

⑤ 含氰废液　加入氢氧化钠使 pH 值在 10 以上，加入过量的高锰酸钾（3%）溶液，使 CN^- 氧化分解。如含量高，则在碱性介质中加 NaClO 使 CN^- 氧化分解成 CO_2 和 N_2。

⑥ 普通简单的废液　如石油醚、乙酸乙酯、二氯甲烷等可直接倒入废液桶中，废液桶尽量不要密封，不能装太满（3/4 即可）。

⑦ 有特殊刺激性气味的液体　倒入另一个废液桶内立即封盖，统一处理。

（3）实验室固体废物的处理方法

少量有毒的废渣可掩埋于指定地点。

第二章

试剂、仪器与基本操作

一、基础化学实验常用试剂

1. 试剂的级别

化学试剂的等级规格是根据试剂纯度划分的。化学试剂（指通用试剂）的等级标准基本上分四级，介绍如下：

优级纯（GR）或一级品，也叫保证试剂，用于精密分析和科学研究。试剂的瓶签为“绿色”。

分析纯（AR）或二级品，也叫分析纯试剂，用于质量分析和一般科研工作，试剂的瓶签为“红色”。

化学纯（CP）或三级品，用于一般分析工作，试剂的瓶签为“蓝色”。

实验试剂（LR）或四级品，用于一般要求不高的实验，可作为辅助试剂。试剂的瓶签为“棕黄色”。

此外，根据专用试剂的用途，还有色谱试剂、光谱试剂、生物试剂等。

2. 试剂的存放

试剂存放时不仅要考虑试剂的物理状态，而且要考虑试剂的性质和试剂瓶的材质，如固体试剂一般存放在易于取用的广口瓶中，液体试剂则存放在细口瓶中；硝酸银、高锰酸钾、碘化钾等见光易分解的试剂应装在棕色瓶中，但见光分解的双氧水只能装在不透明的塑料瓶中，并避光置于阴凉处，而不能用棕色瓶存放，因为棕色瓶中的重金属离子会加速双氧水的分解；存放氢氧化钠、氢氧化钾、硅酸钠等试剂时，不能用磨口塞，应换用橡胶塞，避免试剂与玻璃中的二氧化硅起反应而黏结，难以开启瓶盖；氟化钠腐蚀玻璃，须用塑料瓶或铅制瓶保存；易氧化物质如金属钠、钾等，应在煤油中存放。

每个试剂瓶上都应贴上标签，并标明试剂的名称、纯度、浓度和配制日期，标签外应涂蜡或用透明胶带保护。

二、基础化学实验常用仪器

化学实验室常用的容器大部分为玻璃仪器，部分为塑料材质和瓷质仪器，特殊的容器材质为聚四氟乙烯类，如在微波实验中使用的微波消解罐或水热合成反应中使用的高压反应釜等。

1. 烧杯

玻璃质或塑料质，玻璃质分硬质和软质，有一般型和高型、有刻度和无刻度等几种。一般以容积表示规格，有 50mL、100mL、250mL、500mL、1000mL、2000mL 等几种，见图 2-1(a)。

玻璃烧杯常作为大量物质的反应容器，也可用于配制溶液。玻璃烧杯可以加热，加热时烧杯底部要垫石棉网。所盛反应液体一般不能超过烧杯容积的 2/3。

塑料质（或聚四氟乙烯）烧杯常用作有强碱性溶剂或氢氟酸分解样品的反应容器。加热温度一般不能超过 200℃。

2. 锥形瓶

玻璃质，分硬质和软质、有塞（磨口）和无塞、广口和细口等几种。一般以容积表示规格，有 50mL、100mL、250mL、500mL 等几种，见图 2-1(b)。

锥形瓶用作反应容器、接收容器、滴定容器（便于振荡）和液体干燥器等。加热时应垫石棉网或用水浴，以防破裂。

有塞的锥形瓶又叫碘量瓶，在碘量法中使用，见图 2-1(c)。

(a)

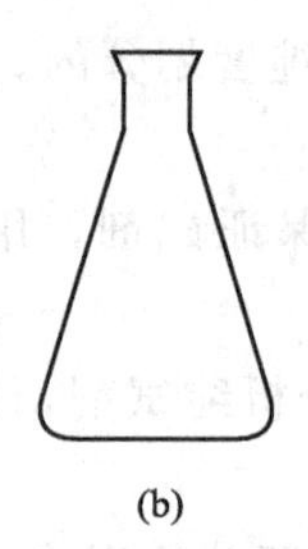
(b)

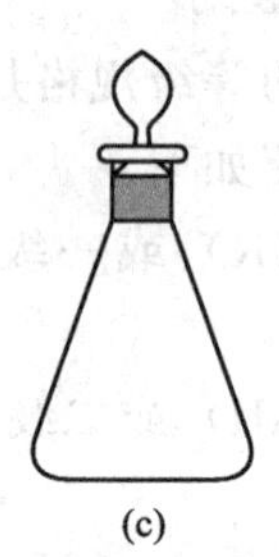
(c)

图 2-1 烧杯、锥形瓶和碘量瓶

3. 试管（离心试管）

玻璃质或塑料质，分硬质试管和软质试管、普通试管和离心试管等几种，见图 2-2(a)。一般以容积表示规格，有 5mL、10mL、15mL、20mL、25mL 等几种。无刻度试管按外径(mm)×管长（mm）分类，有 8×70、10×75、10×100、12×100、12×120 等规格。

试管常用作常温或加热条件下少量试剂的反应容器，便于操作和观察，也可用来收集少量的气体。

离心试管主要用于沉淀分离，见图 2-2(a)。离心试管加热时可采用水浴，反应液不应超过容积的 1/2。

4. 试管架

一般为木质、铝质或有机玻璃等材质，有不同形状和大小，用于放置试管和离心试管。

使用过的试管和离心试管应及时洗涤，以免放置时间过久而难于洗涤，见图 2-2(b)。

5. 量筒

玻璃质，一般以容积表示规格，有 5mL、10mL、25mL、50mL、100mL、500mL、1000mL 等几种，见图 2-2(c)。

属于量出容器，用于粗略量取一定体积的液体。使用时不可加热，不可量取热的液体或溶液，不可作为实验容器，以防影响容器的准确性。

读取数据时，应将凹液面的最低点与视线置于同一水平上并读取与弯月面相切的数据。

6. 移液管（吸量管）

玻璃质，分单刻度大肚型和刻度管型两种，一般以容积表示规格，常量的有 1mL、

2mL、5mL、10mL、25mL、50mL 等规格；微量的有 0.1mL、0.25mL、0.5mL 等几种，见图 2-3(a)。

属于量出容器，精确量取一定体积的液体，不能移取热的液体。使用时注意保护下端尖嘴部位。具体使用方法见“溶液的量取”部分内容。

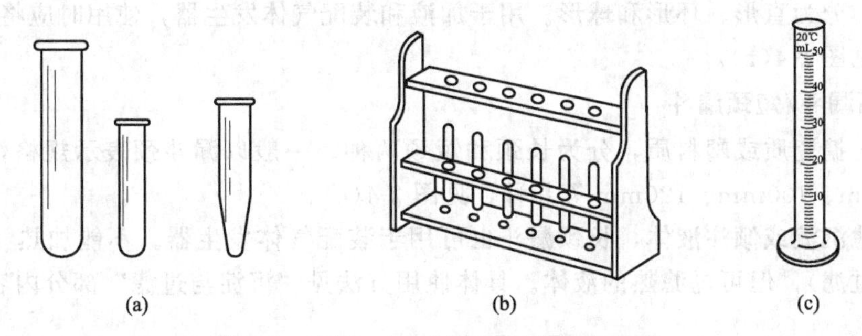

图 2-2　试管、离心试管、试管架和量筒

7. 容量瓶

玻璃质，一般以容积表示规格，有 10mL、25mL、50mL、100mL、500mL、1000mL、2000mL 等几种，见图 2-3(b)。

属于量入容器，用于配制准确浓度的溶液。

使用注意事项：(1) 不能加热，不能代替试剂瓶储存溶液，以避免影响容量瓶容积的准确度；(2) 为配制准确，溶质应先在烧杯内溶解后再移入容量瓶；(3) 不用时应在塞子和旋塞处垫上纸片。

具体使用方法见“溶液的量取”部分内容。

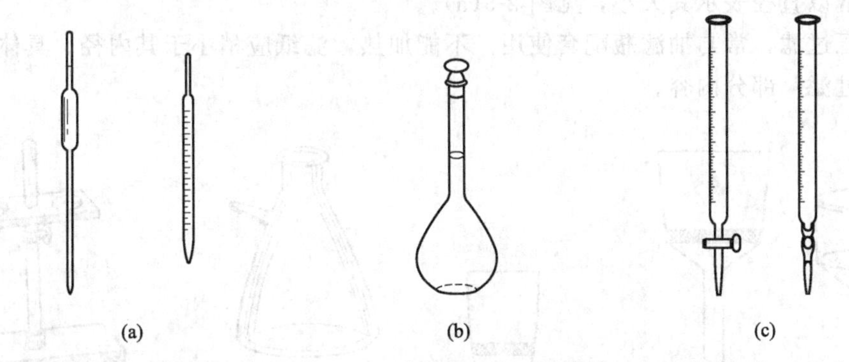

图 2-3　(a) 移液管、吸量管，(b) 容量瓶，(c) 滴定管（左：酸式，右：碱式）

8. 滴定管

玻璃质，有酸式和碱式两种，一般以容积表示规格，常见的有 10mL、25mL、50mL、100mL 等几种，见图 2-3(c)。

用于滴定分析或量取较准确体积的液体。

9. 分液漏斗（滴液漏斗）

玻璃质，分球形、梨形、筒形和锥形等几种。一般以容积表示规格，有 50mL、100mL、250mL、500mL 等几种，见图 2-4(a)。

分液漏斗用于分离互不相溶的液体，也可用于向某容器加入试剂。若需滴加，则需用滴液漏斗。

注意事项：(1) 不能加热；(2) 防止塞子和旋塞损坏；(3) 不用时应在塞子和旋塞处垫上纸片，以防其不能取出。特别是分离或滴加碱性溶液后，更应注意。

10. 安全漏斗

玻璃质，分为直形、环形和球形。用于加液和装配气体发生器，使用时应将漏斗颈插入液面以下，见图 2-4(b)。

11. 长颈漏斗/短颈漏斗

玻璃质、搪瓷质或塑料质，分为长颈和短颈两种。一般以漏斗颈表示规格，有 30mm、40mm、60mm、100mm、120mm 等几种，见图 2-4(c)。

用于过滤沉淀或倾注液体，长颈漏斗也可用于装配气体发生器。不能加热（若需加热，可用铜漏斗过滤），但可过滤热的液体。具体使用方法见“沉淀与过滤”部分内容。

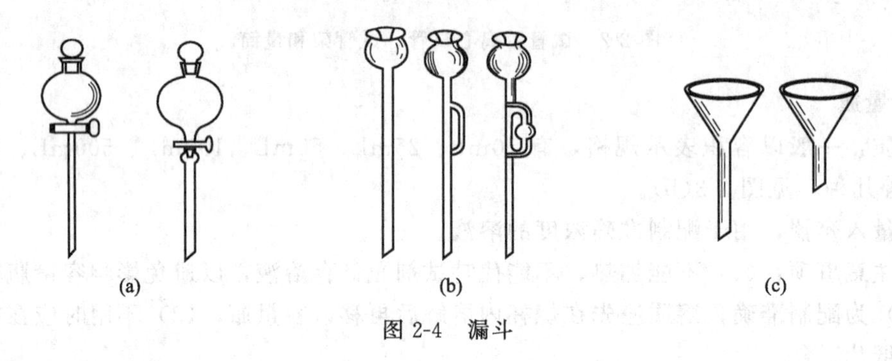

图 2-4　漏斗

12. 布氏漏斗

瓷质，常以直径表示其大小，见图 2-5(a)。

用于减压过滤，常与抽滤瓶配套使用。不能加热，滤纸应稍小于其内径。具体使用方法见“沉淀与过滤”部分内容。

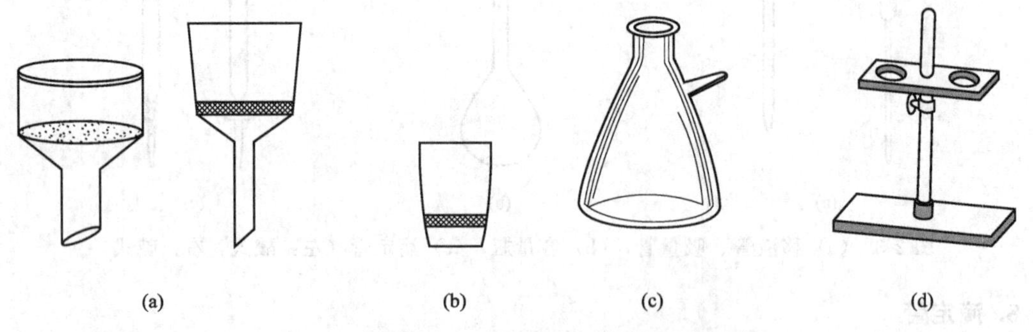

图 2-5　布氏漏斗、砂芯漏斗、抽滤瓶和漏斗架

13. 砂芯漏斗

一类由颗粒状玻璃、石英、陶瓷或金属等经高温烧结，并具有微孔结构的过滤器。常用的是砂芯漏斗，它的底部是玻璃砂在 873K 左右烧结的多孔片，见图 2-5(b)。根据烧结玻璃孔径的大小分为 6 种型号。

用于过滤沉淀，常和抽滤瓶配套使用。不宜过滤浓碱溶液、氢氟酸溶液或热的浓磷酸溶液。

14. 抽滤瓶

玻璃质，一般以容积表示规格，有 50mL、100mL、250mL、500mL 等几种，见图 2-5(c)。

用于减压过滤，上口接布氏漏斗或玻璃漏斗，侧嘴接真空泵。不能加热。

15. 漏斗架

木制或铁制，见图 2-5(d)。

过滤时用于承接漏斗，漏斗的高度可由漏斗架调节。

16. 表面皿

玻璃质，一般以直径单位表示规格，有 45mm、65mm、75mm、90mm 等几种，见图 2-6(a)。

可以用来做一些蒸发液体的工作。也可以作盖子，多用于盖在烧杯上，防止杯内液体迸溅或污染，使用时弯曲面向下。不能直接加热。

17. 平底烧瓶、圆底烧瓶和蒸馏烧瓶

通常为玻璃质，分硬质和软质，有平底、圆底、长颈、短颈、细口、厚口和蒸馏烧瓶等几种，见图 2-6(b)。一般以容积表示规格，有 50mL、100mL、250mL、500mL 等几种。

用作化学反应的容器，也可用于液体的蒸馏。使用时液体的盛放量不能超过烧瓶容量的 2/3，一般固定在铁架台上使用。

18. 滴瓶

通常为玻璃质，分无色和棕色（避光）两种，见图 2-6(c)。滴瓶上乳胶滴头另配。一般以容积表示规格，有 15mL、30mL、60mL、125mL 等几种。

用于盛放少量液体试剂或溶液，便于取用。滴管为专用，不得弄脏弄乱，以防沾污试剂。滴管不能吸得太满或倒置，以防试剂腐蚀乳胶头。

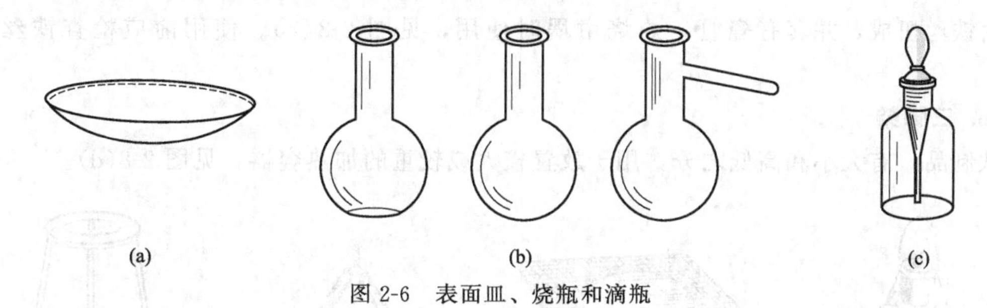

图 2-6　表面皿、烧瓶和滴瓶

19. 细口瓶

通常为玻璃质，有磨口和不磨口、无色和有色（避光）之分，见图 2-7(a)。一般以容积表示规格，有 100mL、125mL、250mL、500mL、1000mL 等几种，磨口瓶用于盛放液体药品或溶液。

20. 广口瓶

一般为玻璃质，有无色和棕色（避光）、磨口和光口之分，见图 2-7(a)。一般以容积表示规格，有 30mL、60mL、125mL、250mL、500mL 等几种。磨口瓶用于储存固体药品，广口瓶通常作集气瓶使用。

注意事项：(1) 不能直接加热；(2) 磨口瓶不能放置碱性物质，因碱性物质会把广口瓶颈和塞黏住。用于气体燃烧实验时，应在瓶底放薄层的水或沙子，以防破裂；(3) 广口瓶不用时应用纸条垫在瓶塞与瓶颈间，以防打不开；(4) 磨口瓶与塞均配套，防止弄乱。

21. 药匙

由塑料或牛角制成，用于取用固体药品，用后应立即洗净、晾干，见图 2-7(b)。

22. 称量瓶

玻璃质，分高型和扁平型两种，见图 2-7(c)。

用于准确称取一定量固体药品。扁平称量瓶主要用于测定样品中的水分，盖子为配套的磨口塞，不能弄乱或丢失。不能加热。

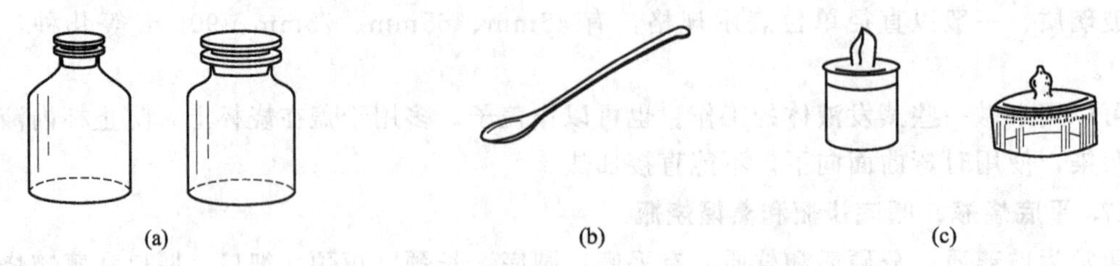

图 2-7 细口瓶、广口瓶、药匙和称量瓶

23. 酒精灯

玻璃质，灯芯套管为瓷质，盖子有塑料质或玻璃质之分，见图 2-8(a)。

用于一般加热。使用方法见“加热操作”部分内容。

24. 石棉网

由铁丝网上涂石棉制成，见图 2-8(b)。

用于使容器均匀受热。不能与水接触，石棉脱落时不能使用（石棉是热的不良导体）。

25. 泥三角

由铁丝扭成，并套有瓷管，灼烧坩埚时使用，见图 2-8(c)。使用前应检查铁丝是否断裂。

26. 三脚架

铁制品，有大小和高低之分，用于放置较大或较重的加热容器，见图 2-8(d)。

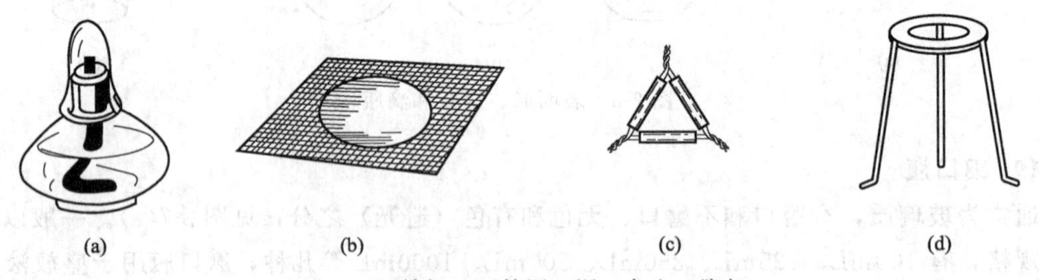

图 2-8 酒精灯、石棉网、泥三角和三脚架

27. 水浴锅

铜或铝制，现在多用恒温水槽代替，用于间接加热，见图 2-9(a)。

28. 蒸发皿

通常为瓷质，也有玻璃、石英、铂制品，有平底和圆底之分，见图 2-9(b)。一般以容积表示规格，有 75mL、200mL、400mL 等几种，用于蒸发和浓缩液体。一般放在石棉网上加热使其受热均匀。使用时应根据液体性质选用不同材质的蒸发皿。

29. 坩埚

材质有普通瓷、铁、石英、镍和铂等，一般以容积表示规格，有 10mL、15mL、25mL、50mL 等几种，见图 2-9(c)。

用于灼烧固体。使用时应根据灼烧温度及试样性质选用不同类型的坩埚，以防损坏坩埚。

30. 坩埚钳

铁或铜制，有大小和长短之分，见图 2-9(d)。用于夹持坩埚或热的蒸发皿。

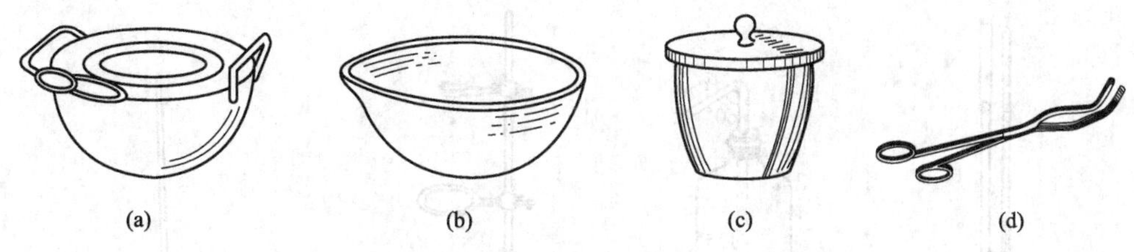

图 2-9　水浴锅、蒸发皿、坩埚、坩埚钳

31. 试管夹

有木制、竹制、钢制等，形状各不相同，用于夹持试管，见图 2-10(a)。

32. 毛刷

常以大小或用途分类，有试管刷、烧瓶刷、滴定管刷等多种，见图 2-10(b)。

用于洗刷仪器。毛刷顶部无毛的刷子不能使用。

33. 研钵

材质有瓷、玻璃和玛瑙等，见图 2-10(c)。一般以口径（单位 mm）大小表示规格，用于研碎固体，或固固、固液的研磨。

注意事项：(1) 使用时不能敲击，只能研磨，以防击碎研钵或研杵，避免固体飞溅；(2) 易爆物只能轻轻压碎，不能研磨，以防爆炸。

34. 点滴板

瓷质，见图 2-10(d)。有白色和黑色之分，常以穴的多少表示规格，有九穴、十二穴等几种，用于性质实验的点滴反应，有白色沉淀时用黑色点滴板。

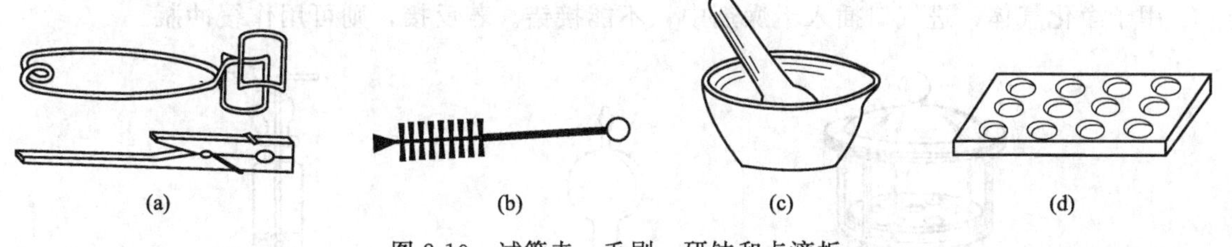

图 2-10　试管夹、毛刷、研钵和点滴板

35. 温度计

玻璃质，常用的有水银温度计和酒精温度计，见图 2-11(a)。

用于测量体系的温度。若不慎将水银温度计损坏，洒出的汞（汞有毒）需按第一章内容进行处理。

36. 洗瓶

一般为塑料质，见图 2-11(b)，用于盛放蒸馏水。

37. 铁架台、铁圈和铁夹

铁制品，铁夹有铝制的和铜制的，见图 2-11(c)。

铁夹用于固定蒸馏烧瓶、冷凝管、试管等仪器。铁圈可放置分液漏斗或反应容器。

38. 燃烧勺

铜质，见图 2-11 (d)。用于检验某些固体的可燃性。用后应立即洗净并干燥，以防腐蚀。

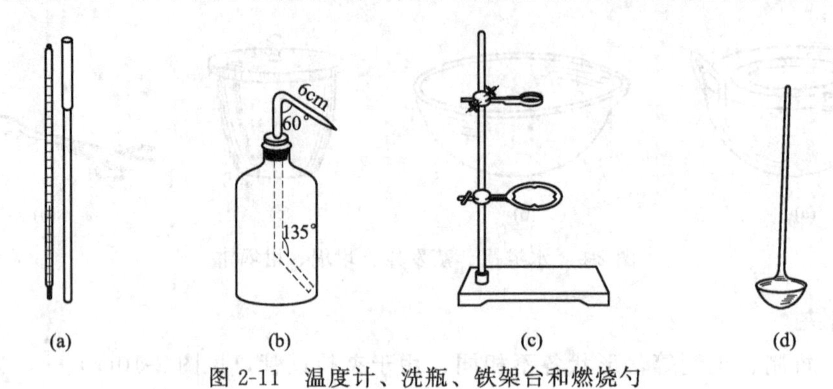

图 2-11 温度计、洗瓶、铁架台和燃烧勺

39. 干燥器

玻璃质，按玻璃颜色分为无色和棕色两种，见图 2-12(a)。以内径表示规格，有 100mm、150mm、180mm、200mm 等。

分上下两层：下层放干燥剂；上层放需保持干燥的物品，如易吸收水分、或已经烘干或灼烧后的物质，具体使用方法见“溶液的配制”部分内容。

40. 干燥管

玻璃质，形状多种，用于干燥气体，见图 2-12(b)。用时两端应用棉花或玻璃纤维填塞，中间装干燥剂。

41. 干燥塔

玻璃质，形状有多种。一般以容量表示规格，有 125mL、250mL、500mL 等几种，见图 2-12(c)。

用于净化气体，进气口插入干燥剂中，不能接错。若反接，则可用作缓冲瓶。

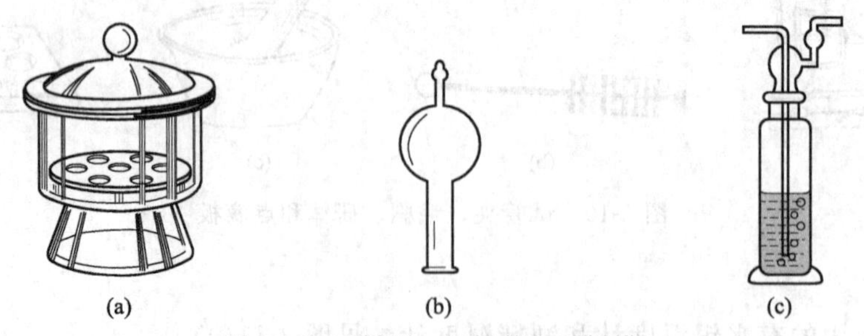

图 2-12 干燥器、干燥管和干燥塔

42. 冷凝管

玻璃质，一般有直形和球形两种，为直形冷凝管和球形冷凝管，见图 2-13(a)。

在蒸馏和回流时使用，常和蒸馏烧瓶配套使用。使用时下端为进水口，上端为出水口。

43. 自由夹和螺旋夹

铁制品，用于打开和关闭流体的通道，见图 2-13(b)。

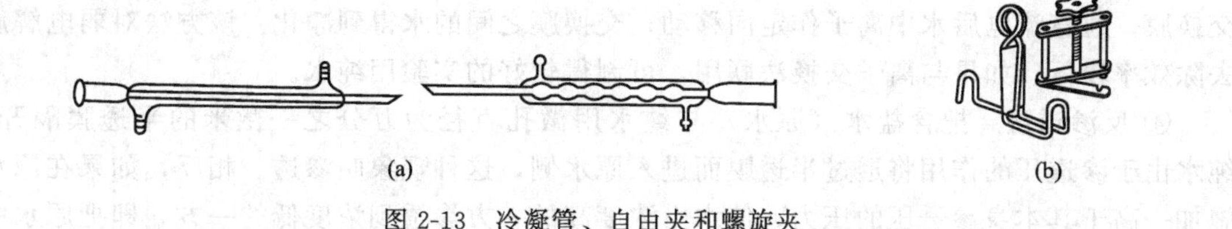

图 2-13　冷凝管、自由夹和螺旋夹

三、基础化学实验基本操作

1. 实验室用水的基本要求

(1) 化学实验用水的要求

自来水中常含有 K^+、Na^+、Ca^{2+}、Mg^{2+} 等金属离子的碳酸盐、硫酸盐、氯化物及某些气体杂质等。用它配制溶液时，这些杂质可能会与溶液中的溶质起化学反应而使溶液变质失效，也可能会对实验现象或结果产生不良的干扰和影响。因此，做化学实验时，溶液的配制一般要用纯水，即经过提纯的水。对纯水进行定性检验时应无 Ca^{2+}、Mg^{2+}、Cl^-、SO_4^{2-} 等离子。

我国已建立了实验室用水规格的国家标准（GB/T 6682—2008），规定了实验室用水的技术指标、制备方法及检验方法。实验室用水国家标准（部分内容）见表 2-1。

实验室制备纯水的方法很多，其中常用的有蒸馏法、离子交换法、电渗析法和反渗透方法。

表 2-1　实验室用水的级别及主要指标

指标名称	一级	二级	三级
pH 范围(298K)	—	—	5.0～7.5
电导率(298K)/($mS\cdot m^{-1}$)	≤0.01	≤0.10	≤0.50
吸光度(254nm,1cm 光程)	≤0.001	≤0.01	—
可溶性硅(以 SiO_2 计)/($mg\cdot L^{-1}$)	<0.01	<0.02	—
蒸发残渣(105±2)℃/($mg\cdot L^{-1}$)	—	1.0	2.0

注："—" 表示未做规定。

(2) 化学实验用水的制备方法

① 蒸馏法　将自来水经过蒸馏器蒸馏，所产生的蒸汽经冷凝即得蒸馏水。由于绝大部分无机盐都不挥发，因此蒸馏水较纯净，但不能完全除去水中溶解的气体杂质，适用于一般溶液的配制。此外，一般蒸馏装置所用材料是不锈钢、纯铝或玻璃，所以可能会带入金属离子。通过增加蒸馏次数，减慢蒸馏速度，以及使用特殊材料如石英和聚四氟乙烯等制作的蒸馏器皿，可得到纯度更高的水。

② 离子交换法　离子交换树脂由高分子骨架、离子交换基团和孔三部分组成。离子交换基团上具有的 H^+ 和 OH^- 与水中阳、阴离子杂质进行交换，将水中的阳、阴离子杂质截留在树脂上，进入水中的 H^+ 和 OH^- 重新结合成水而达到纯化水的目的。能与阳离子起交换作用的树脂称为阳离子交换树脂，能与阴离子起交换作用的树脂则称为阴离子交换树脂。将自来水依次通过阳离子树脂交换柱，阴离子树脂交换柱，阴、阳离子树脂混合交换柱后所

得到的纯水为去离子水。该方法制备的水比用金属蒸馏器蒸馏2次的水纯度高，但不能除去非离子型杂质，常含有微量的有机物。

③ 电渗析法　在电渗析器的两电极间交替放置若干张阴离子交换膜和阳离子交换膜，阳离子移向负极，阴离子移向正极，阳离子只能透过阳离子交换膜，阴离子只能透过阴离子交换膜，通直流电后水中离子作定向移动，交换膜之间的水得到净化。该方法对弱电解质的去除效率较低。如果与离子交换法联用，可制得较好的实验用纯水。

④ 反渗透法　把含盐水（原水）与纯水用微孔直径为万分之一微米的半透膜隔开时，纯水由于渗透压的作用将透过半透膜而进入原水侧，这种现象叫渗透。相反，如果在原水侧施加一高于其本身渗透压的压力，使水由浓度高的一方渗透到浓度低的一方，即把原水中的水分子压到膜的另一边变成纯净水，而原水中的盐分、细微杂质、有机物等成分却不能进入纯水侧，这就是反渗透。基于此种原理，产生了反渗透膜和反渗透技术，并将其应用于水处理。用该方法制备的纯净水即为反渗透水。

采用蒸馏或离子交换法制备的纯水一般为三级水。将三级水再次蒸馏后所得纯水一般为二级水，常含有微量的无机、有机或胶态杂质。将二级水再进一步处理后所得纯水一般为一级水。用石英蒸馏器将二级水再次蒸馏所得到的水，基本上不含有溶解或胶态离子杂质及有机物。

实验室用水一般应用密闭、专用聚乙烯容器储存。三级水也可用密闭的专用玻璃容器储存。新容器在使用前需用20%盐酸溶液浸泡2～3d，再用实验用水冲洗数次。

2. 玻璃仪器的洗涤与干燥

（1）玻璃仪器的洗涤

化学实验使用的玻璃仪器，常沾有可溶性化学物质、不溶性化学物质、灰尘及油污等。为了得到准确的实验结果，实验前必须将仪器洗涤干净。

仪器是否洗净可通过器壁是否挂有水珠来检查。将洗净后的仪器倒置，如果器壁透明，内壁被水均匀润湿，不挂水珠则说明已洗净；如器壁有不透明处或附着水珠或有油斑，则未洗净，应予重洗。洗净后的仪器，不可用布或纸擦拭，而应用晾干或烘烤的方法使之干燥。

一般玻璃仪器的洗涤可用下列流程图表示：

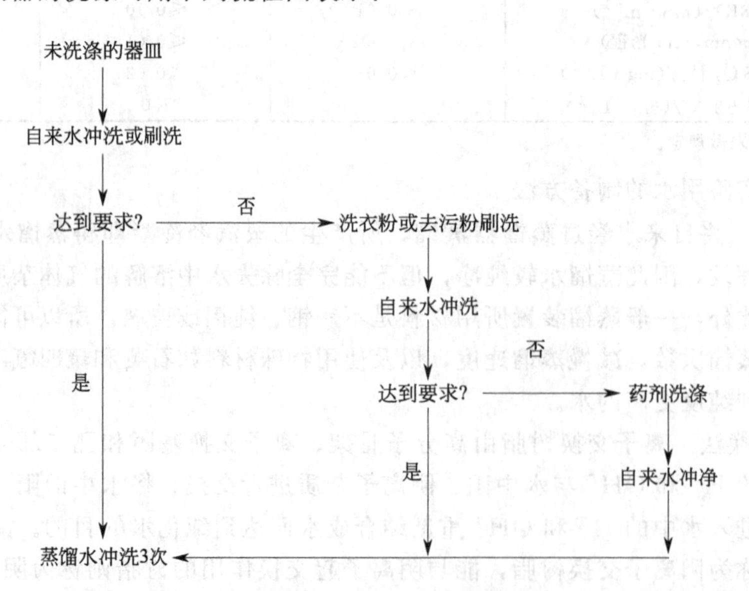

① 冲洗　在玻璃仪器内注入约占总量1/3的自来水，用力振荡片刻，倒掉，照此连洗

数次，可洗去沾附的易溶物和部分灰尘。

② 刷洗　用水冲洗不能清洗干净时，可用毛刷由外到里刷洗干净。刷洗时需选用合适的毛刷。毛刷可按所洗涤仪器的类型、规格（口径）大小来选择。洗涤试管和烧瓶时，端头无直立竖毛的秃头毛刷不可使用（为什么?）。刷洗后，再用水连续振荡数次，每次用水量不要太多。刷洗数次后，检查是否干净。若不干净，将少量去污粉（肥皂粉或洗衣粉）撒入玻璃仪器内，再用毛刷进行刷洗，然后用水冲去去污粉，直到洗净为止。

③ 药剂洗涤　对准确度较高的量器或更难洗去的污物或因仪器口径较小、管细长等不便刷洗的仪器可用铬酸洗液或王水洗涤，也可针对污物的化学性质选用其他适当的试剂洗涤（即利用酸碱中和反应、氧化还原反应、配位反应等，将不溶物转化为易溶物再进行清洗。如银镜反应黏附的银及沉积的硫化银可加入硝酸生成易溶的硝酸银；未反应完的二氧化锰，反应生成的难溶氢氧化物、碳酸盐等可用盐酸处理生成可溶氯化物；沉积在器壁上的银盐，一般用硫代硫酸钠溶液洗涤，以生成易溶配合物；沉积在器壁上的碘可用硫代硫酸钠溶液清洗，也可用碘化钾或氢氧化钠溶液清洗；碱、碱性氧化物、碳酸盐等可用 $6mol \cdot L^{-1}$ HCl 溶解）。用铬酸洗液洗涤时，先往仪器内注入少量洗液，使仪器倾斜并缓慢转动，让仪器内壁全部被洗液润湿。再转动仪器，使洗液在内壁流动，经转动几圈后，把洗液倒回原瓶（不可倒入水池或废液桶，铬酸洗液变暗绿色失效后可另外回收再生使用）。对沾污严重的仪器，可用洗液浸泡一段时间，或者用热洗液洗涤。注意：Cr(Ⅵ）有毒，洗液应尽量少用。

用洗液洗涤时，绝不允许将毛刷放入洗液中。倾出洗液后，应停留适当时间，再用自来水冲洗或刷洗。

自来水冲洗或刷洗干净的仪器，应用蒸馏水再淋洗 3 次。在洗涤过程中，应遵循“少量多次”的原则，一般冲洗 3 次，每次用水 5～10mL。

铬酸洗液的配制方法：称取 10g 工业级重铬酸钾固体放入烧杯中，加入 20mL 热水溶解，冷却后在不断搅拌下慢慢加入 200mL 浓硫酸，即得暗红色铬酸洗液。将之储存于细口玻璃瓶中备用。取用后，要立即盖紧瓶塞。

(2) 玻璃仪器的干燥

实验所用的仪器，除必须清洗外，有时还要求干燥。干燥的方法有以下几种（图 2-14）。

① 晾干　让残留在仪器内壁的水分自然挥发而使仪器干燥。一般是将洗净的仪器倒置在干净的仪器柜内或滴水架上，任其滴水晾干。可用这种方法干燥的仪器主要是容量仪器、加热烘干时容易炸裂的仪器以及不需要将其所沾水完全排除以至恒重的仪器。

② 热（冷）风吹干　洗净的仪器若急需干燥，可用电吹风直接吹干，或倒插在气流烘干器上。若在吹风前先用易挥发的有机溶剂（如乙醇、丙酮等）淋洗一下，则干得更快。

③ 加热烘干　如需干燥较多的仪器，可使用电热鼓风干燥箱烘干。将洗净的仪器倒置稍沥去水滴后，放入干燥箱的隔板上，关好门。控制箱内温度在 105℃左右，恒温烘干半小时即可。对可加热或耐高温的仪器，如试管、烧杯、烧瓶等还可利用加热的方法使水分迅速蒸发而干燥。加热前先将仪器外壁擦干，然后用小火烤干，烤干时注意不时转动以使仪器受热均匀。

仪器干燥时需注意带有刻度的计量仪器不能用加热的方法进行干燥，以免影响仪器的精度。刚烤烘完毕的热仪器不能直接放在冷的、特别是潮湿的桌面上，以免因局部骤冷而破裂。

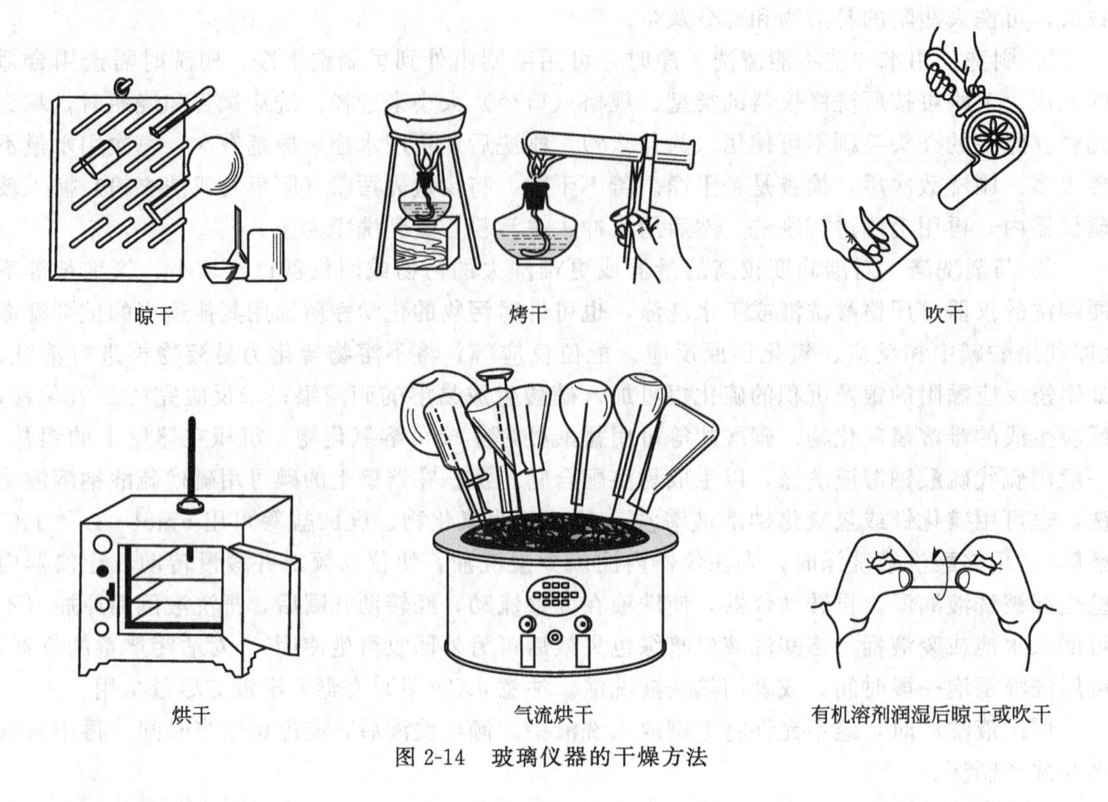

图 2-14 玻璃仪器的干燥方法

3. 加热操作

(1) 酒精灯

酒精灯是实验室常用的加热工具，其加热温度为 400～500℃，适用于温度不需要太高的实验。酒精灯由灯罩、灯芯（以及瓷质套管）和盛酒精的灯壶三个部分组成，见图 2-15(a)。

正常使用时酒精灯的火焰可分为焰心、内焰和外焰三个部分，见图 2-15(b)。外焰的温度最高，往内依次降低。故加热时应调节好受热器与灯焰的距离，用外焰来加热，见图 2-15(c)。

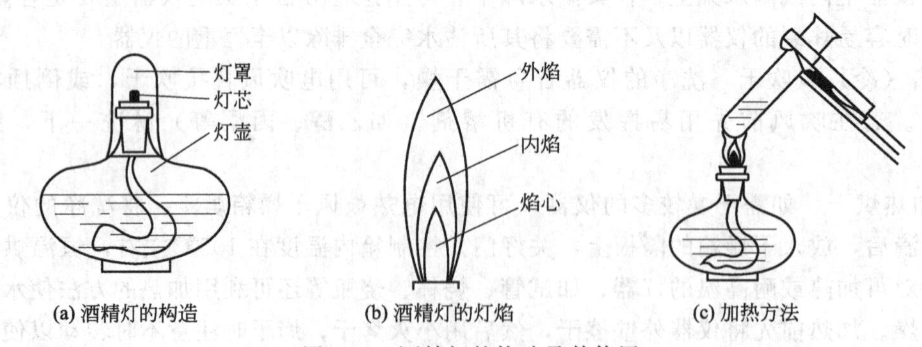

图 2-15 酒精灯的构造及其使用

注意事项如下所示：

① 点燃酒精灯之前，应先使灯内的酒精蒸气排出，防止灯壶内酒精蒸气因燃烧受热膨胀而将瓷管连同灯芯一并弹出，从而引起燃烧事故。

② 灯芯不齐或烧焦时，应用剪刀修整为平头等长。

③ 新换的灯芯应让酒精浸透后才能点燃，否则一点燃就会烧焦。

④ 不能拿燃着的酒精灯去引燃另一盏酒精灯。

⑤ 不能用嘴吹灭酒精灯，而应用灯盖罩上，使其缺氧后自动熄灭，片刻后再把灯盖提起一下，然后再罩上（为什么?）。

⑥ 添加酒精时应先熄灭灯焰，然后借助漏斗把酒精加入灯内。灯内酒精的储量不能超过酒精灯容积的 2/3。

酒精易挥发、易燃烧，使用时须注意安全，一旦洒出的酒精在灯外燃烧，可用湿布或石棉布扑灭。

（2）电热恒温干燥箱

电热恒温干燥箱是利用电热丝隔层加热使物体干燥的设备。它适用于比室温高 5～200℃范围的恒温烘焙、干燥、热处理等，灵敏度通常为±1℃。电热恒温干燥箱一般由箱体、电热系统和自动恒温控制系统三个部分组成。其电热系统一般由两组电热丝构成，一组为辅助电热丝，用于短时间内急剧升温和 120℃以上恒温时辅助加热；另一组为恒温电热丝，受温度控制器控制。

（3）酒精喷灯

酒精喷灯有挂式与座式两种，其构造如图 2-16 所示。挂式喷灯的酒精储存在悬挂于高处的储罐内，而座式喷灯的酒精则储存于作为灯座的酒精壶内。

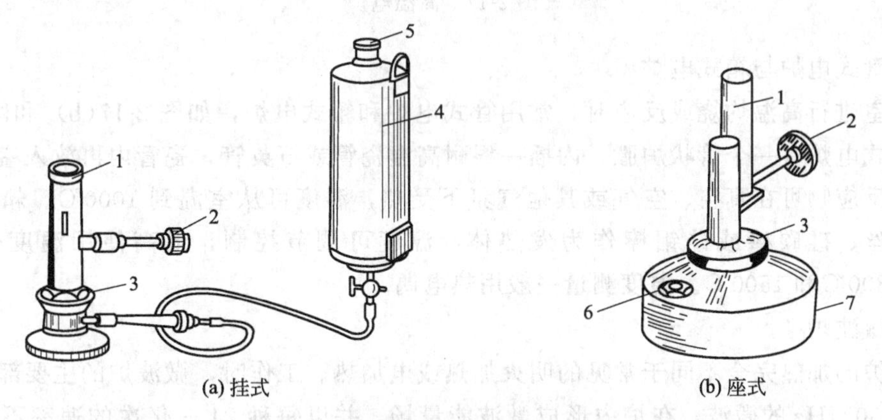

图 2-16　酒精喷灯的类型和构造

1—灯管；2—空气调节器；3—预热盘；4—酒精储罐；5—盖子；6—铜帽；7—酒精壶

使用挂式喷灯时，打开挂式喷灯酒精储罐下口开关，并先在预热盘中注入适量的酒精，然后点燃盘中的酒精，以加热灯管，待盘中酒精将近燃完时，开启空气调节器，这时由于酒精在灼热的灯管内气化，并与来自气孔的空气混合，即燃烧并形成高温火焰（温度可达 700～1000℃）。调节空气调节器阀门可以控制火焰的大小。用毕，关紧调节器即可使灯熄灭。此时酒精储罐的下口开关也应关闭。座式喷灯使用方法与挂式基本相同，但熄灭时需用盖板将灯焰盖灭，或用湿抹布将其闷灭。

注意事项如下所述：

① 在开启调节器，点燃管口气体以前，必须充分灼热灯管，否则酒精不能全部气化，会有液体酒精由管口喷出，导致“火雨”（尤其是挂式喷灯）。这时应关闭开关，并用湿抹布

熄灭火焰，重新往预热盘添加酒精，重复上述操作点燃。但连续两次预热后仍不能点燃时，则需要用探针疏通酒精蒸汽出口，让出气顺畅后，方可再预热。

② 座式喷灯内酒精储量不能超过酒精壶的2/3，连续使用时间较长时（一般在半小时以上），酒精用完时需暂时熄灭喷灯，待冷却后，再添加酒精，然后继续使用。

③ 挂式喷灯酒精储罐出口至灯具进口之间的橡胶管连接要好，不得有漏液现象，否则容易失火。

(4) 电炉、电加热套、电加热板

电炉可以代替酒精灯或酒精喷灯用于一般加热。为保证受热均匀，容器应垫上石棉网加热。

电加热套［图 2-17(a)］和电加热板的特点是有温度控制装置，能够缓慢加热和控制温度，适用于分析试样的处理。

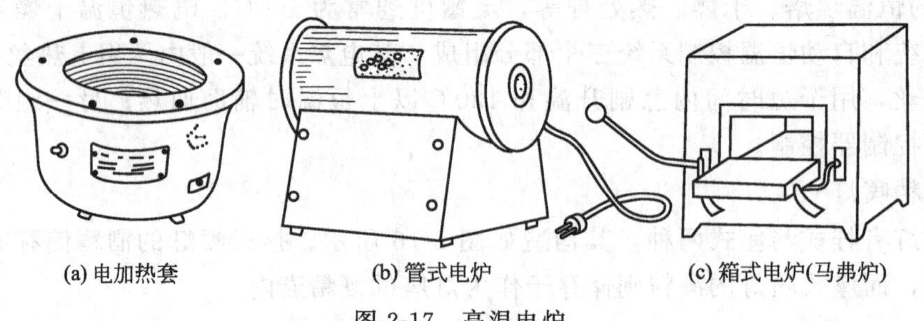

(a) 电加热套　(b) 管式电炉　(c) 箱式电炉(马弗炉)

图 2-17　高温电炉

(5) 管式电炉与箱式电炉

实验室进行高温灼烧或反应时，常用管式电炉和箱式电炉，如图 2-17(b) 和图 2-17(c) 所示。管式电炉有一个管状炉膛，内插一根耐高温瓷管或石英管，瓷管内再放入盛有反应物的瓷舟，反应物可在真空、空气或其他气氛下受热，温度可从室温到 1000℃。箱式电炉一般用电炉丝、硅碳棒或硅钼棒作为发热体，温度可调节控制，最高使用温度分别可达 950℃、1300℃和 1500℃。温度测量一般用热电偶。

(6) 微波炉

微波炉的加热完全不同于常见的明火加热或电加热。工作时，微波炉的主要部件磁控管辐射出 2450MHz 的微波，在炉内形成微波能量场，并以每秒 24.5 亿次的速率不断地改变着正、负极。当待加热物体中的极性分子，如水、蛋白质等吸收微波能后，也以高频率改变着方向，使分子间相互碰撞、挤压、摩擦而产生热量，将电磁能转化成热能。可见微波炉工作时本身不产生热量，而是待加热物体吸收微波能后，内部的分子相互摩擦而自身发热，简单地讲是摩擦起热。

微波是一种高频率的电磁波，它具有反射、穿透、吸收三种特性。微波碰到金属会被反射回来，而对一般的玻璃、陶瓷、耐热塑料、竹器、木器则具有穿透作用。它能被碳水化合物（如各类食品）吸收。由于微波的这些特性，微波炉在实验室中可用来干燥玻璃仪器，加热或烘干试样。如在重量法测定可溶性钡盐中的钡时，可用微波干燥恒重玻璃坩埚及沉淀，亦可用于有机化学中的微波反应。

微波炉加热有快速、能量利用率高、被加热物体受热均匀等优点。但不能恒温，不能准确控制所需的温度。因此，只能通过实验决定所要用的功率、时间，以达到所需的加热程度。

使用方法及注意事项如下：

① 将待加热器皿均匀放在炉内玻璃转盘上。

② 关上炉门，选择加热方式。

③ 金属器皿、细口瓶或密封的器皿不能放入炉内加热。

④ 炉内无待加热物体时，不能开机；待加热物体很少时，不能长时间开机，以免空载运行（空烧）而损坏机器。

⑤ 不要将炽热的器皿放在冷的转盘上，也不要将冷的带水器皿放在炽热的转盘上，以防止转盘破裂。

⑥ 一批干燥物取出后，不要关闭炉门，让其冷却，5～10min后才能放入下一批待加热的器皿。

(7) 磁力加热搅拌器

当反应体系为液体时，常采用磁力加热搅拌器对体系均匀加热和搅拌。

(8) 常用器皿的加热方法及注意事项

① 试管加热

a. 液体和固体均可在试管中加热，但样品体积一般不得超过试管高度的1/3。若固体为块状或粒状，应先研细，并在试管内铺平，而不要堆集于试管底部。

b. 加热试管时可用试管夹夹在试管口1/3处。若长时间加热，可将试管用铁夹固定起来后再加热。加热液体时，试管应与实验台面保持40°～60°倾斜角（为什么?）；对固体加热，试管必须稍微向下倾斜（为什么?），如图2-18所示。

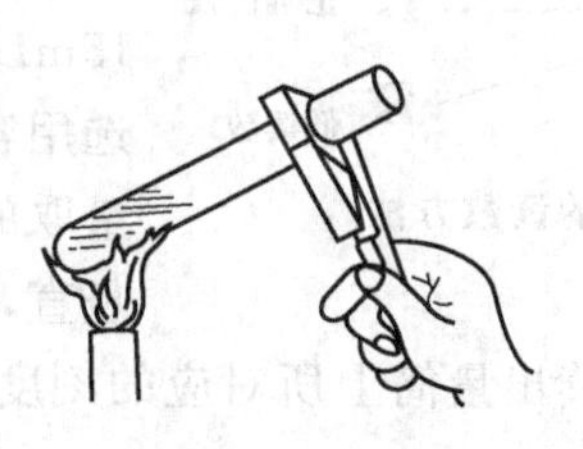

加热试管中的液体

加热试管中的固体

图 2-18 加热试管的方法

c. 加热时火焰必须从试管内容物的上部反复向下慢慢移动（尤其是液体），不能一开始就在底部固定一个地方加热。不要把试管底部及液面以下部分用火全部包住，否则由于液面上下温差很大，会引起试管在液面位置爆裂。加热液体时试管还要不时地摇动，以使受热均匀，避免局部过热暴沸而导致液体迸溅。

d. 加热时，试管口不能对着别人或自己（为什么?）。

② 蒸发皿、坩埚的加热

a. 蒸发皿可用“直接火”加热，但必须先移动火焰均匀地将蒸发皿预热，然后才能把火焰固定下来。

b. 坩埚一般放在泥三角上加热，加热过程中若要移动坩埚，必须用预热过的坩埚钳（为什么?）。加热后，坩埚必须在泥三角上放冷后才可取下来。

c. 坩埚钳不用时，钳口须向上放置（为什么?）。

d. 加热坩埚时，必须使用外火焰（无色或浅蓝色）加热，以免坩埚外表积炭变黑。

③ 烧杯和烧瓶的加热

a. 烧杯和烧瓶必须垫着石棉网加热。

b. 各种烧瓶加热时都必须在铁架台上用铁夹将其上部固定起来（锥形瓶除外）。

c. 固体药品不能在烧杯和烧瓶中加热。

④ 一般注意事项

a. 有刻度的仪器、试剂瓶、广口瓶、抽滤瓶及各种容量器皿和表面玻璃等不准加热。

b. 加热前器皿外部必须干净，不能有水滴或其他污物，刚刚加热过的容器不能马上放在桌面或其他温度较低的地方（为什么?）。

c. 加热液体过程中，若有沉淀存在，必须不断搅拌，加热时，不得离开现场。

d. 加热液体时，其体积不能超过容器主要部分高度的 2/3。

e. 加热液体过程中，不能直接向液体俯视，以免迸溅等意外情况发生。

f. 加热时要远离易燃、易爆物。

4. 溶液的量取

实验室中常用于度量液体体积的量具有量筒、移液管、滴定管和容量瓶等。能否正确使用这些量器，直接影响到实验结果的准确度。因此，必须了解各种量器的特点、性能，掌握正确的使用方法。

(1) 量筒

量筒为量出容器（标注符号“A”），即倒出液体的体积为所量取的溶液体积。量筒是化学实验中最常用的度量液体体积的仪器，见图 2-2(c)。其规格有 5mL、10mL、50mL、100mL、500mL 等数种，可根据不同需要选择使用。选用量筒的原则：在尽可能一次性量取的前提下，选用最小的量筒，尽量减少误差。如量取 15mL 的液体，应选用容量为 20mL 的量筒，不能选用容量为 10mL 或 50mL 的量筒。使用时，把要量取的液体注入量筒中，手拿量筒的上部，让量筒竖直，使量筒内液体凹面的最低处与视线保持水平，见图 2-19，然后读出量筒上所对应的刻度，即得液体的体积。倾倒完毕后要停留一会，使液体全部流出。

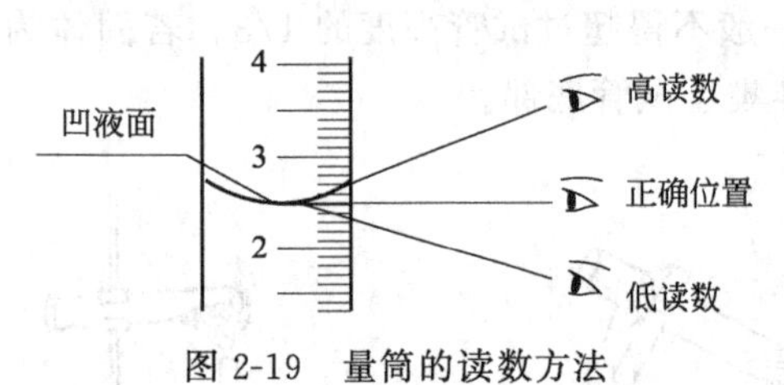

图 2-19 量筒的读数方法

(2) 移液管

移液管是精确量取一定体积液体的仪器，为量出容器。移液管的种类很多，通常分为无分度移液管和分度移液管两类，见图 2-3(a)。无分度移液管的中部膨大，上下两端细长，上端刻有环形标线，膨大部分标有其容积和标定时的温度（一般为 20℃）。使用时将溶液吸入管内，使液面与标线相切，再放出，则放出的溶液体积就等于管上标示的容积。常用无分度移液管的容积有 5mL、10mL、25mL 和 50mL 等多种。由于读数部分管颈小，其准确性较高，缺点是只能用于量取一定体积的溶液。另一种是带有分度的移液管，可以准确量取所需要的刻度范围内某一体积的溶液，但其准确度差一些。容积有 0.5mL、1mL、2mL、5mL、10mL 等多种，这种有分度的移液管也称为吸量管。

① 移液管的洗涤　在使用移液管前，应先用自来水洗至内壁不挂水珠（若内壁有水珠，须用洗液洗涤后，再用自来水冲洗至内壁不挂水珠），再用蒸馏水洗涤 3 遍。

② 移液管的润洗　移取溶液时，应将洗净的移液管尖嘴部分残留水吹出，再用吸水纸吸干水分，最后伸入试剂瓶约 1.5cm 处吸取少量移取液于移液管中（注意不能让溶液上下回荡），然后迅速用手指封住移液管口部并由试剂瓶中取出，平托移液管使其润湿整个内壁，放出润洗液，用此方法润洗 3 次，以保持转移的溶液浓度不变。

③ 移液管的操作方法　把移液管插入溶液液面下约 1.5cm 处，不应伸入太多（注意：

绝不能让移液管下部尖嘴接触容器底部，以免尖嘴损坏），以免外壁沾有溶液过多；也不应伸入太少，以免液面下降时吸入空气。一般用右手的拇指和中指捏住移液管的标线上方，用左手持洗耳球，先把洗耳球内空气压出，然后把洗耳球的尖端压在移液管上口，慢慢松开左手使溶液吸入管内，当液面升高到刻度以上时移去洗耳球，立即用右手的食指按住管口。将移液管移开试剂瓶，用一废液瓶接取多余液体，使管尖端靠着废液瓶内壁，略为放松食指并用拇指和中指轻轻转动移液管，让溶液慢慢流出。当液面平稳下降至凹液面最低点与标线相切时，立即用食指压紧管口。取出移液管，移入准备接收液体的容器中，使移液管尖端紧靠容器内壁，容器倾斜而移液管保持直立，放开食指让液体自然下流，待移液管内液体全部流出后，停 15s 后，再移开移液管，见图 2-20。在整个排放和等待过程中，流液口尖端和容器内壁接触并保持不动。切勿把残留在管尖的液体吹出，因为在校正移液管时，已经考虑了尖端所保留液体的体积。若移液管上面标有“吹”字，则应将留在管端的液体吹出。

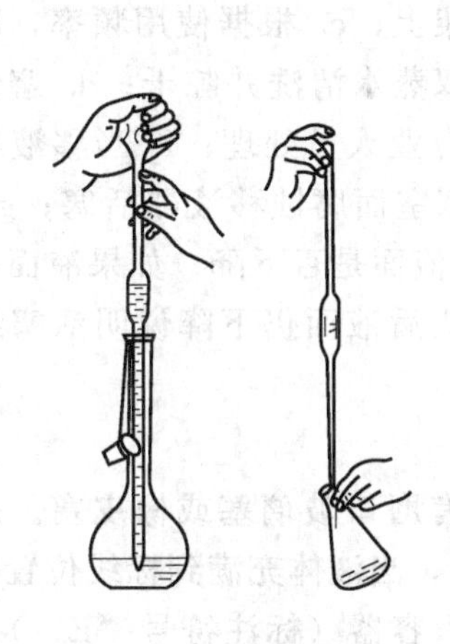

图 2-20 移液管的使用

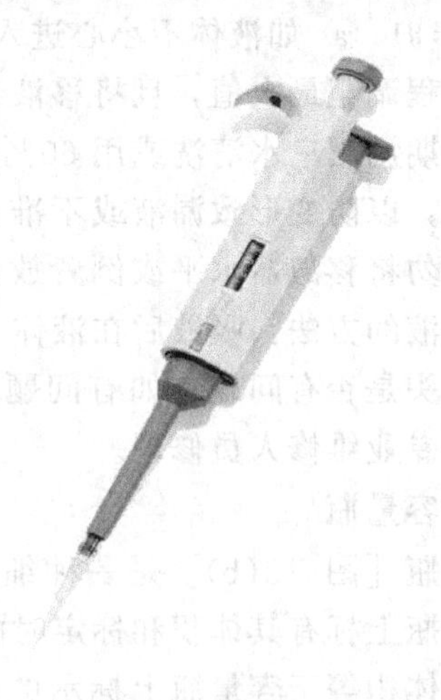

图 2-21 移液枪

(3) 移液枪

移液枪是移液器的一种，常用于实验室少量或微量液体的移取，见图 2-21。不同规格的移液枪配套使用不同大小的枪头，不同生产厂家生产的形状也略有不同，但工作原理及操作方法基本一致。移液枪属精密仪器，使用及存放时均要小心谨慎，防止损坏，避免影响其量程。

① 量程的调节 在调节量程时，如果要从大体积调为小体积，则按照正常的调节方法，顺时针旋转旋钮即可；但如果要从小体积调为大体积时，则可先逆时针旋转刻度旋钮至超过量程的刻度，再回调至设定体积，这样可以保证量取的最高精确度。

在该过程中，千万不要将按钮旋出量程，否则会卡住内部机械装置而损坏了移液枪。

② 移液枪头的装配 在将枪头（pipette tips）套上移液枪时，正确的方法是将移液枪（器）垂直插入枪头中，稍微用力左右微微转动即可使其紧密结合。如果是多道（如 8 道或 12 道）移液枪，则可以将移液枪的第一道对准第一个枪头，然后倾斜地插入，往前后方向摇动即可卡紧。枪头卡紧的标志是略微超过 O 型环，并可以看到连接部分形成清晰的密封圈。

③ 移液的方法 移液之前，要保证移液器、枪头和液体处于相同温度。吸取液体时，移液器保持竖直状态，将枪头插入液面下 2～3mm。在吸液之前，可以先吸放几次液体以润

湿吸液嘴（尤其是要吸取黏稠或密度与水不同的液体时）。这时可以采取两种移液方法。

a. 前进移液法　用大拇指将按钮按下至第一停点，然后慢慢松开按钮回原点（吸取固定体积的液体）。接着将按钮按至第一停点排出液体，稍停片刻继续按按钮至第二停点吹出残余的液体。最后松开按钮。

b. 反向移液法　此法一般用于转移高黏液体、生物活性液体、易起泡液体或极微量的液体，其原理就是先吸入多于设置量程的液体，转移液体的时候不用吹出残余的液体。先按下按钮至第二停点，慢慢松开按钮至原点，吸上之后，斜靠一下容器壁将多余液体沿器壁流回容器。接着将按钮按至第一停点排出设置好量程的液体，继续保持按住按钮位于第一停点(千万别再往下按)，取下有残留液体的枪头，弃之。

④ 移液器放置　使用完毕，可以将其竖直挂在移液枪架上，但要小心别掉下来。当移液器枪头里有液体时，切勿将移液器水平放置或倒置，以免液体倒流腐蚀活塞弹簧。

⑤ 养护　a. 如液体不小心进入活塞室，应及时清除污染物；b. 移液器使用完毕后，把移液器量程调至最大值，且将移液器垂直放置在移液器架上；c. 根据使用频率，所有的移液器应定期用肥皂水清洗或用 60％的异丙醇消毒，再用双蒸水清洗并晾干；d. 避免放在温度较高处，以防变形致漏液或不准；e. 发现问题及时找专业人员处理；f. 当移液器吸嘴有液体时切勿将移液器水平或倒置放置，以防液体流入活塞室而腐蚀移液器活塞；g. 平时检查是否漏液的方法：吸液后在液体中停 1～3s 观察吸头内液面是否下降；如果液面下降，首先检查枪头是否有问题，如有问题更换枪头，若更换枪头后液面仍下降说明活塞组件有问题，应找专业维修人员修理。

（4）容量瓶

容量瓶［图 2-3(b)］是一种细颈梨形的平底瓶，带有磨口玻璃塞或橡皮塞。瓶颈上刻有标线，瓶上标有其体积和标定时的温度。在标定温度下，当液体充满到标线位置时，所容纳的溶液体积等于容量瓶上标示的体积，即容量瓶为量入容器（标注符号“E”）。容量瓶主要用来配制标准溶液，或稀释一定量溶液到一定的体积。通常有 10mL、25mL、50mL、100mL、250mL、500mL、1000mL、2000mL 等规格。

容量瓶在使用前要检查是否漏水，方法是将容量瓶装入自来水至刻度线，盖上塞子，左手按住瓶塞，右手拿住瓶底，倒置容量瓶，观察是否有漏水现象，若不漏水，将瓶立正，把瓶塞旋转 180 后塞紧，用相同方法检验仍不漏水即可使用（如图 2-22 所示）。容量瓶应洗干净后使用。

用固体配制溶液时，称量后先在小烧杯中加入少量水把固体溶解（必要时可加热），待冷却到室温后，将杯中的溶液沿玻璃棒小心地注入容量瓶中，溶液倒完后，烧杯嘴沿玻璃棒向上提起的同时竖起烧杯（为什么?），再从洗瓶中挤出少量水淋洗玻璃棒及烧杯 4 次以上，并将每次淋洗液注入容量瓶中。然后加水至容量瓶约 2/3 处时，将容量瓶沿水平方向摇动，使溶液初步混匀（切记不能加塞倒置摇动，使溶液浸湿瓶塞及瓶壁磨口处，为什么?）。接着再继续加水，并将刻度线以上部分用水适当冲洗（磨口处除外）。当液面接近标线时，停留几分钟（为什么?），再用滴管小心地逐滴加水至弯月面最低点恰好与标线相切。塞紧瓶塞，将容量瓶倒转数 10 次以上（必须用手指压紧瓶塞，以防脱落），并在倒转时加以振荡，以保证瓶内溶液浓度上下各部分均匀。

容量瓶是磨口瓶，瓶塞不能张冠李戴，一般可以用橡皮筋系在瓶颈上，避免沾污、打碎或丢失。

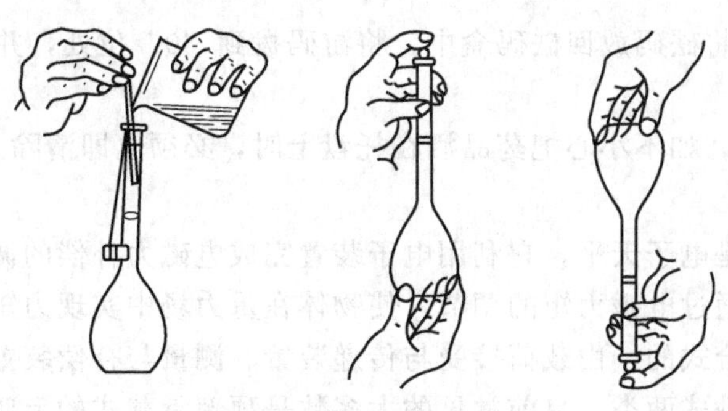

图 2-22　容量瓶的使用

(5) 滴定管

滴定管是滴定时用来准确测量流出液体体积的量器（使用方法见实验十一、实验十二）。

5. 称量

(1) 台秤

台秤又称托盘天平或架盘天平，一般能称准到 0.1～0.5g，最大称量有 100g、500g、1000g 数种，用于精度不很高的称量。台秤的构造如图 2-23 所示。

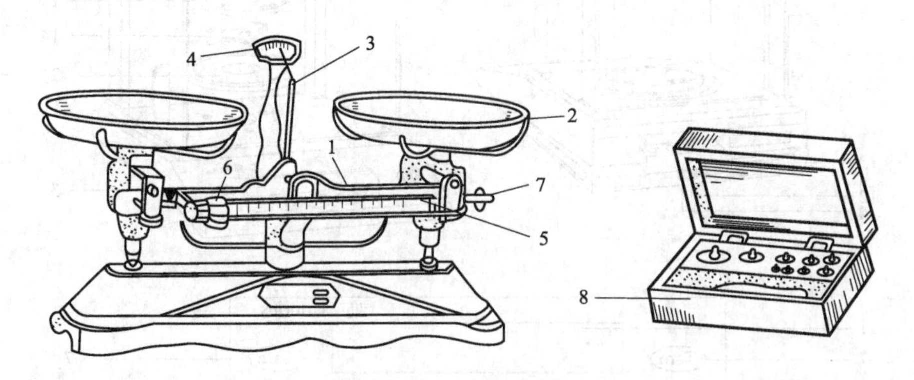

图 2-23　台秤的构造

1—横梁；2—托盘；3—指针；4—刻度盘；5—游码标尺；6—游码；7—平衡调节螺丝；8—砝码及砝码盒

台秤在使用前应先将游码拨至刻度尺的零处，观察指针摆动情况。如果指针在刻度盘的左右摆动格数相等，即表示台秤处于平衡，指针停止后位于刻度盘的中间位置，将此中间位置称为台秤的零点，台秤可以使用；如果指针在刻度盘的左右摆动距离相差较大，则应调节平衡调节螺丝，使之平衡。

称量时，应将物品放在左盘，砝码放在右盘。加砝码时应先加大砝码再加小砝码，最后（在 5g 或 10g 以内）用游码调节至指针在标尺左右两边摆动的格数相等为止。当台秤的指针停在刻度盘的中间位置时，该位置称为停点。停点与零点相符时（允许偏差 1 小格以内），就可以读取数据。台秤的砝码和游码读数之和即是被称物品的质量。记录时小数点后保留 1 位，如 12.4g。称毕，用镊子将砝码夹回砝码盒，游码回零。

称量药品时，应在左盘放上已经称过质量的洁净干燥的容器，如表面皿，烧坏等，再将药品加入容器中，然后进行称量。或者在台秤的两边放上等质量的称量纸后再称量。

称量时应注意以下几点：

① 不能称量热的物品。

② 化学试剂不能直接放在托盘上，而应放在称量纸上、表面皿或其他容器中。

③ 称量完毕，应将砝码放回砝码盒中，将游码拨到“0”位处，并将托盘放在一侧或用橡皮圈架起。

④ 保持台秤整洁，如不小心把药品洒在托盘上时，必须立即清除。

(2) 电子天平

最新一代的天平是电子天平，它利用电子装置完成电磁力补偿的调节，使物体在重力场中实现力的平衡，或通过电磁力矩的调节，使物体在重力场中实现力矩的平衡。常见电子天平的结构都是机电结合式的，由载荷接受与传递装置、测量与补偿装置等部件组成。可分成顶部承载式和底部承载式两类，目前常见的大多数是顶部承载式的上皿天平。从天平的校准方法来分，则有内校式和外校式两种。前者是标准砝码预装在天平内，启动校准键后，可自动加码进行校准。后者则需人工取拿标准砝码放到秤盘上进行校正。图 2-24 为赛多利斯 BS/BT124S 电子天平的外形图。

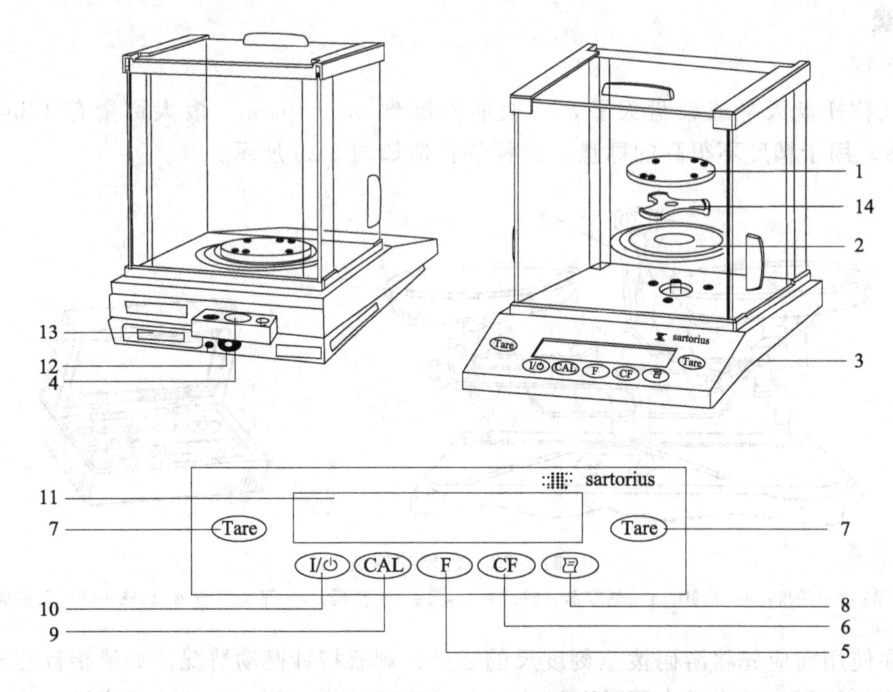

图 2-24 BS/BT124S 电子天平外形图

1—秤盘；2—屏蔽环；3—地脚螺栓；4—水平仪；5—功能键；6—CF 清除键；7—除皮键；8—打印键；9—调校键；10—开关键；11—显示屏；12—电源接口；13—数据接口；14—秤盘支架

电子天平的使用方法：

① 查看水平仪，如不水平，要通过水平调节脚调至水平。

② 接通电源，预热 60min 后方可开启显示器进行操作使用。

③ 按除皮键“Tare”，当显示屏上为 0.0000 时，就可以称量了。

④ 将称量物轻放在秤盘上，这时显示器上数字不断变化，待数字稳定并出现质量单位 g 后，即可读数，并记录称量结果。

注意，不同电子天平，按键的功能略有不同，使用方法也会有所差别。如梅特勒-托利多 AL104 电子天平（图 2-25），“on/off”键既是开关键又是除皮键，开机状态时，按此键为除皮，但长时间按该键则关闭天平。另外，该天平的“cal”键可进行千分之一和万分之一的称量转换。

（3）称量方法

天平称量可采用直接称量法、固定质量称量法和差减称量法。

① 直接称量法（又称增量法） 此法将称量物直接放在天平秤盘上直接称量物体的质量。例如，称量小烧杯的质量，容量器皿校正中称量某容量瓶的质量，重量分析实验中称量某坩埚的质量等，都使用这种称量法。

将干燥洁净的表面皿（或烧杯、称量纸等）放在秤盘上，按去皮键，显示“0.0000”后，打开天平门，缓缓往表面皿中加入试样，当达到所需质量时停止加样，关上天平门，数据稳定后即可记录所称试样的净质量。试样倒入烧杯或其他容器时，要用蒸馏水将表面皿上的试样洗净，洗涤水并入烧杯中。

称量液体试样时，为防止其挥发损失，应采用安瓿瓶称量，先称安瓿瓶质量，然后在酒精灯上小火加热安瓿瓶球部，驱除球中空气，立即将毛细管插入液体试样中，待吸入试样后，封好毛细管口再称其质量。两次读数之差，即为试样重。

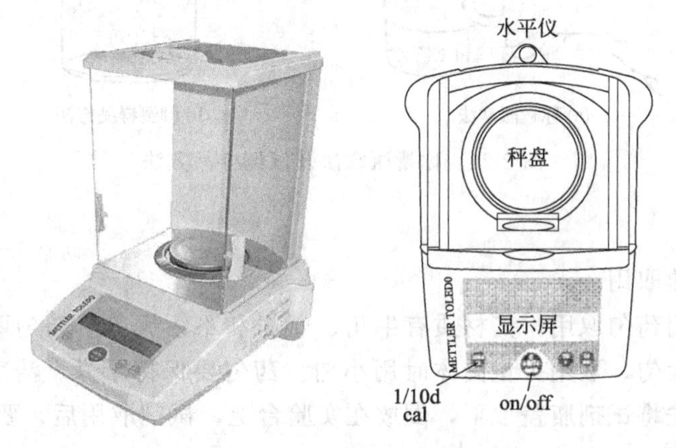

图 2-25 AL104 电子天平

② 固定质量称量法 固定质量称量法即称量规定质量的方法。例如，称取 0.1000g 样品，首先将称量表面皿（或小烧杯）质量归零，然后可在称量表面皿（或小烧杯）中间处用牛角勺慢慢加入样品，在接近称量质量时，可以用另一只手轻轻拍打持牛角勺的胳膊，使样品少量添加到表面皿（或小烧杯）中，这时既要注意试样抖入量，也要注意天平显示的质量读数，当所加试样正好达到所需要的读数时，立即停止抖入试样。若不慎多加了试样，应将天平关闭，再用牛角匙取出多余的试样（不要放回原试样瓶中）。称好后，用干净的小纸片衬垫取出表面皿，将试样全部转移到接收的容器内。试样若为可溶性盐类，可用少量蒸馏水将沾在表面皿上的粉末吹洗进容器。亦可用称量纸（俗称硫酸纸）称量，但每次倒出样品后都应称一次纸重，以防纸上有残留物而改变称量纸的质量。

上述两种称量方法适用于不吸湿、在空气中不发生变化的物质的称量。

③ 差减称量法 差减称量法是分析实验中应用最普遍的一种方法。特别是做几个平行测定需称取多份样品时，应用更为方便。差减称量法适用于称取易吸湿，易氧化，易与二氧化碳反应的物质，其操作方法是：用干净纸带套住装试样的称量瓶，手持纸带两头，见图 2-26(a)，将称量瓶放在天平秤盘中央，拿去纸带，称重，按回零或去皮键，显示屏显示“0.0000”，再用纸带套住称量瓶取出，放在接收试样的容器上方，用一干净纸片包着称量瓶

盖上的把柄。打开瓶盖，将称量瓶倾斜（瓶底略高于瓶口），用瓶盖轻轻敲动瓶口上方，使试样落到容器中，见图 2-26(b)。注意不要让试样洒落到容器外。当试样量接近要求时，边敲动瓶口上沿边将称量瓶缓慢竖起，使粘在瓶口的试样落入称量瓶或容器中，盖好瓶盖，放回秤盘中，查看电子天平显示屏上数字，显示的数值即为倾倒至容器中的样品的质量。判断倒出的样品是否超过称量范围的下限，若没有，继续倾倒，至超过称量范围的下限，而且小于称量范围的上限，取出试样的质量即为显示屏实际显示数字。如若倒出样品的质量大于称量范围的上限，则此次称量失败，应洗净容器，重新开始称量。

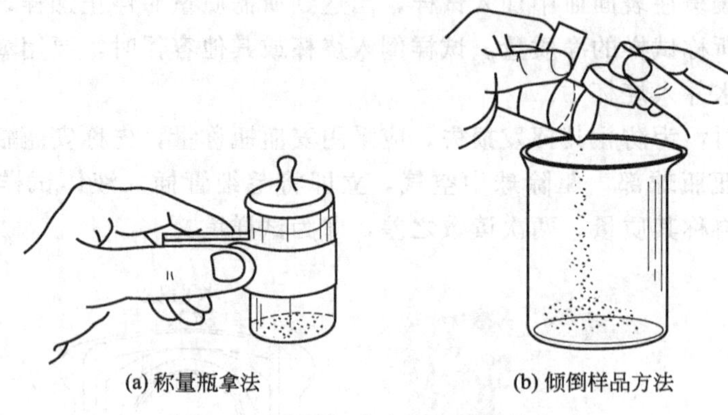

(a) 称量瓶拿法　　(b) 倾倒样品方法

图 2-26　称量瓶拿法及倾倒样品方法

6. 试剂的取用

(1) 固体试剂的取用

固体试剂一般用药勺取用，其材质有牛角、塑料和不锈钢等。药勺两端有大小两个勺，取用大量固体时用大勺，取用少量固体时用小勺。药勺要保持干燥、洁净，最好专勺专用。取用固体试剂时，先将试剂瓶盖取下，倒放在实验台上，试剂取用后，要立即盖上瓶盖，并将试剂瓶放回原处，标签向外。

取用一定量固体时，可将固体放在纸上（不能放在滤纸上）或表面皿上，根据要求在台秤或电子天平上称量。具有腐蚀性或易潮解的固体不能放在纸上，应放在玻璃容器内进行称量。称量后多余的试剂不能放回原瓶，以防把原试剂污染。

往试管中加入固体试剂时，可先将盛有药品的药匙伸进试管适当深处，见图 2-27(a)，然后再将试管及药匙慢慢竖起。或将取出的药品放在对折的纸片上，再按上述方法将药品放入试管，见图 2-27(b)。加入块状固体时，应将试管倾斜，使其沿管壁慢慢滑下，以免碰破试管底部，见图 2-27(c)。固体颗粒较大时应在干燥的研钵中研磨成小颗粒或粉末状，研钵中所盛固体量不得超过研钵容量的 1/3。

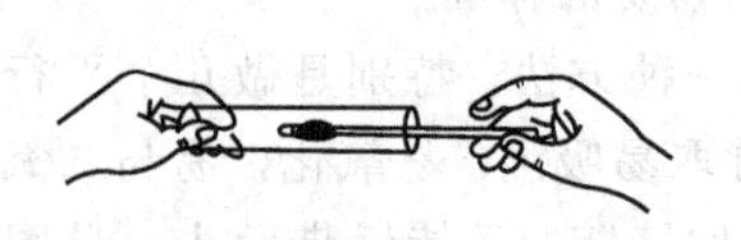

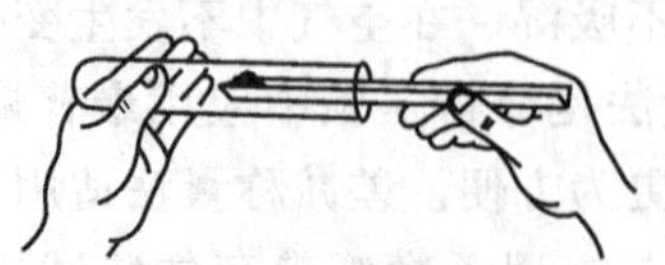

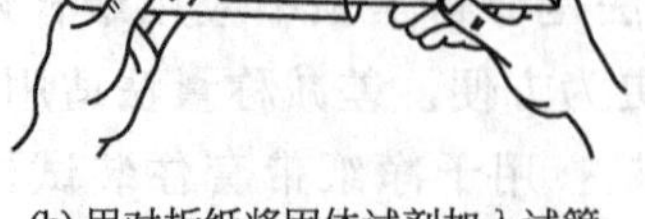

(a) 用药匙将固体试剂加入试管　　(b) 用对折纸将固体试剂加入试管　　(c) 块状固体沿试管壁慢慢滑下

图 2-27　固体试剂的取用

(2) 液体试剂的取用

从细口瓶取用液体试剂时，取下瓶盖把它倒放在实验台上，用左手拿住容器（如试管，量筒，小烧杯等），右手握住试剂瓶，掌心对着试剂瓶上的标签，倒出所需量的试剂，倒完后，应该将试剂瓶口在容器上靠一下，再将瓶子慢慢竖起，以免液滴沿外壁流下，见图 2-28(a)。

将液体从试剂瓶中倒入烧杯时，用右手握住试剂瓶，左手拿玻璃棒，使棒的下端斜靠在烧杯内壁上，将瓶口靠在玻璃棒上，使液体沿着玻璃棒流下，见图 2-28(b)。

从滴瓶中取少量试剂时，提起滴管，使管口离开液面，用手指轻捏滴管上部的橡皮胶头排去空气，再把滴管伸入试剂瓶中，吸取试剂。往试管中滴加试剂时，只能把滴管尖头垂直放在管口上方滴加，如图 2-28(c) 所示，严禁将滴管伸入试管中（为什么?）。滴完液后，应将滴管中剩余的试剂挤回原滴瓶，然后放松胶头滴管，插回原滴瓶，切勿插错。一只滴瓶上的滴管不能用来移取其他滴瓶中的试剂，也不能用自己的吸管伸入试剂瓶吸取试液，以免污染试剂。吸有试剂的滴管必须保持橡皮胶头在上，不能平放、斜放，更不能放在桌面上或胶头向下倒置，以防滴管中试剂流入胶头而使橡皮胶头腐蚀、损坏。

从滴瓶取用液体试剂时，有时要估计其取用量，此时可通过计算滴下的滴数来估计，一般滴出 20～25 滴为 1mL。若需准确取液体试剂，则需用移液管移取，并按移液管的使用方法进行操作。

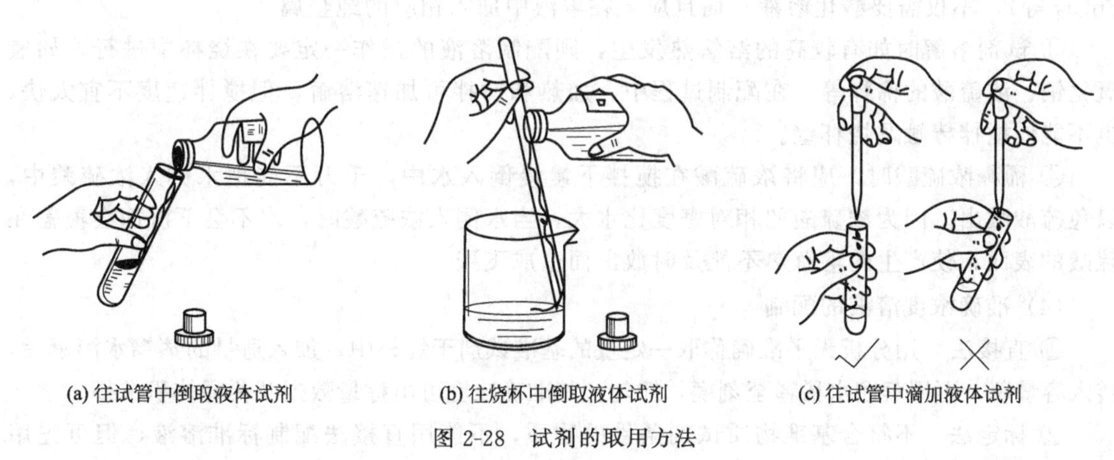

(a) 往试管中倒取液体试剂　(b) 往烧杯中倒取液体试剂　(c) 往试管中滴加液体试剂

图 2-28　试剂的取用方法

7. 溶液的配制

溶液的配制一般是把固态试剂溶于水（或其他溶剂）配制成溶液或把液态试剂（或浓溶液）加水稀释为所需的稀溶液。化学实验中的溶液有两类，一类用来控制化学反应条件，在样品处理、分离、掩蔽等操作中使用，其浓度不必准确到四位有效数字，这类溶液称为一般溶液，也称为辅助溶液。另一类是用来测定物质含量的具有准确浓度的溶液，也称标准溶液。配制好的溶液应贴上标签，注明溶液的名称、浓度及配制时间。

(1) 溶液组成的表示方法

溶液组成的度量方法有物质的量浓度、质量摩尔浓度、物质的量分数和质量分数等多种，在此仅介绍一些配制溶液时的特殊表示方式。

① 体积比　指配制时各试剂的体积比。例如正丁醇-乙醇-水（40：11：19）是指 40 体积正丁醇、11 体积乙醇和 19 体积水混合而成的溶液。有时试剂名称后注明（1＋2）、（5＋

4）等符号，第一个数字表示试剂的体积，第 2 个数字表示水的体积。若试剂是固体，则表示试剂与水的质量比，第一个数字表示试剂的质量，第二个数字表示水的质量。

② 体积分数　表示某组分的体积除以溶液的体积，取代体积百分浓度。

③ 质量浓度　表示单位体积中某种物质的质量，常以 $mg \cdot L^{-1}$、$\mu g \cdot L^{-1}$ 或 $mg \cdot mL^{-1}$、$\mu g \cdot mL^{-1}$ 等表示。

（2）一般溶液的配制

① 直接水溶法　对易溶于水而不发生水解的固体试剂，如 NaOH、KNO_3、NaCl 等，配制其溶液时可用托盘天平直接称取一定量的固体于烧杯中，加入少量蒸馏水，搅拌溶解后稀释至所需体积，再转入试剂瓶中。

② 稀释法　对于液态试剂，如盐酸、H_2SO_4、HNO_3、HAc 等，配制其稀溶液时，先用量筒量取所需量的浓溶液，然后用适量蒸馏水稀释。

（3）特殊溶液的配制

① 配制饱和溶液时，所用溶质的量比计算量要多，加热使之溶解后，冷却，待结晶析出后再用。这样可保证溶液的饱和。

② 配制易水解盐的溶液，必须把它们先溶解在相应的酸性溶液（如 $SnCl_2$、$SbCl_3$ 溶液等）或碱性溶液（如 Na_2S、Na_2CO_3 溶液等）中以抑制水解。对易氧化的盐（如 $FeSO_4$、$SnCl_2$ 等），不仅需要酸化溶液，而且应该在溶液中加入相应的纯金属。

③ 试剂溶解时如有较高的溶解热发生，则配制溶液的操作一定要在烧杯中进行，如氢氧化钠、浓硫酸的稀释等。在配制过程中，加热和搅拌可加速溶解，但搅拌速度不宜太快，也不能使搅拌棒触及烧杯壁。

④ 稀释浓硫酸时，应将浓硫酸在搅拌下慢慢倒入水中，千万不能把水倒入浓硫酸中，以免硫酸溅出。因为浓硫酸的相对密度比水大，当水倒入浓硫酸时，水不会下沉而会覆盖在硫酸的表面，使产生的溶解热不能及时放出而造成飞溅。

（4）准确浓度溶液的配制

① 直接法　用分析天平准确称取一定量的基准试剂于烧杯中，加入适量的蒸馏水溶解后，转入容量瓶，再用蒸馏水稀释至刻度，摇匀。其准确浓度可由称量数据及稀释体积求得。

② 标定法　不符合基准物质试剂条件的物质，不能用直接法配制标准溶液，但可先用一般溶液的配制方法配成近似于所需要浓度的溶液，然后用基准试剂或已知准确浓度的标准溶液标定它的浓度。当需要通过稀释法配制标准溶液的稀溶液时，可用移液管准确吸取其浓溶液至适当的容量瓶中配制。

（5）干燥器的使用方法

干燥器又称保干器。它的结构如图 2-29(a) 所示，为一具有磨口盖子的厚质玻璃器皿，磨口上涂有一薄层凡士林，使其更好地密合。底部放适当的干燥剂，其上架有洁净的带孔瓷板，以便放置坩埚、称量瓶等盛有被保干物质的容器。干燥器用以防止被干燥的物质在空气中吸潮。化学分析中常用于保存基准物质。开启干燥器时，应用左手按住干燥器的下部，右手握住盖的圆顶，向前小心地平推，便可打开盖子，盖子必须仰面放稳。搬移干燥器时，应用两手同时拿着干燥器和盖子的沿口，如图 2-29(b) 所示。

灼热的物体放入干燥器前，应先在空气中冷却 30～60s。放入干燥器后，为防止干燥器内空气膨胀将盖子顶落，应反复将盖子推开一道细缝，让热空气逸出，直至不再有热空气排

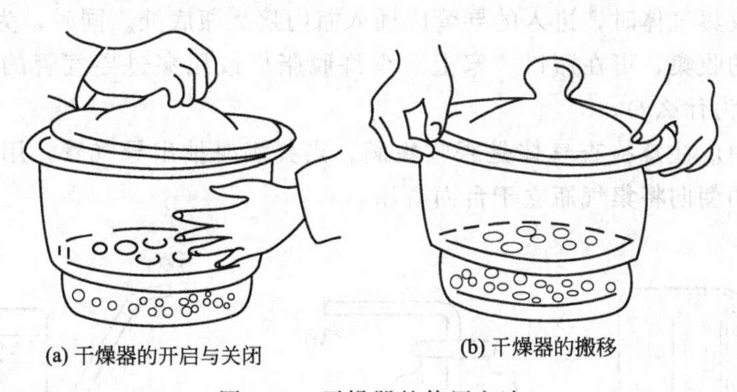

图 2-29 干燥器的使用方法

出后再盖严盖子（若盖上盖子较早，停一段时间则无法打开干燥器，为什么?）。

8. 气体的制备与净化

(1) 气体的制备方法

气体的实验室化学制备方法，按反应物的状态和反应条件可分为四类：第一类为固体或固体混合物加热的反应，如 O_2、NH_3、N_2 等的制备，其典型装置如图 2-30(a) 所示；第二类为不溶于水的块状或粒状固体与液体之间不需加热的反应，如 H_2、CO_2、H_2S 等的制备，其典型装置为启普发生器，如图 2-30(b) 所示；第三类为固体与液体之间需加热的反应，或粉末状固体与液体之间不需加热的反应，如 SO_2、Cl_2、HCl 等的制备；第四类为液体与液体之间的反应，如甲酸与热的浓硫酸作用制备 CO 等。后两类制备方法的典型装置如图 2-30(c) 所示。

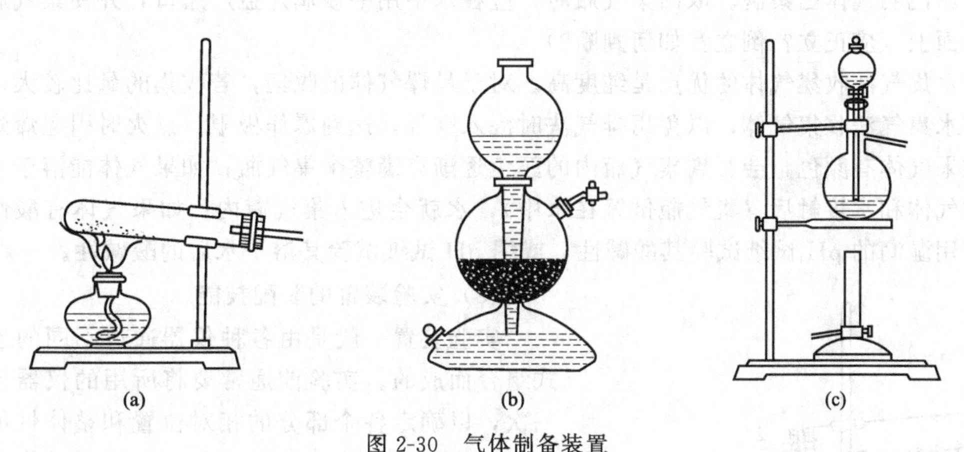

图 2-30 气体制备装置

(2) 气体的收集方法

实验室中常用的气体收集方法有排气（空气）集气法和排水集气法。凡不与空气发生反应，密度与空气相差较大的气体都可以用排气（空气）法来收集。对于密度比空气小的气体，因能浮于空气的上面，收集时集气瓶的瓶口应朝下，让原来瓶子中的空气从下方排出。此种集气方法就称为向下排气集气法，见图 2-31(a)。如 H_2、NH_3、CH_4 等气体收集就可用此法。对于密度比空气大的气体，因气体能沉于空气的下面，集气时瓶口应朝上，以利于瓶内空气的排出。这种集气方法就称为向上排气集气法，见图 2-31(b)。此法常用于 CO_2、Cl_2、HCl、SO_2、H_2S、NO_2 等分子量明显大于 29（空气的平均分子量）的气体的收集。

在用排气法收集气体时，进入的导管应插入瓶内接近瓶底处。同时，为了避免空气流的冲击而妨碍气体的收集，可在瓶口“塞上”少许脱脂棉或用穿过导气管的硬纸片遮挡瓶口（注意不能堵死，为什么?）。

在集气过程中应注意检查气体是否收集满。当集满时抽出导气管，用毛玻璃片盖住瓶口，不改变瓶口的朝向将集气瓶立于台面备用。

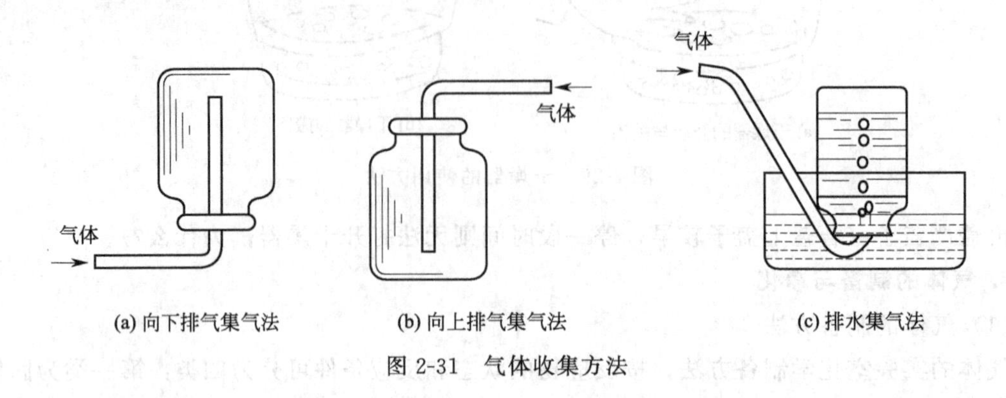

图 2-31　气体收集方法

凡难溶于水且又不与水反应的气体，如 H_2、O_2、N_2、NO、CO、CH_4 等则可用排水集气法来收集，见图 2-31(c)。集气时，先在水槽中盛半槽水，把集气瓶灌满水，然后用毛玻璃片的磨砂面慢慢地沿瓶口水平方向移动，把瓶口多余的水赶走，并密盖住瓶口（注意此时瓶内不得有气泡），此时用手将毛玻璃片紧按瓶口，把集气瓶倒立于水槽中，在水面下取出毛玻璃片，将导管伸入瓶内。气体生成时，气体逐渐将瓶内的水排出。当集气瓶口有气泡冒出时，说明气体已集满。取出集气瓶时，应在水中用毛玻璃片盖严瓶口，并使集气瓶立于实验台面上（应正立？倒立？如何判断?）

排水集气法收集气体的优点是纯度高。对于易爆气体的收集，若收集的量比较大，更应该用排水集气法收集气体，以免用排气法时混入空气，达到爆炸极限，点火时引起爆炸。

如果气体有颜色，会看到集气瓶内的颜色逐渐充满整个集气瓶；如果气体能溶于水，收集到的气体和水接触后（集气瓶倒置在水中），水就会进入集气瓶内；如果气体有酸性或碱性，可用湿润的 pH 试纸试验其酸碱性，或用 pH 试纸试验其溶于水后的酸碱性。

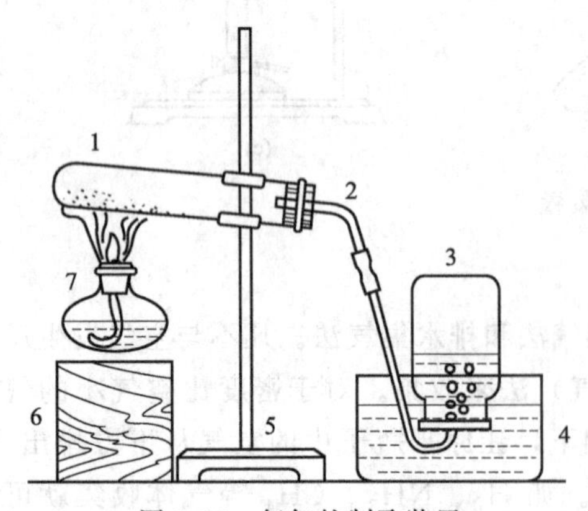

图 2-32　氧气的制取装置

1—试管；2—导气管；3—集气瓶；4—水槽；5—铁架台；6—木垫；7—酒精灯

(3) 实验装置的装配技能

实验装置一般是由各种仪器通过不同的连接方式组合而成的。实验前通常要将所用的仪器预组装一次，以确定各个部分的相对位置和整体性能。仪器依类型和要求的不同可固定于夹持工具或支撑物上，相互间通过导管连接。装置的组装顺序是：先下后上，从左到右；先装主体部分，后装配属部分。做到主次兼顾，合理布局，美观整洁大方。

下面以氧气的制备集取装置为例说明。

① 选择合适的仪器、连接材料和夹持工具　准备硬质试管，试管塞（打单孔）、玻璃导管（两段，按图 2-32 所示弯成适当角度）、橡胶管、铁架台及夹具、酒精灯及木垫等。塞子的大小要以能塞入容

器颈口的3/5左右为宜，塞子的孔洞、胶管的口径要和玻璃导管相吻合。铁夹双钳的保护性衬层应完好，夹具固紧定位可靠，支撑物稳定性能好。

② 根据热源及集气装置（以集气瓶位置为准）位置将硬质试管固定在铁架台上的合适位置，注意试管的管口应略向下倾斜（为什么?），铁夹夹在管口端试管的1/3处，而且要夹得松紧合适。太紧，则易将试管夹破，太松，则试管易摇动甚至滑落。

③ 将玻璃导管插入试管中，导管出头半厘米即可。如太长，则空气易在试管内形成涡而排不尽，影响气体纯度，太短则易漏气。玻璃导管通过橡胶管与集气导管连接，再塞好试管塞，放置好水槽。

④ 放置好酒精灯，根据灯焰高度选择好木垫（或适当调整试管的高低位置）。

⑤ 总体复查，微调定位。

装好的气体发生装置应作气密性检查，确保气密性良好后方可使用。气密性检查的方法如下：用双手握着试管的外壁，或用微火加热试管，使管内空气受热膨胀，若气密性好，水中的导管口就有气泡冒出，否则就无气泡产生。在手移开或停止加热后，管内因温度降低，气压减小，水在其静压力作用下升入导管形成一段水柱，而且在较长时间内不回落降低，就说明装置严密、不漏气，否则就不严密，要更换处理。

（4）气体的干燥与净化

实验室制备的气体通常都带有酸雾、水汽和其他气体杂质或固体微粒杂质。为得到纯度较高的气体，还需经过净化和干燥。气体的净化通常是将其洗涤，即通过选择相应的洗涤液来吸收、除去气体中的杂质。如用水可除去酸雾和一些易溶于水的杂质；用浓硫酸（或其他干燥剂）可除去水汽、碱性物质和一些还原性杂质；用碱性溶液可除去酸性杂质；对一些不易直接吸收除去的杂质如硫化氢、砷化氢，还可用高锰酸钾、醋酸铅等溶液来使之转化成可溶物或沉淀除去。但要注意，能与被提纯的气体发生化学反应的洗涤剂不能选用。经洗涤后的气体一般都带有水汽，可用干燥剂吸收除去。

实验室常用的干燥剂一般有三类：一为酸性干燥剂，如浓硫酸、五氧化二磷、硅胶等；二为碱性干燥剂，如固体烧碱、石灰、碱石灰等；三为中性干燥剂，如无水氯化钙等。干燥剂的选用除了要考虑不能与被干燥的气体发生反应外，还要考虑具体的工作条件。实验中常见干燥剂见表2-2。

表2-2　常见干燥剂

气体	干燥剂	气体	干燥剂
H_2	$CaCl_2$、P_4O_{10}、H_2SO_4(浓)	H_2S	$CaCl_2$
O_2	$CaCl_2$、P_4O_{10}、H_2SO_4(浓)	NH_3	CaO或CaO与KOH混合物
Cl_2	$CaCl_2$	NO	$Ca(NO_3)_2$
N_2	H_2SO_4(浓)，$CaCl_2$、P_4O_{10}	HCl	$CaCl_2$
O_3	$CaCl_2$	HBr	$CaBr_2$
CO	H_2SO_4(浓)，$CaCl_2$、P_4O_{10}	HI	CaI_2
CO_2	H_2SO_4(浓)，$CaCl_2$、P_4O_{10}	SO_2	H_2SO_4(浓)，$CaCl_2$、P_4O_{10}

气体的洗涤通常是在洗气瓶中进行的。洗涤时，让气体以一定的流速通过洗涤液（可通过形成气泡的速度来控制），杂质便可除去。

洗气瓶的使用：一是要注意不能漏气（使用前涂凡士林密封，同时注意与导管的配套使用，避免互换而影响气密性）；二是洗气时，液面下的那根导管接进气，另一根接出气，它们通过橡胶管连接到装置中；三是洗涤剂的装入量不要太多，以淹没导管2cm为宜，否则气压太低时气体就出不来。

洗气瓶也可作缓冲瓶用（缓冲气流或使气体中烟尘等微小固体沉降），此时瓶中不装洗涤剂，并将它反接到装置中，即短管进气，长管出气。常用的气体干燥装置有干燥管、U形管及干燥塔，见图 2-33。前二者装填的干燥剂较少，而后者则较多。干燥气体时应注意以下几点。

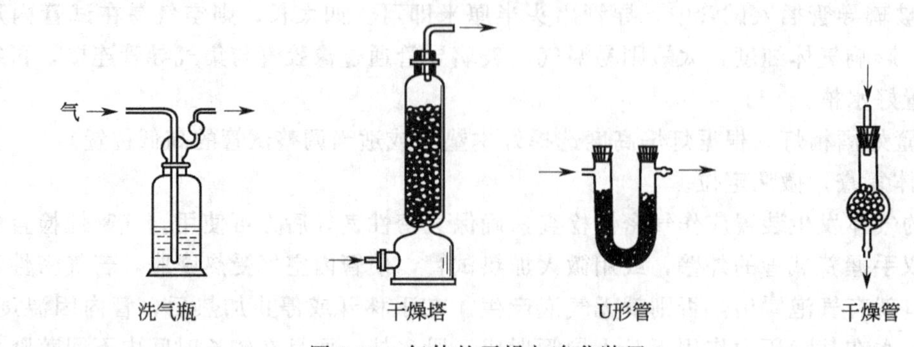

图 2-33　气体的干燥与净化装置

① 进气端和出气端都要塞上一些疏松的脱脂棉。它们一方面使干燥剂不至于流撒，另一方面则起过滤作用，防止被干燥气体中的固体小颗粒带入干燥剂，同时也防止干燥剂的小颗粒带入干燥后的气体中。

② 干燥剂不要填充太紧，颗粒大小要适当。颗粒太大，与气体的接触面积小，降低干燥效率；颗粒太小，颗粒间的孔隙小而使气体不易通过。

③ 干燥剂要临用前填充。因为它们都易吸潮，过早填充会影响干燥效果。如确需提早填充，则填好后要将干燥装置在干燥的烘箱或干燥器中保存。

④ 使用后，应倒去干燥剂，并洗刷干净后存放，以免因干燥剂在干燥装置内变潮结块，不易清除，进而影响干燥装置的继续使用。干燥装置除干燥塔外，其余都应用铁夹固定。

9. 沉淀与过滤

(1) 沉淀的类型及生成

在化学反应中，如果生成的物质不溶于水或在水中的溶解度很小，就会看到有沉淀生成。沉淀的类型一般有两种：晶形沉淀和无定形沉淀。晶形沉淀的颗粒比较大，易沉淀于容器的底部，便于观察和分离；无定形沉淀的颗粒比较小，不容易沉降到容器的底部，当沉淀的量比较少时，不便于观察，此时溶液呈浑浊现象，分离时也比较困难。沉淀颗粒的大小取决于生成物的本性和沉淀的条件（见分析化学的重量分析内容）。在分析化学中，经常需要将沉淀与原溶液进行分离，以测定被测组分的含量；在无机合成化学中，将生成物与母液分离也是必不可少的步骤。因此，固液分离技能在无机化学实验中具有重要的地位。

(2) 沉淀的分离

沉淀的分离方法一般有三种，即倾泻法、过滤法和离心分离法。

① 倾泻法　当沉淀的颗粒较大或相对密度较大时，静置后容易沉降至容器底部，可用倾泻法进行分离或洗涤。

倾泻法是将沉淀上部的清液缓慢地倾入另一容器中，使沉淀物和溶液分离，其操作方法如图 2-34 所示。如需要洗涤时，可在转移完清液后，加入少量洗涤剂充分搅拌，待沉淀沉降后再用倾泻法倾去上清液。根据实验的要求，多次重复此操作，可将沉淀洗涤干净。

② 过滤法　过滤法是固液分离最常用的方法。过滤时，沉淀在过滤器内，而溶液则通过过滤器进入容器中，所得到的溶液称为滤液。

过滤方法有常压过滤、减压过滤和热过滤三种。

a. 常压过滤　在常压下用普通漏斗过滤的方法称为常压过滤法。所用的仪器主要是漏斗、滤纸和漏斗架（也可用带有铁圈的铁架台代替）。当沉淀物为胶体或微细的晶体时，用此法过滤较好。缺点是过滤速度较慢。

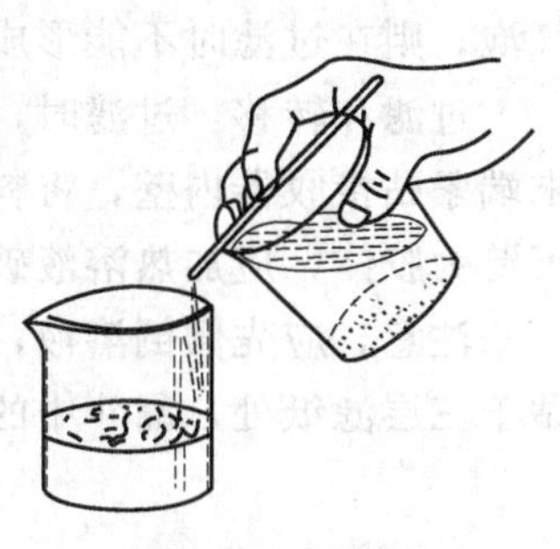
图 2-34　倾泻法

漏斗的选择：通常分为长颈和短颈漏斗两种。在热过滤时，必须用短颈漏斗；在重量分析时，一般用长颈漏斗。普通漏斗的规格按内径划分，常用的有 30mm、40mm、60mm、100mm、120mm 等几种。过滤前，按固体物料的多少选择合适的漏斗。

若滤液对滤纸有腐蚀作用，则需用烧结过滤器过滤，如过滤高锰酸钾溶液，则需用玻璃漏斗。烧结过滤器是一类由颗粒状的玻璃、石英、陶瓷或金属等经高温烧结并具有微孔的过滤器。最常用是玻璃过滤器，它的底部是用玻璃砂在 873K 拍打结成的多孔片，又称为玻璃砂芯漏斗，见图 2-5(a)。根据烧结玻璃孔径的大小，可将玻璃漏斗分为 6 种规格，见表 2-3。

表 2-3　玻璃漏斗的规格及用途

滤片号	孔径/μm	用途
1	80～120	过滤粗颗粒沉淀
2	40～80	过滤较粗颗粒沉淀
3	15～40	过滤一般结晶沉淀
4	6～15	过滤细颗粒沉淀
5	2～5	过滤极细颗粒沉淀
6	＜2	过滤细菌

新的玻璃漏斗使用前需经酸洗、抽滤、水洗及抽滤后再经烘干使用。过滤时常配合抽滤瓶使用。玻璃漏斗用过后需及时洗涤，洗涤时需选择能溶解沉淀的洗涤剂或试剂。注意，玻璃漏斗一般不宜过滤较浓的碱性溶液、热浓磷酸和氢氟酸溶液，也不宜过滤能堵塞砂芯漏斗的浆状沉淀。重量分析中玻璃漏斗常用作坩埚。

滤纸的选择：滤纸按孔隙大小分为“快速”“中速”和“慢速”三种；按直径大小分为 7cm、9cm、11cm 等几种。应根据沉淀的性质选择滤纸的类型，如 $BaSO_4$ 细晶形沉淀，应选用“慢速”滤纸；$MgNH_4PO_4$ 粗晶形沉淀，宜选用“中速”滤纸；$Fe_2O_3 \cdot nH_2O$ 为胶状沉淀，需选用“快速”滤纸过滤。根据沉淀量的多少选择滤纸的大小，一般要求沉淀的总体积不得超过滤纸锥体高度的 1/3。滤纸的大小还应与漏斗的大小相适应，一般滤纸上沿应低于漏斗上沿 0.5～1cm。

滤纸的折叠：圆形滤纸（图 2-35）两次对折（正方形滤纸对折两次，并剪成扇形），拨开一层即折成圆锥形（一边 3 层，另一边 1 层），放于漏斗内。为保证滤纸与漏斗密合，第二次对折时不要折死，先把圆锥形滤纸拨开，放入洁净且干燥的 60℃角的漏斗中，如果上边缘不十分密合，可以稍稍改变滤纸的折叠角度，直到与漏斗密合为止，此时才把第二次的折边折死，为保证滤纸与漏斗之间在贴紧后无空隙，可在 3 层滤纸的那一边将外层撕去一小角，用食指把滤纸紧贴在漏斗内壁上，用少量水润湿滤纸，再用食指或玻璃棒轻压滤纸四周，挤出滤纸与漏斗间的气泡，使滤纸紧贴在漏斗壁上，见图 2-35。若漏斗与滤纸之间有气泡，则在过滤时不能形成水柱而影响过滤速度。

过滤和转移：过滤时，将贴有滤纸的漏斗放在漏斗架上，并调节漏斗架高度，使漏斗颈末端紧贴接收器内壁，将料液沿玻璃棒靠近3层滤纸一边缓慢转移到漏斗中，见图2-36。若沉淀为胶体，应加热溶液破坏胶体，趁热过滤。

注意，应先倾倒溶液，后转移沉淀，转移时应使用搅拌棒。倾倒溶液时，应使搅拌棒轻贴于三层滤纸处，漏斗中的液面高度应略低于滤纸边缘。

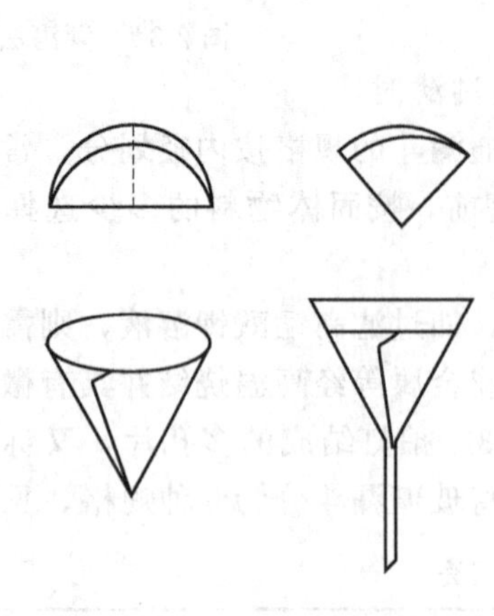

图2-35 滤纸的折叠方法

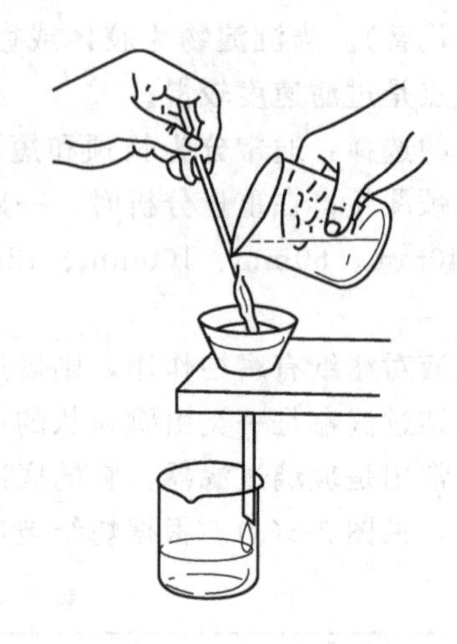

图2-36 常压过滤

沉淀的洗涤：如沉淀需洗涤，应先转移溶液，后用少量洗涤液洗涤沉淀。充分搅拌并静置一段时间，沉淀下沉后，将上方清液倒入漏斗，如此重复洗涤2～3遍，最后再将沉淀转移到滤纸上。沉淀转移的方法是先用少量洗涤液冲洗杯壁和玻璃棒上的沉淀，再把沉淀搅起，将悬浮液小心转移到滤纸上，每次加入的悬浮液不得超过滤纸高度的2/3。如此反复几次，尽可能地将沉淀转移到滤纸上。烧杯中残留的少量沉淀，用左手将烧杯倾斜放在漏斗上方，杯嘴朝向漏斗。用左手食指按住架在烧杯嘴上的玻璃棒上方，其余手指拿住烧杯，杯底略朝上，玻璃棒下端对准三层滤纸处，右手拿洗瓶冲洗杯壁上所粘附的沉淀，使沉淀和洗液一起顺着玻璃棒流入漏斗中（注意勿使溶液溅出）。烧杯和滤纸上的沉淀，还必须用蒸馏水再洗涤至干净。粘在烧杯壁和玻璃棒上的沉淀，可用淀帚自上而下刷至杯底，再转移到滤纸上。最后在滤纸上将沉淀洗至无杂质。洗涤时应先使洗瓶出口管充满液体后，用细小缓慢的洗涤液流从滤纸上部沿漏斗壁螺旋向下冲洗，绝不可骤然浇在沉淀上。待上一次洗涤液流完后，再进行下一次洗涤。在滤纸上洗涤沉淀主要是洗去杂质，并将粘附在滤纸上部的沉淀冲洗至下部。

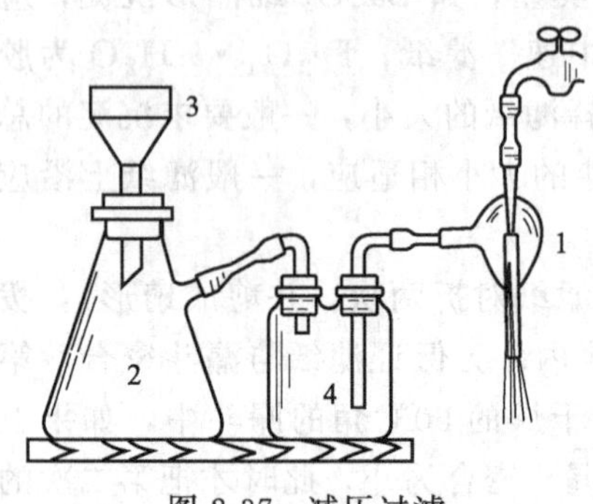

图2-37 减压过滤
1—水泵；2—抽滤瓶；
3—布氏漏斗；4—安全瓶

沉淀是否洗涤干净，可通过检查最后流下的滤液进行判断。

b. 减压过滤 为了加快大量溶液与沉淀的分离过程，常用减压过滤的方法加快过滤速度。减压过滤的漏斗有布氏漏斗和砂芯漏斗两种，见图2-5。减压过滤的真空泵一般为玻璃抽气管或水循环式真空泵。若用玻璃抽气管抽真空，全套仪器装置如图2-37所示。它由抽滤瓶、布氏漏斗（中间有许多小孔的瓷板）、安全瓶和玻璃抽气管组成。玻璃抽气管一般装在实验室的自来水龙头上，但这种装置容易损坏，且浪费大量水资源，因此，现已被水循环式真空泵所取代。安全瓶连接在抽滤瓶与真空泵中间，防止抽气管中的水倒吸入抽滤瓶。这种抽气过滤是利用真空泵抽气把抽滤瓶中的空气抽出，造成部分真空，从而使过滤速度大大加快。若使用水循环真空泵，则应在其与抽滤瓶之间加以能控制压力的缓冲瓶（在图 2-37 的安全瓶上再加以导管通大气，用自由夹控制其通道），以免将滤纸抽破。

过滤前，先将滤纸剪成直径略小于布氏漏斗内径的圆形，平铺在布氏漏斗的瓷板上，再从洗瓶挤出少许蒸馏水润湿滤纸，慢慢打开自来水龙头，稍微抽吸，使滤纸紧贴在漏斗的瓷板上，然后进行抽气过滤。

过滤完后，应先把连接吸滤瓶的橡胶管拔下，然后关闭水龙头（或水循环式真空泵），以防倒吸。取下漏斗后把它倒扣在滤纸上或容器中，轻轻敲打漏斗边缘，使滤纸和沉淀脱离漏斗，滤液则从吸滤瓶的上口倾出，不要从侧口尖嘴处倒出，以免弄脏滤液。

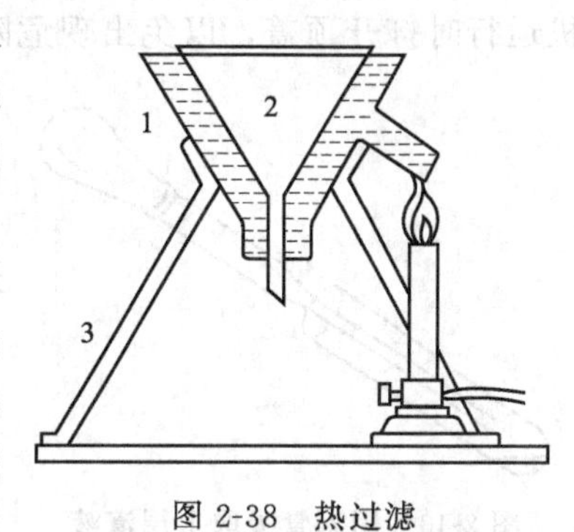

图 2-38　热过滤

1—铜漏斗套；2—短径漏斗；3—三脚架

c. 热过滤　如果某些溶质在温度降低时很容易析出晶体，而又不希望它在过滤时析出，通常使用热过滤法。热过滤时，可把玻璃漏斗放在铜质的热漏斗内，热漏斗内装有热水以维持溶液温度，见图 2-38。

③ 离心分离法　离心分离法操作简单而迅速，适用于少量溶液与沉淀混合物的分离。离心分离法使用的仪器是离心机［图 2-39(a)］和离心试管［图 2-2(a)］。TD4-Ⅱ台式离心机最多能放置 12 支离心试管，每一个离心套管处都有对应编号，如图 2-39(b) 所示。放置离心试管时，应在对称位置上放置同规格等体积的溶液，以确保离心试管的重心在离心机的中心轴上（否则转动时会出现强烈振动），如 2 支离心试管可放置在 1、7 位置上；3 支离心试管应放置在 1、5、9 位置上。若只有一支离心试管有需分离的沉淀，则需用另一支盛有同体积水的离心试管与之平衡。

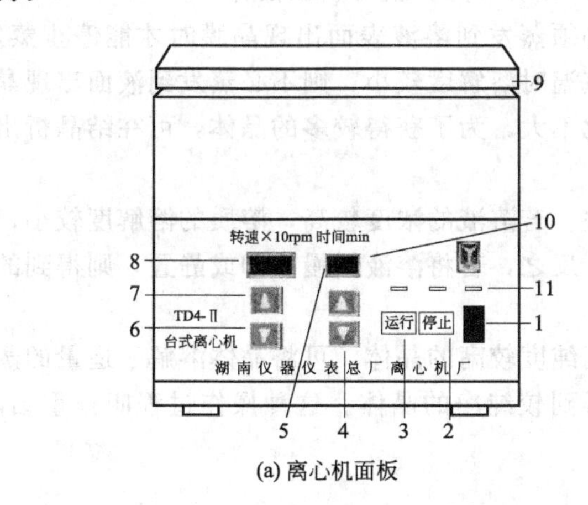

(a) 离心机面板

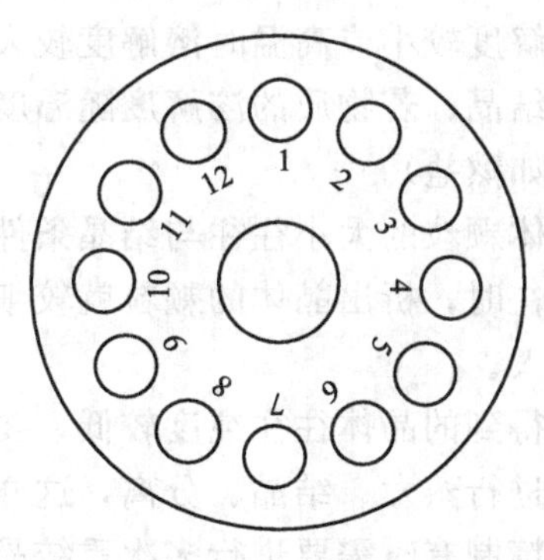

(b) 离心试管放置位置

图 2-39　TD4-Ⅱ台式离心机

1—电源开关；2—停止按钮；3—运行按钮；4—运行时间减小按钮；5—运行时间增加按钮；6—转速减小按钮；7—转速增加按钮；8—转速显示屏幕；9—离心机盖；10—显示运行时间屏幕；11—指示灯

TD4-Ⅱ台式离心机的使用方法如下：

a. 打开离心机顶盖，在对称的离心套管内放入离心试管后，再盖上离心机顶盖。

b. 打开电源开关，由转速减小按钮 6 和转速增加按钮 7 调节所需要的转速（一般可调节至每分钟 2000 转左右）。

c. 由运行时间减小按钮 4 和运行时间增加按钮 5 调节所要离心的时间（一般 2min 左右）。

d. 按运行按钮 3，离心机开始运行，转速逐渐增加（可由转速显示屏幕 8 显示出转速的大小），最后达到所设定速度。到设定运行时间后，离心机自动停止。

e. 等离心机完全停止后（转速显示屏幕 8 上显示为 0），打开离心机顶盖（切勿在离心机运行时打开顶盖，以免出现危险），取出离心试管。

在离心过程中，若离心机出现异常振动现象，一般是离心试管放置不对称或离心试管的规格及所装溶液的体积不相等所致，此时应立即按停止按钮或电源开关使其停止运行，查出原因并改正后重新离心分离。

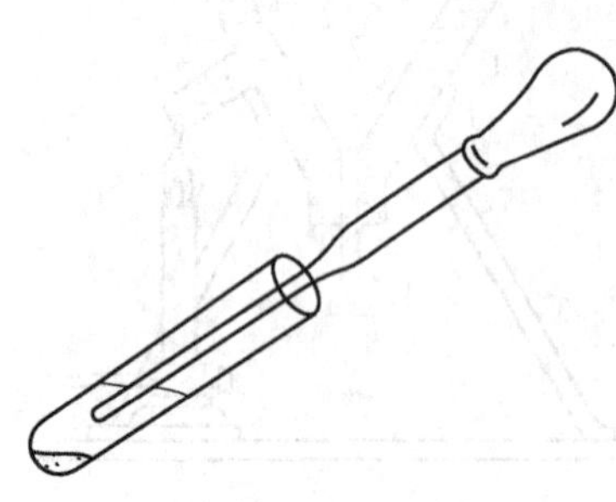
图 2-40　用滴管吸取上层清液

通过离心作用，沉淀紧密聚集在离心试管的底部，上方得到澄清的溶液。用滴管小心地吸取上方清液，见图 2-40，但注意不要使滴管接触沉淀，而且要尽量吸出上部清液。如果沉淀物需要洗涤，可以加入少量水或洗涤液，搅拌，再进行离心分离，按上法吸出上层清液。一般情况下重复洗涤 3 次即可达到要求。

10. 蒸发、浓缩与结晶

如果溶液中各物质间的溶解度相差比较大，可以通过蒸发、浓缩与结晶，使液体间的分离转化为固液间的分离。

当溶液很稀而欲制的无机化合物溶解度较大时，为了从溶液中析出该物质的晶体，就需在一定温度下，对溶液进行蒸发，使溶液中的溶剂不断挥发到空气中。随着水分的不断蒸发，溶液的浓度不断增加，蒸发到一定程度时（或冷却），就可析出晶体。

在进行分离时，若物质的溶解度较大，必须蒸发到溶液表面出现晶膜时才能停止蒸发；若物质的溶解度较小或高温时溶解度较大而室温时溶解度较小，则不必蒸发到液面出现晶膜即可冷却、结晶；若物质的溶解度随温度变化不大，为了获得较多的晶体，可在结晶析出后继续蒸发（如熬盐）。

析出晶体颗粒的大小往往与结晶条件有关。若溶液的浓度较高，溶质的溶解度较小，而冷却速度较快时，析出晶体的颗粒就较细小。反之，若将溶液慢慢冷却或静置，则得到的晶体颗粒就较大。

第一次得到的晶体往往纯度较低，要得到纯度较高的晶体，可将晶体溶解于适量的蒸馏水，然后再进行蒸发、结晶、分离，这样可得到较纯净的晶体。这种操作过程叫作重结晶。有些物质的精制有时需要进行多次重结晶。

11. 试纸的种类与使用方法

（1）试纸的种类

① 石蕊试纸和酚酞试纸　石蕊试纸有红色和蓝色两种，蓝色的石蕊试纸遇酸变红，红色的石蕊试纸遇碱变蓝。酚酞试纸通常为无色，遇碱变红。石蕊试纸、酚酞试纸用来定性检

验溶液的酸碱性。

② pH 试纸　pH 试纸包括广泛 pH 试纸和精密 pH 试纸两类，用来检验溶液的 pH 值。广泛 pH 试纸的变色范围是 1～14，它只能粗略地估计溶液的 pH 值。精密 pH 试纸可以较精确地估计溶液的 pH 值，根据其变色范围可分为多种。如 pH 变色范围为 3.8～5.4、8.2～10 等。根据待测溶液的酸碱性，可选用某一变色范围的试纸。

③ 淀粉-碘化钾试纸　用来定性检验氧化性气体，如 Cl_2、Br_2 等。当氧化性气体遇到湿润的试纸后，则将试纸上的 I^- 氧化成 I_2，I_2 立即与试纸上的淀粉作用变成蓝色。若气体氧化性强，而且浓度大时，还可以进一步将 I_2 氧化成无色的 IO_3^-，使蓝色褪去。

$$I_2 + 5Cl_2 + 6H_2O = 2HIO_3 + 10HCl$$

可见，使用时必须仔细观察试纸颜色的变化，否则会得出错误的结论。

④ 醋酸铅试纸　用来定性检验硫化氢气体。当含有 S^{2-} 的溶液被酸化时，逸出的硫化氢气体遇到试纸后，即与纸上的醋酸铅反应，生成黑色的硫化铅沉淀，使试纸呈褐黑色，并有金属光泽。

$$Pb(OAc)_2 + H_2S = PbS\downarrow + 2HOAc$$

当溶液中 S^{2-} 浓度较小时，则不易检验出。

(2) 试纸的使用方法

① 石蕊试纸和酚酞试纸　用镊子取小块试纸放在表面皿边缘或点滴板上，用玻璃棒将待测溶液搅拌均匀，然后用玻璃棒末端蘸少许溶液接触试纸，观察试纸颜色的变化，确定溶液的酸碱性。切勿将试纸浸入溶液中，以免污染溶液。

② pH 试纸　用法同石蕊试纸，待试纸变色后，与色阶板比较，确定 pH 值或 pH 值的范围。

③ 淀粉-碘化钾试纸和醋酸铅试纸　将小块试纸用蒸馏水润湿后放在试管口，注意不要使试纸直接接触溶液。

使用试纸时，要注意节约，除把试纸剪成小块外，用时不要多取。取用后，马上盖好瓶盖，以免试纸沾污。用后的试纸丢弃在垃圾桶内，不能丢在水槽内。

(3) 试纸的制备

① 酚酞试纸（白色）　溶解 1g 酚酞在 100mL 乙醇中，振摇后，加 100mL 蒸馏水，将滤纸浸渍后，放在无氨蒸气处晾干。

② 淀粉-碘化钾试纸（白色）　把 3g 淀粉和 25mL 水搅匀，倾入 225mL 沸水中，加入 1g 碘化钾和 1g 无水碳酸钠，再用水稀释至 500mL，将滤纸浸泡后，取出放在无氧化性气体处晾干。

③ 醋酸铅试纸（白色）　将滤纸浸入 3% 醋酸铅溶液中浸渍后，放在无硫化氢气体处晾干。

第三章 基础化学实验数据的处理

一、实验数据的记录

1. 实验记录

实验课前应认真预习，将实验名称、目的和要求、原理、实验内容、操作方法和步骤简单扼要地写在记录本上。

实验记录本应标上页数，不要撕去任何一页，更不要擦抹及涂改，实验记录是评价学生实验操作的依据，不能随意涂改，若确实有误时，须报告教师并经教师批准后方可改动实验记录。修改实验记录时，不能在原来的记录上修改，而应该重新书写（在原记录上画一横线以示作废）。记录时必须用钢笔或圆珠笔。

记录实验数据时不仅要求字体工整，而且内容应简单明了，便于教师检查实验数据的好坏。

实验中观察到的现象、结果和数据应及时如实地记在记录本上。绝对不可以用单片纸做记录或草稿。原始记录必须准确、简练、详尽、清楚。从实验开始就应养成这种良好的习惯。

记录时应做到正确记录实验结果，切勿夹杂主观因素，这是十分重要的，在含量实验中观测的数据，如称量物的质量、滴定管的读数、分光光度计的读数等，都应设计一定的表格准确记下正确的读数，并根据仪器的精确度准确记录有效数字。例如，吸光度值为 0.050 不应写成 0.05，每一个结果最少要重复观测两次。当符合实验要求并确知仪器工作正常后写在记录本上。实验记录上的每一个数字，都是反映每一次的测量结果。所以，重复观测时即使数据完全相同也应如实记录下来，数据的计算也应该写在记录本的同一页上，一般写在记录右边的一页。总之实验的每个结果都应正确无遗漏地做好记录。

实验中使用仪器的类型、编号以及试剂的规格、化学式、分子量、准确的浓度等，都应记录清楚，以便总结实验时，进行核对和作为查找失败原因的参考依据。

记录实验数据时，应根据使用仪器的精度（表 3-1），只保留一位不准确数字。如用万分之一的分析天平称量时，以 g 为单位，小数点后应保留 4 位数字。用酸碱滴定管测量溶液的体积时，以 mL 为单位时，小数点后应保留 2 位。

如果发现记录的结果有怀疑、遗漏、丢失等，都必须重做实验．因为如果把不可靠的结果当作正确的记录，在实验工作中可能造成难以估计的损失。所以，在学习期间就应一丝不苟，努力培养严谨的科学作风。

表 3-1　常用仪器的精度及记录要求

仪器名称	仪器精度	记录示例	有效数字
台秤	0.1g	11.3g	3位
电子天平	0.0001g	1.2367g	5位
10mL量筒	0.1mL	7.6mL	2位
100mL量筒	1mL	45mL	2位
移液管	0.01mL	25.00mL	4位
滴定管	0.01mL	24.57mL	4位
容量瓶	0.01mL	25.00mL	4位

2. 有效数字的记录

有效数字是能够测量到的数字，代表着一定的物理意义。有效数字不仅表示数值的大小，而且反映了测量仪器的精密程度及数据的可靠程度。

确定有效数字位数的规则如下：

① 非零数字都是有效数字。

② “0”既可是有效数字，也可不是有效数字。在其他数字之间或之后的“0”为有效数字；在第一个非零数字之前起定位作用的“0”不是有效数字。

1.0008	4.3181	5位
0.1000	10.51%	4位
0.0382	1.96×10^{-10}	3位
54	0.0040	2位
0.05	2×10^{5}	1位

有效数字的运算规则如下：

① 计算中应先修约后计算。

② 加减运算　几个有效数字相加或相减时，和或差的有效数字位数应以各数中小数点后位数最少（绝对误差最大）的为准。如 $0.1235+15.34+2.455+11.37589=0.12+15.34+2.46+11.38=29.30$

③ 乘除运算　几个有效数字相乘除时，积或商的有效数字位数应以各数中有效数字位数最少（相对误差最大）的为准。如$\frac{0.0325\times5.103\times60.06}{139.8}=\frac{0.0325\times5.10\times60.1}{140}=0.0712$

二、 Excel 电子表格在数据处理中的应用

Excel 作为一款大众化的办公软件，不仅具有强大的数据处理功能，还具有通过数据生成图表和制作表格等多种功能，被广泛应用于办公领域、科研领域、工程领域、教学领域等。

在与化学有关的实验中，以往大多借助于坐标纸手工操作来绘制实验数据图（少数由大型仪器所配备的数据工作站通过微机处理而直接打印出来），现在由于计算机的广泛使用，已开始用计算机完成这些实验数据图的绘制。

针对当前部分学生在学过计算机基础课后，在与化学有关的实验及毕业论文中不会应用计算机绘制实验结果图谱的情况，以创建分度光度分析新方法中的各种影响因素（如吸收光谱、酸度或 pH 实验、试剂用量实验和标准曲线等）的条件优化为例，针对性地介绍利用 Excel 电子表格绘制实验结果图的具体方法。

1. 吸收光谱图的绘制

在分光光度法中吸收光谱是选择测试波长的重要依据，而在实验报告中应附有吸收光谱，实际研究中并不是单纯地绘出反应产物的吸收光谱，而往往需要多种吸收光谱图（如试剂空白、反应产物及其他的吸收光谱图）以便进行比较或说明问题，故吸收光谱图的绘制必不可少。利用 Excel 绘制分光光度体系中的试剂空白及反应产物的吸收光谱图极为方便，不仅用于显色反应体系，而且可应用于褪色反应体系，同时可用于多条吸收曲线的绘制。

例 1：以表 3-2 的实验数据为例来说明显色反应体系吸收光谱图的绘制过程。

表 3-2　吸光度 A 与波长 λ 的关系

λ/nm	500	520	540	560	580	600	620	640
A_1(R/H_2O)	0.162	0.301	0.452	0.544	0.635	0.691	0.648	0.521
A_2(P/R)	/	/	0.020	0.033	0.054	0.099	0.205	0.361
λ/nm	660	680	688	700	720	740	760	780
A_1(R/H_2O)	0.383	0.208	0.122	0.060	0.014	0.002	/	/
A_2(P/R)	0.493	0.600	0.618	0.605	0.535	0.420	0.317	0.252

(1) 打开 Excel，将实验数据按“列”输入在 A1 至 C16（其中 λ、A_1 和 A_2 分别在 A 列、B 列和 C 列）中的区域内。

(2) 选定数据区域，按“插入图表”按钮，在出现对话框的“图表类型”中选择“XY 散点图”，并在“子图表”中选择“无数据点平滑线散点图”，按“下一步”。

(3) 在下一个对话框中的“数据区域”中填上“A1：C16”，并在“系列产生在”框中选“列”，按“下一步”。

(4) 在出现的对话框中可填入图的名称，x 轴、y 轴的名称等，随后按“完成”，即可完成吸收曲线绘制的第一步。

(5) 将鼠标移至图中的 x 轴处双击，可在出现的对话框中选择“刻度”页，将最大和最小值分别设置成 800 和 500，再将“主要刻度线”设置成 40、“次要刻度线”设置成 10，按“确定”即可得吸收曲线图。将鼠标移至图中 y 轴主要网格线上，按“右键”，点“清除”除去 y 轴网格线；将鼠标移至图中“阴影”部分，按“右键”，点“清除”除去阴影；将鼠标点“系列 1、系列 2”框，按“右键”，点“清除”除去“系列 1、系列 2”框；将鼠标移至图外的图表区，按“右键”出现“图表区格式［0］”，在“边框”栏选择“无【N】”，在区域栏的颜色【0】中选择白色，按右键确定，即除去图表区的边框，可完成整个绘图过程。

(6) 从视图【V】的工具栏【T】打开绘图，在显示器下方出现绘图【R】，用左键点击文本框 A，在曲线图中出现文本框，输入相应的说明文字作为标记，将该标记移动至合适位置。将吸收曲线图复制并粘贴到相应的文档中，该吸收曲线图见图 3-1 所示。

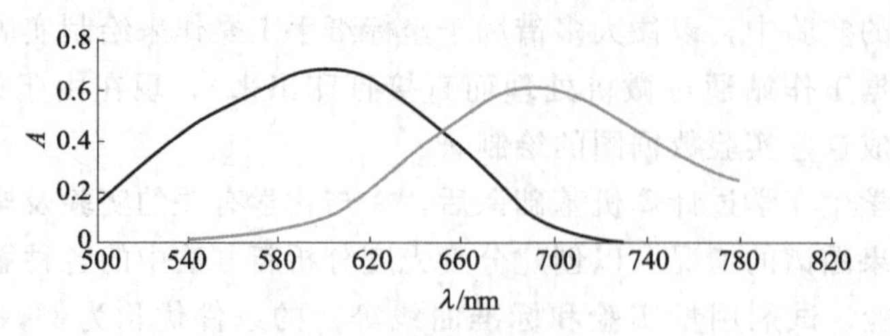

图 3-1　吸收光谱图

例 2：以表 3-3 的实验数据为例来说明褪色反应体系吸收光谱图及多条吸收曲线的绘制过程。

表 3-3 吸光度 A 与波长 λ 的关系

λ/nm	420	430	440	450	460	470	480
A_1	0.574	0.670	0.747	0.810	0.861	0.885	0.880
A_2	0.456	0.530	0.590	0.635	0.680	0.698	0.682
A_3	/	/	0.472	0.547	0.598	0.652	0.695
A_4	/	/	0.342	0.390	0.440	0.474	0.510
λ/nm	490	500	510	520	530	540	
A_1	0.862	0.815	0.760	0.710	0.641	0.561	
A_2	0.660	0.630	0.590	0.540	0.497	0.431	
A_3	0.723	0.735	0.721	0.681	0.641	0.610	
A_4	0.536	0.548	0.531	0.500	0.471	0.432	

将实验数据按列输入在 A1 至 A5（其中 λ、A_1、A_2、A_3 和 A_4 分别在 A 列、B 列、C 列、D 列和 E 列）中的区域内，按照以上步骤同样操作，填入图的名称，x 轴、y 轴的名称和设置相应的坐标刻度，除去网格线、阴影、边框和系列框，并加注标记即可绘制褪色反应体系的吸收光谱图，将吸收曲线图复制并粘贴到相应的文档中（如图 3-2 所示）。

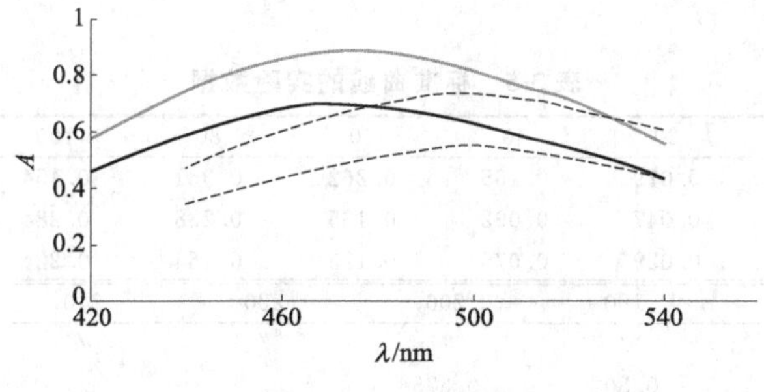

图 3-2 吸收光谱

2. 其他曲线图的绘制

在分光光度法的条件优化过程中，需要确定 pH 值的影响、显色剂用量的影响、反应时间的影响和反应温度的影响等，有时需要将多个影响因素以图的形式表达出来，以便进行比较。这些条件实验图都可以利用 Excel 按照“吸收光谱图的绘制”进行绘制。表 3-4 列出了 pH 实验数据，将实验数据按列输入在 A1 至 C16（其中 pH、A_1 和 A_2 分别在 A 列、B 列和 C 列）中的区域内，按照上述步骤同样操作选择“平滑线散点图”，并填入图的名称，x 轴，y 轴的名称和设置相应的坐标刻度，除去网格线、阴影、边框和系列框，并加注标记即可绘制出 pH 的影响图，将它复制并粘贴到相应的文档中（图 3-3）。

表 3-4 吸光度 A 与 pH 的关系

pH	1	1.4	1.8	2.2	2.4	2.8	3.0	3.4
A_1	0.145	0.167	0.182	0.182	0.181	0.183	0.161	0.006
A_2	/	/	/	/	/	/	0.142	0.148
pH	4.0	4.4	5.0	5.2	5.4	5.8	6.0	6.4
A_1	/	/	/	/	/	/	/	/
A_2	0.173	0.187	0.215	0.222	0.221	0.222	0.207	0.175

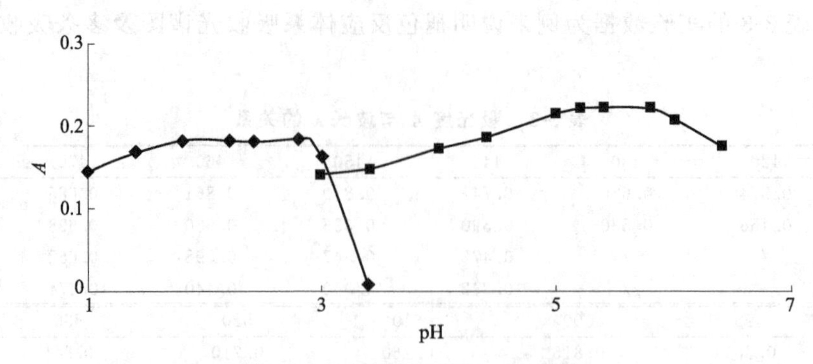

图 3-3　pH 值对吸光度 A 的影响

3. Excel 电子表格在绘制标准曲线图及其他直线图的应用

分光光度法的标准曲线是该新方法的定量依据，利用 Excel 可以非常方便地完成其一元线性回归分析，不仅给出线性回归方程和相关系数，而且可以给出标准曲线图。在实际分析方法研究中常需要将新方法的标准曲线与原有方法的标准曲线进行直观比较，以比较其线性范围、灵敏度等。以不同蛋白质（牛血清白蛋白 BSA、人血清白蛋白 HAS 和 α-糜蛋白酶 Chy）的标准曲线实验结果（表 3-5）为例，介绍这种回归处理和绘制标准曲线图的操作过程。

表 3-5　标准曲线的实验数据

c/(mg/L)	10	20	40	60	80	100	120	140
A_1(BSA)	0.045	0.079	0.165	0.262	0.361	0.454	0.508	0.620
A_2(HAS)	0.010	0.047	0.092	0.165	0.238	0.284	0.338	0.392
A_3(Chy)	0.020	0.029	0.075	0.123	0.164	0.224	0.289	0.333

c/(mg/L)	160	180	200	220	240	260	280
A_1(BSA)	/	/	/	/	/	/	/
A_2(HAS)	0.440	0.502	0.575	/	/	/	/
A_3(Chy)	0.380	0.411	0.461	0.511	0.556	0.608	0.655

（1）打开 Excle 电子表格，将标准曲线的实验数据按列输入在 A1 至 D15（其中 c、A_1、A_2、A_3 分别在 A 列、B 列、C 列和 D 列）中的区域内。

（2）按“插入图表”按钮，在出现对话框的图表类型中选择“XY 散点图”，并在子图表类型中选择散点图，按下一步。

（3）在下一个对话框中的数据区域中填上“A1：D15”，并在系列产生框中选列，按下一步。

（4）在出现的对话框中填入图的名称，x 轴、y 轴的名称等，即可完成标准曲线绘制的第一步。

（5）从视图【V】的工具栏［T］打开绘图，在显示器下方出现绘图［R］，用左键点击文本框 A，在曲线图中出现文本框，输入相应的说明文字做标记，将标记移动至合适位置。

（6）将鼠标移至图中任一数据点上，单击左键选中此列数据点，而后点击右键并选中添加趋势线，在出现的对话框中的类型中选“线性”，在选项页中选中“显示公式”和“显示 R 平方值”，点击确定便可完成整个绘图过程（图 3-4），将标准图复制并粘贴到相应的文档中。

文中给出的回归方程为：

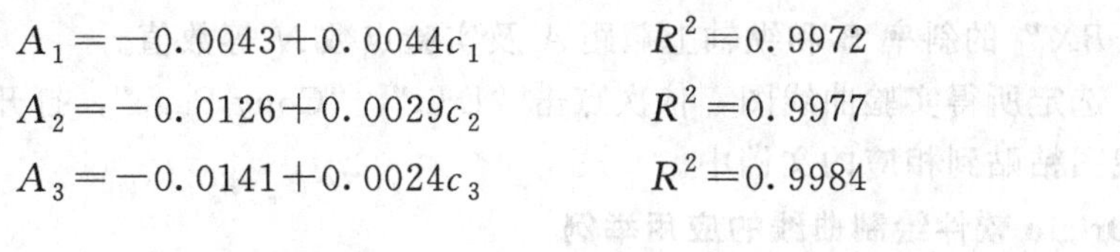

$$A_1=-0.0043+0.0044c_1 \qquad R^2=0.9972$$

$$A_2=-0.0126+0.0029c_2 \qquad R^2=0.9977$$

$$A_3=-0.0141+0.0024c_3 \qquad R^2=0.9984$$

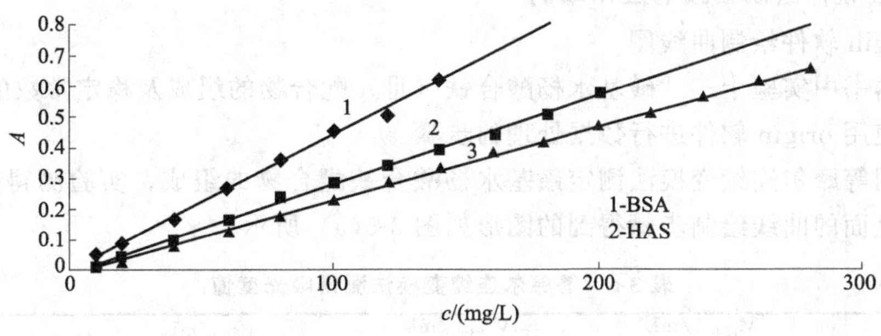

图 3-4　标准曲线

三、 Origin 软件在绘制各种曲线中的应用

Origin 软件是美国 Lab 公司开发的一款优秀的数据处理、分析和科技绘图软件。由于其操作界面简单，使用便捷，Origin 软件是目前公认的化学、化工等领域使用最为广泛和功能强大的科技绘图软件，其在实验数据处理中的应用主要包括两部分：图表的绘制和标准曲线的绘制。

1. 应用 Origin 软件绘制曲线的步骤

(1) 打开 Origin 软件 6.1 或 7.0，在 Datal 的列表的“A[x]”和“B[y]”中分别按列输入实验数据。

(2) 选定所有的实验数据（用鼠标左键涂黑），依次点“Plot”和“Line＋Symbol”，出现实验草图。

(3) 修改坐标标题和标尺范围及间隔。用鼠标左键双击实验草图的“X Axis Title”或“Y Axis Title”，输入坐标标题或纵坐标标题，点 OK；用鼠标左键双击横坐标或纵坐标数字，点击“Scale”，输入横坐标或纵坐标标尺范围及间隔，点 OK。

(4) 选择所得曲线的类型、颜色和曲线上实验点的类型、大小。用鼠标左键双击曲线上任意点，点击“Line”，在“Connet”中选择“Spline”，在“Style”中选择“Solid”或“Dash”等，在“Color”中选择曲线的颜色；点击“Symbol”，在“Preview”中选择点的类型，在“Size”中选择实验点的大小（如吸收曲线，“Size”选择 0；其他曲线，Size 选择具体数字）。

(5) 如有多条曲线，需给所得曲线加记标注。在实验图中任意处，按鼠标右键，点击“Add Text”，输入相应的文字或数字，点击 OK，将所输入的文字或数字用鼠标左键移动至所需处，即可完成整个绘图过程。

(6) 如曲线为线性，在“Connect”中选择“No Line”。如为多条直线，在 Graph 图中紧靠左上角的带阴影的 1 字处按鼠标右键，分别选择 Datal 的任意一条（在数字前面打√），依次点击“Tools”“Linear Fit”和“Fit”，图中出现拟合直线，用鼠标左键双击该拟合直线上任意点，在“Line”列表的“Color”中选择合适的拟合直线颜色（如黑色用 Black）；在弹出的“Results Log”列表中找出该拟合直线的回归方程（Linear Regression equation）

“$Y=A+BX$”的斜率 B 和纵轴上截距 A 及实验点数 N 等数值。

(7) 选定所得实验曲线图，依次点击“Edit”、“Copy Page”，打开 Word 文档，将所得实验曲线图粘贴到相应的文档中。

2. Origin 软件绘制曲线的应用举例

(1) Origin 软件绘制曲线图

这里以本书中实验十三“磺基水杨酸合铁（Ⅲ）配合物的组成及稳定常数的测定”中的数据来介绍使用 origin 软件进行数据处理的步骤。

实验采用等摩尔连续变换法测定磺基水杨酸合铁配合物的组成，实验测得数据如表 3-6 所示。按照上面的曲线绘制步骤得到的图形如图 3-5(a) 所示。

表 3-6 等摩尔连续变换法测得吸光度值

序号	V_{HNO_3}/mL	$V_{Fe^{3+}}$/mL	Vs_{sal}/mL	A
1	10.00	10.00	0	0
2	10.00	9.00	1.00	0.083
3	10.00	8.00	2.00	0.178
4	10.00	7.00	3.00	0.273
5	10.00	6.00	4.00	0.356
6	10.00	5.00	5.00	0.383
7	10.00	4.00	6.00	0.342
8	10.00	3.00	7.00	0.262
9	10.00	2.00	8.00	0.171
10	10.00	1.00	9.00	0.08
11	10.00	0	10.00	0

在图 3-5(a) 中再用图形选项工具画上两条切线，进一步处理后得到图形如图 3-5(b) 所示。直线交点横坐标为 $V_M=5.1$mL，则 Fe^{3+} 与磺基水杨酸的配位比为：

$$n=\frac{V_{Fe^{3+}}}{10-V_{Fe^{3+}}}=\frac{5.1}{10-5.1}=1.04\approx 1$$

所以，Fe^{3+} 与磺基水杨酸的配位比为 1∶1。

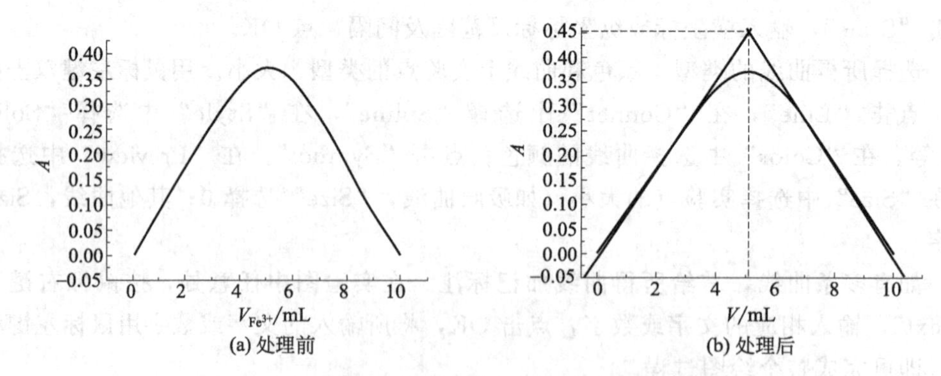

图 3-5 等摩尔连续变换法测定配合物组成比

(2) Origin 软件绘制直线图中的应用

标准曲线通常是分析方法的定量依据，利用 Origin 软件可以非常方便地完成一元线性回归分析，不仅可以给出线性回归方程和相关系数，而且还可以给出标准曲线图。废水中 Cr(Ⅵ) 的含量是水质指标质量控制的一个重要因素，在酸性条件下 Cr(Ⅵ) 与二苯基碳酰二肼生成紫红色的配合物，其最大吸收波长为540nm，在一定范围内，配合物的吸光度与溶液中Cr(Ⅵ)的质量浓度符合朗伯-比耳定律，以表3-7中分光光度法测定不同Cr(Ⅵ)质量浓度溶液与其吸光度的实验数据为例，按照Origin软件绘制曲线的步骤绘制得到拟合的标准曲线，结果如图3-6所示。

表3-7　不同浓度Cr(Ⅵ)溶液与对应吸光度值

序号	Cr(Ⅵ)浓度(mg/50mL)	吸光度	序号	Cr(Ⅵ)浓度(mg/50mL)	吸光度
1	0.00	0.000	5	8.00	0.103
2	2.00	0.034	6	10.00	0.136
3	4.05	0.061	7	12.00	0.168
4	6.05	0.086			

① 打开Origin软件6.1或7.0，在Datal的列表的A[x]和B[y]中分别按列输入实验数据，以溶液的吸光度为纵坐标，溶液中Cr(Ⅵ)的含量为横坐标。

② 首先制作散点图。选中输入的实验数据，点击工具栏上的“Plot”，在“Symbol”子目录下，选择“Scatter”得到散点图。

③ 拟合直线。点击工具栏上“Analysis”，在“Fitting”子目录下，选择“Fit Linear”，打开拟合选项对话框。出现实验草图。

④ 修改坐标标题和标尺范围及间隔。用鼠标左键双击实验草图的“X Axis Title”或“Y Axis Title”，输入坐标标题或纵坐标标题，点OK；用鼠标左键双击横坐标或纵坐标数字，点击“Scale”，输入横坐标或纵坐标标尺范围及间隔，点OK。

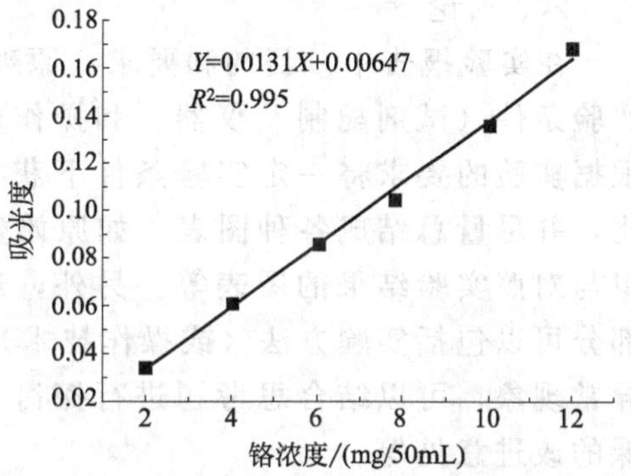

图3-6　Origin拟合的标准曲线

⑤ 选择所得直线的类型、颜色和曲线上实验点的类型、大小。用鼠标左键双击曲线上任意点，点击“Line”，在“Connet”中选择“Spline”，在“Style”中选择“Solid”或“Dash”等，在“Color”中选择曲线的颜色；点击“Symbol”，在“Preview”中选择点的类型，在“Size”中选择实验点的大小（如吸收曲线，Size选择0；其他曲线，Size选择具体数字）。

⑥ 在“Connect”中选择“No Line”。如为多条直线，在Graph图中紧靠左上角的带阴影的1字处按鼠标右键，分别选择Datal的任意一条（在数字前面打√），依次点击“Tools”“Linear Fit”和“Fit”，图中出现拟合直线，用鼠标左键双击该拟合直线上任意点，在“Line”列表的“Color”中选择合适的拟合直线颜色（如黑色用Black）；在弹出的“Results Log”列表中找出该拟合直线的回归方程（Linear Regression equation）“$Y=A+BX$”的斜率B和纵轴上截距A及实验点数N等数值。

⑦ 选定所得实验曲线图，依次点击“Edit”、“Copy Page”，打开word文档，将所得实验曲线图粘贴到相应的文档中。

四、实验报告的撰写

完成实验报告是对所学知识进行归纳和提高的过程，也是培养严谨的科学态度、实事求是精神的重要措施，应认真对待。

实验报告的内容总体上可分为三部分。实验预习（报告），按实验目的、原理与技能、操作步骤等简要书写；实验记录，包括实验现象、数据，必须如实记录，不得随意更改；实验数据处理与结果，包括对数据的处理方法及对实验现象的分析和解释。

1. 实验报告

实验结束后，应及时整理和总结实验结果，写出实验报告，报告的形式可参照下列方式：

实验编号及实验名称____________________

一、目的和要求

二、原理

三、试剂和仪器

四、操作步骤

五、实验结果（数据记录及处理）

六、讨论

在实验报告中，目的和要求、原理以及操作步骤部分应简单扼要叙述。但是，对于实验条件（试剂配制及仪器）和操作的关键环节必须写清楚。对于实验结果部分，应根据实验的要求将一定实验条件下获得的实验结果和数据进行整理、归纳、分析和对比，并尽量总结成各种图表，如原始数据及其处理的表格，标准曲线图以及比较实验组与对照实验结果的图表等。另外，还应针对实验结果进行必要的说明和分析。讨论部分可以包括实验方法（或操作技术）和实验过程的一些问题，如实验的正常结果和异常现象，可以结合思考题进行探讨，提出对实验设计的认识、体会和建议，对实验课的改进意见等。

2. 实验报告书写格式及要求

格式1

性质实验一般没有实验数据，但有颜色变化、沉淀生成和气泡产生等现象的发生，每一现象的发生都有其对应的原因，因此，实验过程中应仔细观察，认真记录每一现象，并分析产生该现象的原因。性质实验的实验报告可将实验步骤、实验记录和实验结论合并设计。

性质实验的实验报告参考格式：

实验序号及名称：______________

姓名：__________实验台号：________

实验日期：________年____月____日

一、实验目的

二、实验原理

三、仪器与试剂

四、实验内容及记录

实验内容(步骤)	实验现象	原因或结论
实验 1		
实验 2		
实验 3		
……		

指导教师签字：__________

格式 2

对于常数测定实验，实验报告中常将数据记录与处理结果合并在一起。如摩尔气体常数的测定，其实验报告参考格式如下：

实验序号及名称：实验四　摩尔气体常数的测定

姓名：________实验台号：______

实验日期：________年____月____日

一、实验目的

二、实验原理

三、实验步骤

四、数据记录与处理

$M(\mathrm{Mg})=$________ $\mathrm{g\cdot mol^{-1}}$　R(理论值)$=$______________ $\mathrm{kPa\cdot L\cdot mol^{-1}\cdot K^{-1}}$

	1	2
$m_{镁条质量}$/g		
室温 t/℃		
室温($T=273.15+t$)/K		
大气压 p/kPa		
T 时水的饱和蒸气压 $p(\mathrm{H_2O})$/kPa		
氢气的分压 $p(\mathrm{H_2})=p-p(\mathrm{H_2O})$/kPa		
反应前量气管液面读数 V_1/mL		
反应后量气管液面读数 V_2/mL		
氢气的体积 $V(\mathrm{H_2})$/L		
摩尔气体常数 R(测定值)/$\mathrm{kPa\cdot L\cdot mol^{-1}\cdot K^{-1}}$		
摩尔气体常数 R(平均值)/$\mathrm{kPa\cdot L\cdot mol^{-1}\cdot K^{-1}}$		
摩尔气体常数 R(理论值)/$\mathrm{kPa\cdot L\cdot mol^{-1}\cdot K^{-1}}$		
测量的相对误差/%		

指导教师签字：__________

五、注意事项

格式 3

对于合成实验，数据记录较少，但实验过程中的一些现象也需要认真记录，以培养学生观察、分析问题的能力。

合成实验报告参考格式：

实验序号及名称：____________

姓名：__________实验台号：______

实验日期：________年____月____日

一、实验目的

二、实验原理

三、实验步骤

四、实验记录及结果

1. 实验过程的主要现象

2. 数据记录及实验结果

原料质量/g：

产品质量/g：

产率：

产品外观：

指导教师签字：__________

五、注意事项

第四章

基础化学基本操作训练实验

实验一　玻璃管加工与洗瓶的装配方法

在进行基础化学实验时，常常需要把许多单个仪器（如烧瓶、洗气瓶等）用玻璃管和橡胶管连接成整套的装置，因此必须学会简单的玻璃管加工和塞子钻孔技术。

一、实验目的

1. 学习玻璃管的截断、弯曲、拉制、熔烧等方法。

2. 学习塞子钻孔，玻璃管装配等方法。

二、实验原理与技能

1. 玻璃管的加工技术

玻璃管的加工有截断、熔光、弯管、抽拉与扩口等几种。

(1) 玻璃管的截断与熔光

① 锉痕　将要截断的玻璃管平放在桌面上，用三角锉刀的棱在需截断处用力锉出一道凹痕。注意锉刀应向前方锉，而不能往复锉，以免锉刀磨损和锉痕不平整。锉出来的凹痕应与玻璃管垂直，以保证玻璃管截断后截面平整。如图 4-1(a) 所示。

② 截断　双手持玻璃管锉痕两侧，拇指放在划痕的背后向前推压，同时食指向后拉，即可截断玻璃管。如图 4-1(b) 所示。

③ 熔光　玻璃管的断面很锋利，难以插入塞子的圆孔内，且容易把手割破，所以必须将断面在酒精灯的氧化焰焙烧光滑。操作方法是将截面斜插入氧化焰中，同时缓慢地转动玻璃管使管受热均匀，直到光滑为止。熔烧的时间不可过长，以免管口收缩。灼热的玻璃管应放在石棉网上冷却，不要放在桌面上，以免烧焦桌面，也不要用手去摸，以免烫伤。如图 4-1(c) 所示。

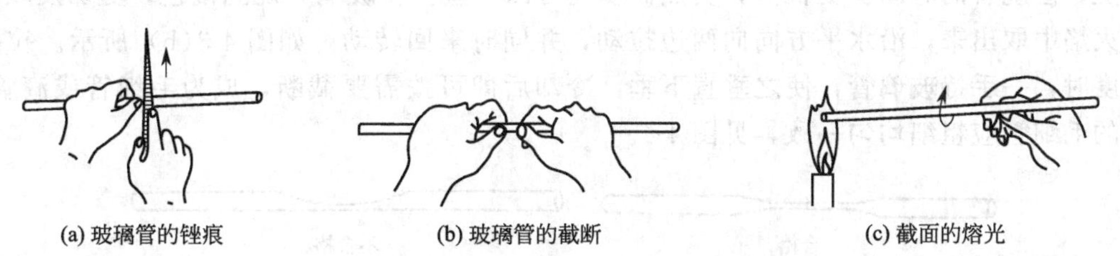

(a) 玻璃管的锉痕　(b) 玻璃管的截断　(c) 截面的熔光

图 4-1　玻璃管的锉痕、截断、熔光示意图

(2) 玻璃管的弯曲

① 烧管　先将玻璃管在小火上来回并旋转预热，见图 4-2(a)。然后用双手托持玻璃管，把要弯曲的地方斜插入氧化焰中，以增大玻璃管的受热面积，同时缓慢地转动玻璃管，使之受热均匀。注意两手用力均匀，转速一致，以免玻璃管在火焰中扭曲。加热到玻璃管发黄变软即可弯管。

② 弯管　自火焰中取出玻璃管后，稍等一两秒钟，使各部温度均匀，然后用“V”字形手法将它准确地弯成所需的角度。弯管的手法是两手在上边，玻璃管的弯曲部分在两手中间的正下方。弯好后，待其冷却变硬后才可放手，放在石棉网上继续冷却。120℃以上的角度可一次性弯成。较小的锐角可分几次弯，先弯成一个较大的角度，然后在第一次受热部位的偏左、偏右处进行再次加热和弯曲，如图 4-2(b) 中的左右两侧直线处，直到弯成所需的角度为止。

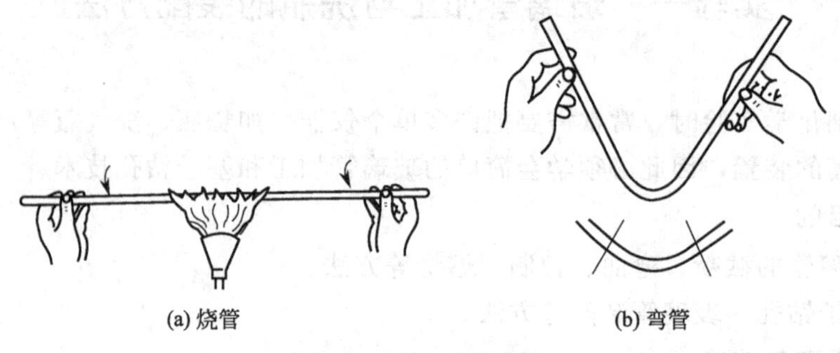

图 4-2　玻璃管的弯曲

合格的弯管必须弯角里外均匀平滑，角度准确，整个玻璃管处在同一个平面上，如图 4-3(a) 所示。

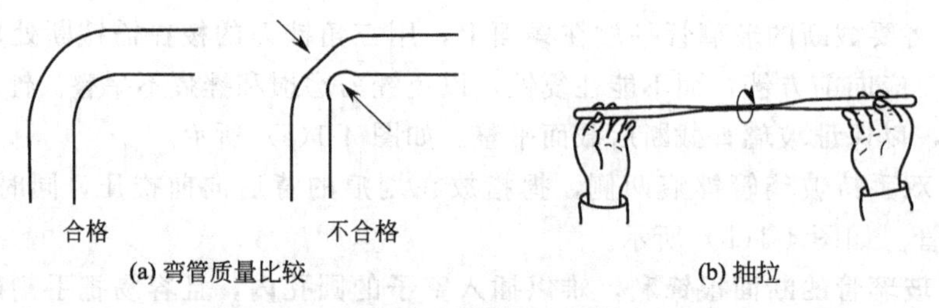

图 4-3　弯管质量的比较及抽拉示意图

(3) 玻璃管的抽拉与滴管的制作

制备毛细管和滴管时都要用到玻璃管的抽拉操作。第一步烧管，第二步抽拉。烧管的方法同上，但烧管的时间要更长些，受热面积也可以小些。将玻璃管烧到橙色，更加发软时才可从火焰中取出来，沿水平方向向两边拉动，并同时来回转动，如图 4-3(b) 所示。拉到所需细度时，一手持玻璃管，使之垂直下垂，冷却后即可按需要截断，成为毛细管或滴管料。合格的毛细管应粗细均匀一致，见图 4-4。

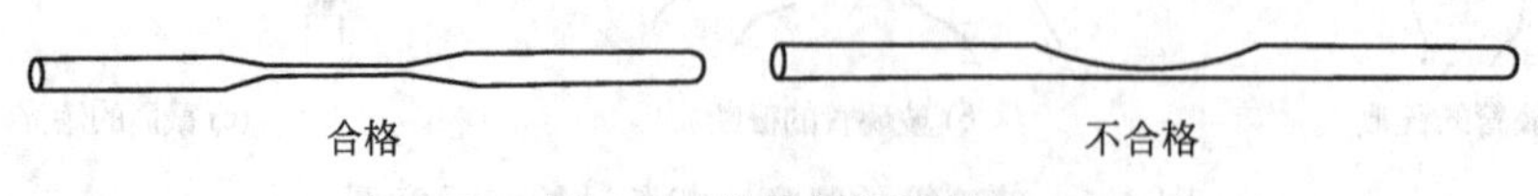

图 4-4　拉管好坏比较

截断的管，细端在喷灯焰中熔光即成滴管的尖嘴。粗端管口放入灯焰烧至红热后，用金属锉刀柄斜放在管内迅速而均匀地旋转，即得扩口，然后在石棉网上稍压一下，使管口外卷，冷却后套上橡胶帽便成为一支滴管。

2. 塞子的选择、钻孔及其与玻璃导管的连接方法

实验室所用的塞子有软木塞、橡皮塞及玻璃磨口塞。前两者常需要钻孔，以插配温度计和玻璃导管等。选用塞子时，除了要选择材质外，还要根据容器口径大小选择大小合适的塞子。软木塞质地松软，严密性较差，易被酸碱损坏，但与有机物作用小，故常用于有机物（溶剂）接触的场合。橡皮塞弹性好，可把瓶子塞得严密，并耐强碱侵蚀，故常用于无机化学实验中。塞子的大小一般以能塞进容器瓶 1/2～2/3 为宜，塞进过多、过少都是不合适的。塞子选好后，还需选择口径大小适宜的钻孔器［见图 4-5(a)］在塞子上钻孔。钻孔器由一组直径不同的金属管组成，一端有柄，另一端的管口很锋利，用来钻孔。另外每组还配有一个带柄的细铁棒，用来捅出钻孔时进入钻孔器中的橡皮或软木。

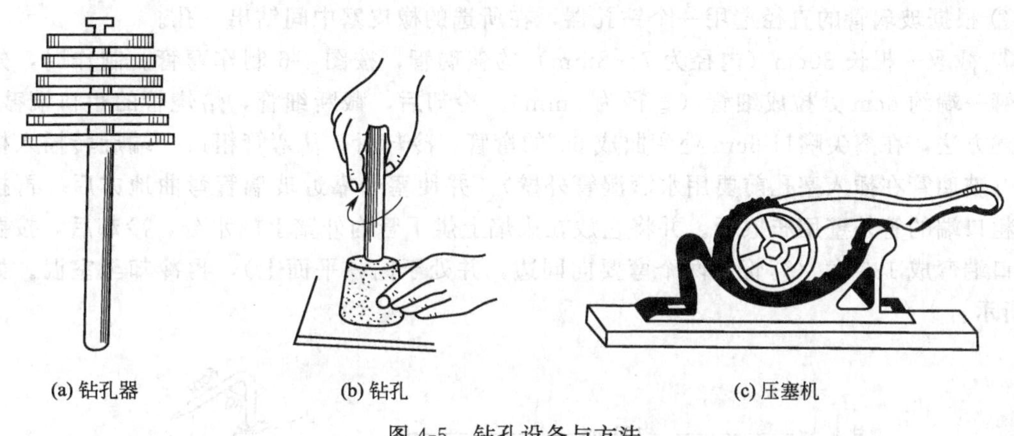

(a) 钻孔器　(b) 钻孔　(c) 压塞机

图 4-5　钻孔设备与方法

钻孔前，根据所要插入塞子的玻璃管（或温度计）直径大小来选择钻孔器。对橡皮塞，因其有弹性，应选比欲插管子外径稍大的钻孔器，而对软木塞则应选比欲插管子外径稍小的钻孔器，这样便可保证导管插入塞子后严密无缝。

钻孔时，将塞子小的一端朝上，平放在桌面上的一块木板上（避免钻坏桌面），左手持塞，右手握住钻孔器的柄，并在钻孔器前端涂点甘油或水，将钻孔器按在选定的位置上，以顺时针的方向，一面旋转钻孔器，一面用力向下压，如图 4-5(b) 所示。钻孔器要垂直于塞子的面，不能左右摆动，更不能倾斜，以免把孔钻斜。钻至约达塞子高度一半时，以反时针的方向一面旋转，一面向上拉，拔出钻孔器。按同法从塞子大的一端钻孔。注意对准另一端的孔位。直到两端的圆孔贯穿为止。拔出钻孔器，捅出钻孔器内的橡皮。

钻孔后，如果玻璃管可以毫不费力地插入塞孔，说明塞孔太大，塞孔和玻璃管之间不够严密，塞子不能使用；若塞孔稍小或不光滑时，可用圆铁修整。

软木塞钻孔的方法与橡皮塞相同。但钻孔前，要先用压塞机［图 4-5(c)］把软木塞压紧实一些，以免钻孔时钻裂。

将玻璃导管插入钻好孔的塞子的操作可分解为润湿管口、插入塞孔、旋入塞孔三个步骤。用甘油或水把玻璃管的前端润湿后，先用布包住玻璃管，然后手握玻璃管的前半部，对

准塞子的孔径，边插入边旋转玻璃管至塞孔内合适的位置。如果用力过猛或者手离橡皮塞太远，都可能把玻璃管折断，刺伤手掌，务必注意。

三、仪器及试剂

酒精喷灯、锉刀、玻璃管及塑料瓶等。

四、实验内容

1. 酒精喷灯的使用

结合图 2-15 认识酒精喷灯的构造，了解其工作原理，并练习点燃、火焰调整与熄灭等基本操作。

2. 玻璃管的截断、熔光、弯曲、拉伸练习

取一段玻璃管，练习其截断、熔光、弯曲、拉伸。反复练习，认真体会要领。

3. 洗瓶的装配

① 选取与 500mL 聚氯乙烯塑料瓶口直径大小相合适的橡皮塞。

② 根据玻璃管的直径选用一个钻孔器，在所选的橡皮塞中间钻出一孔。

③ 截取一根长 30cm（内径为 7～8mm）的玻璃管，按图 4-6 制作弯管。制作时，先在玻璃管一端约 6cm 处拉成细管（直径为 1mm）。冷却后，截断细管，焙烧管的粗口端截面。按前述方法，在离尖嘴口 6cm 处弯曲成 60°的弯管。冷却后，从弯管粗口一端旋转插入橡皮塞孔（玻璃管在插入塞孔前要用水润湿管外壁），并使塞子靠近玻璃管弯曲地方后，再把玻璃管粗口端的管外壁用布擦干。并将它放在火焰上烘干管内外壁上的水分，冷却后，按要求在粗口端弯成 135°角（弯管上两个弯要向同边，并处于同一平面上），再冷却至室温。如图 4-6 所示。

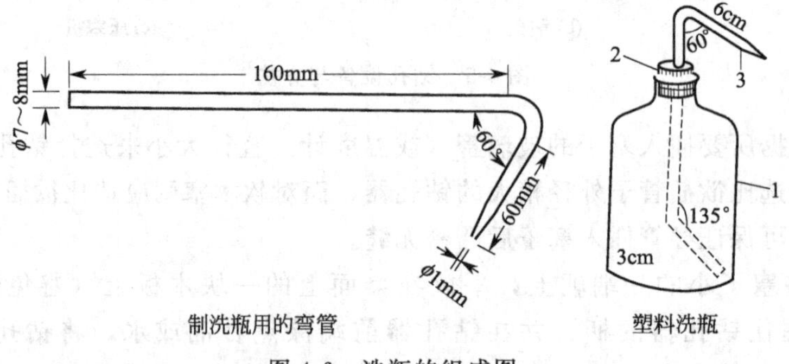

图 4-6 洗瓶的组成图

④ 将已插入橡皮塞的玻璃弯管、橡皮塞和塑料瓶都洗干净，然后按图 4-6 装配成塑料洗瓶。

制作弯管时，规格应随所选用的塑料瓶的大小而作适当的改变，但弯管上的角度一般不变。

4. 洗瓶的使用

使用洗瓶时，洗瓶的尖嘴不能伸入到其他容器内部，以防将洗瓶尖嘴污染。

五、思考题

1. 玻璃管加工中各操作的要领和注意事项是什么？
2. 如何在橡皮塞和软木塞上钻孔和安装玻璃导管？

实验二　分析天平的使用

一、实验目的

1. 掌握台秤的工作原理及使用方法。

2. 掌握分析天平的工作原理及使用方法。

3. 掌握直接称量法和差减称量法基本操作。

二、实验原理与技能

1. 天平的称量原理

天平是根据杠杆原理设计而成的，如图 4-7 所示，在杠杆 ABC 中，B 在中间为支点，受一向上支承力，两端 A 与 C 受被称量物体和砝码向下的作用力 P 和 Q。当杠杆处于平衡状态时，根据杠杆原理，支点两边的力矩相等，即

$$P \cdot AB = Q \cdot BC$$

若天平的两臂相等，即 $AB = BC$

则　　$$P = Q$$

图 4-7　天平原理图

也就是被称量物体的质量与砝码的质量相等，砝码的质量是已知的，因此，可用砝码的质量来表示被称量物体的质量。

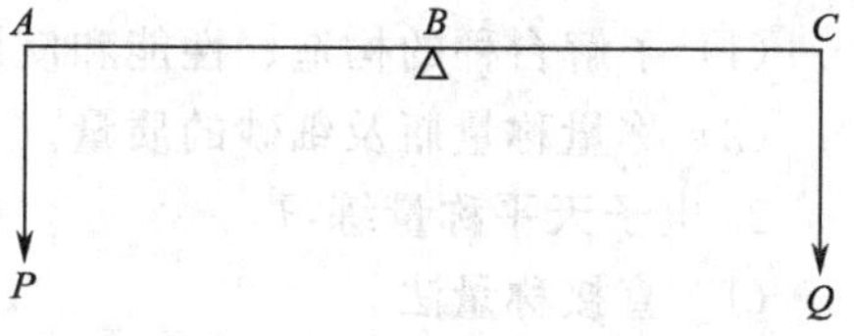

2. 天平的种类

根据准确度的高低，可将天平分为两类，一类称为台秤，其称量的准确度较低，用于一般的化学实验；另一类称为分析天平，其称量的准确度较高。分析天平的种类很多，根据称量原理，主要可分为等臂天平、不等臂天平及电子天平等几种类型。常用的等臂天平有摆动式天平、空气阻尼式天平、半机械加码电光天平（半自动电光天平）、全机械加码电光天平（全自动电光天平）等；常用的不等臂天平有单盘电光天平、单盘减码式全自动电光天平、单盘精密天平等；常用的电子天平有无梁电子数字显示天平等。

分析天平的分类方法还可根据天平的精度分级命名。过去天平的分级，单纯以能称准的最小质量来确定。例如能称到 0.1mg 或 0.2mg 的天平称为“万分之一”天平或“分析天平”；能称到 0.01mg 的天平称为“十万分之一天平”或“半微量分析天平”；能称到 0.001mg 的天平称为“百万分之一天平”或“微量分析天平”。这实际上是单纯以分度值（感量）来分类的。但是分度值与载重是有密切关系的。只讲分度值而不提载重是不能全面反映天平性能的。

如果把分度值和载重两项指标联系起来考虑，可用相对精度分类的方法，即以分析天平的感量与最大载重之比来划分精度级别。目前我国采用的就是这种分类方法。根据《天平检定规程 JJG 98—1972（试行本）》的规定，将分析天平分为 10 级，分级标准见表 4-1。

表 4-1　分析天平精度分级表

级别	1	2	3	4	5	6	7	8	9	10
感量/最大载重量	1×10^{-7}	2×10^{-7}	5×10^{-7}	1×10^{-6}	2×10^{-6}	5×10^{-6}	1×10^{-5}	2×10^{-5}	5×10^{-5}	1×10^{-4}

一级分析天平精度最好，十级分析天平精度最差。常用的分析天平载重量为 200 g，感量为 0.1 mg，其精度为

$$\frac{0.1\times10^{-3}}{200}=5\times10^{-7}$$

即相当于 3 级分析天平。在选用天平时，不仅要注意天平的精度级别，还必须注意最大载重量。在常量分析中，一般使用最大载重量为 100～200 g 的分析天平，属于 3～4 级。在微量分析中，常用最大载重量为 20～30 g 的分析天平，属于 1～3 级。

三、仪器及试剂

1. 仪器：台秤、电子天平及 50mL 的小烧杯。

2. 试剂：细沙。

四、实验内容

1. 台秤称量练习

(1) 了解台秤的构造、性能和使用方法。

(2) 称量称量瓶及细砂的质量。

2. 电子天平称量练习

(1) 直接称量法

① 对照电子天平实物，熟悉各功能键的作用。

② 检查电子天平水平。

③ 将称量纸或小烧杯放入称量盘中央，稳定后按去皮键 TARE。

④ 用牛角勺取一定质量（0.4～0.6g）的细沙于上述称量纸或小烧杯中，直至天平显示质量符合要求为止。

⑤ 记录数据（准确至小数点后第 4 位）。反复操作，至熟练掌握为止。

(2) 差减称量法

① 检查电子天平。

② 将盛有细沙的称量瓶放入称量盘中央，稳定后按去皮键 TARE。

③ 按要求倾倒质量为 0.4～0.6g（准确至 0.1mg）的细沙于小烧杯中。

④ 记录数据（准确至小数点后第 4 位）。反复操作，至熟练掌握为止。

五、思考题

1. 在什么情况下需使用差减称量法称量？
2. 为何称量器皿的外部也要保持洁净？
3. 电子天平的去皮键有何作用？

实验三　溶液的配制

一、实验目的

1. 掌握一般浓度溶液和准确浓度溶液的配制方法。

2. 掌握容量瓶、电子天平的使用方法。

二、仪器及试剂

1. 仪器：电子天平、称量瓶、容量瓶、烧杯、玻璃棒。

2. 试剂：浓盐酸、固体氯化钠。

三、实验内容

1. 配制 250mL 0.1mol·L^{-1} 盐酸溶液

(1) 计算配制 250mL 0.1mol·L^{-1} 盐酸溶液需要量取浓盐酸（密度为 1.19 g·mL^{-1}，质量分数为 37.5%）____mL。

(2) 用量筒量取浓盐酸____mL 倒入盛有 50mL 水的烧杯中，边搅拌边加入浓盐酸，用玻璃棒搅匀，然后再加水稀释到 250mL。

2. 配制 250mL 0.1mol·L^{-1} 氯化钠溶液

(1) 计算配制 250mL 0.1mol·L^{-1} 氯化钠溶液需要固体氯化钠的质量为________g。

(2) 在电子天平上称取固体氯化钠________g 于小烧杯中。

(3) 在烧杯中加入 30mL 水搅拌溶解，将氯化钠溶液沿玻璃棒倒入 250mL 容量瓶中，将烧杯用蒸馏水淋洗 3～4 次，洗涤液同样沿玻璃棒倒入容量瓶中，然后向容量瓶中加水至液面接近刻度线________cm 处，改用胶头滴管加水使溶液凹液面恰好与刻度线相切。盖上塞子，用手按住塞子倒转容量瓶并振荡，反复数次摇匀溶液，计算配制的氯化钠溶液的准确浓度为________________，贴上标签，标签应写上试剂名称、浓度、配制日期。

四、思考题

1. 根据浓盐酸的密度和质量分数如何计算浓盐酸物质的量浓度？

2. 配制一定物质的量浓度的溶液，在定容时如果凹液面与刻度线仰视或俯视，所得浓度偏大还是偏小？

实验四　摩尔气体常数的测定

一、实验目的

1. 了解置换法测定摩尔气体常数的原理和方法。

2. 熟悉气体状态方程和分压定律的有关计算。

3. 巩固分析天平的使用技术，学习气体体积的测量技术和气压计的使用方法。

二、实验原理

由理想气体状态方程可知，摩尔气体常数

$$R=\frac{pV}{nT} \tag{1}$$

通过一定的方法测得理想气体的 p、V、n、T，即可计算出摩尔气体常数。本实验通过一定质量的镁条（铝片或锌片）与过量的稀酸作用，即

$$Mg+H_2SO_4 = MgSO_4 + H_2\uparrow$$

用排水集气法收集氢气，氢气的体积由量气管测出，氢气的物质的量 $n(H_2)$ 可根据反应的镁条的质量求出，称量时除了要刮净镁条表面的氧化膜外，还要保证称量准确。

由于在量气管内收集的氢气是被水蒸气所饱和的，根据道尔顿分压定律，量气管内的气压 p（即总压力，等于大气压）是氢气的分压 $p(H_2)$ 和实验温度 T 时水的饱和蒸气压 $p(H_2O, g)$ 的总和，即

$$p = p(H_2) + p(H_2O,g)$$

式中，p 值取大气压值。实验中要做到量气管与水平管内液面在同一水平面上，保证量气管内的气体与外界气体等压，即 $p = p_{大气}$。$p(H_2O, g)$ 可由附录七得到。最后将各项数据代入如下公式：

$$R = \frac{p(H_2)V}{n(H_2)T}$$

式中，V 为量气管所收集到的 H_2 的体积。由于 Mg 与 H_2SO_4 的反应为一放热反应，而气体的体积又与温度有关，故 V 值的读取一定要等量气管冷却到室温；T 为绝对温度，用实验时的室温代替。将有关数据代入上式，即可计算出摩尔气体常数 R。R 值的测定实际上是通过测定 p、V、m(Mg)、T 值来实现的，测准它们即为做好本实验的关键。

三、仪器及试剂

1. 仪器：分析天平、气压计、温度计、烧杯（100mL）、量气管（50mL，可用 50mL 碱式滴定管代替）、试管、漏斗、橡胶管、导气管、铁架台。

2. 试剂：1.0mol · L^{-1} H_2SO_4 溶液、镁条（铝片或锌片）。

四、实验内容

1. 称量金属质量

用分析天平准确称取镁条质量（0.0300～0.0400g）。如用锌片，称取范围为 0.0800～0.1000g；如用铝片，称取范围为 0.0220～0.0300g。（注意：称取金属前，先用砂纸擦去表面氧化膜）。

2. 装配量气管

按图 4-8 装配量气管并与反应试管连接，即可得测定摩尔气体常数的装置。按图 4-8 安装后，取下试管，往量气管中加水（称为封闭液），水从漏斗注入，使漏斗和量气管都充满水（橡胶管内勿存气泡，为什么?）。量气管的水面调节至略低于“0”刻度线，漏斗中水面保持在漏斗体积约 1/3 处，（视漏斗大小而定）。然后把连接管一端塞紧量气管口，另一端塞紧反应试管口。

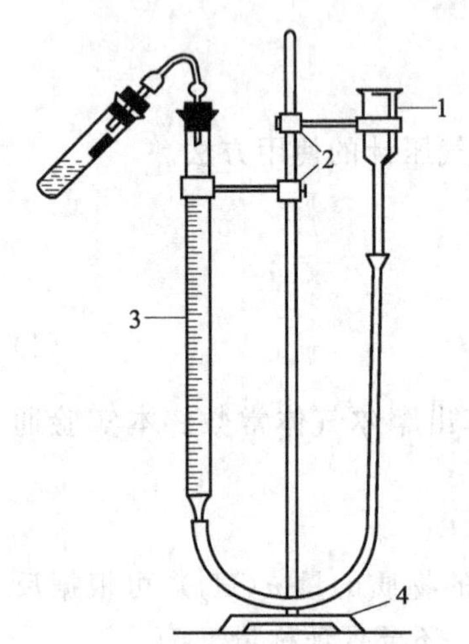

图 4-8　测定摩尔气体常数的装置
1—水平管（长颈漏斗）；2—铁夹；
3—量气管；4—铁架

3. 检查气密性

将漏斗向上（或向下）移动一段距离，使量气管水面略低（或略高）于漏斗水面。固定漏斗后，观察量气管水面是否移动，若不移动，说明不漏气；若移动，说明漏气，应检查各管子连接处，直到不漏气为止。

4. 金属与稀硫酸作用前的准备

打开试管塞子，调整漏斗的位置，使量气管内液面与漏斗内液面在同一水平面上（量气管内的液面在 0～1mL 之间），用滴管（或用小漏斗）向试管中加入 4mL 1.0mol · L^{-1} H_2SO_4 溶液，注意不要使酸液沾湿试管液面上段的试管壁。将已称好的镁条蘸少量水，小心贴在试管壁上，避免与酸液接触，塞紧塞子（镁条在试管内液面上端下侧，谨防镁条掉进酸中）。

5. 再次检查气密性

按步骤 3 再次检查气密性。如不漏气，准确读出量气管内液面的弯月面最低点的刻度（准确至 0.01mL），记录读数 V_1。

6. 氢气的产生、收集和体积的度量

将图 4-8 装置向右倾斜（或取下量气管向右倾斜），使镁条落入酸液，发生反应产生氢气。此时反应产生的氢气进入量气管中，将量气管中的水压入漏斗内。为防止压力增大造成漏气，在量气管水面下降的同时，缓慢下移漏斗，保持漏斗水面与量气管水面大致在同一水平位置。待反应完全停止后，冷却约 10min 后，移动漏斗，使其水面与量气管水面在同一水平位置，固定漏斗，准确读出量气管水面最低处所对应的刻度线读数，记录读数 V_2。

7. 记录室温 T 和大气压 $p_{大气}$，从附录七中查出室温时水的饱和蒸气压 $p(H_2O)$。

五、数据记录与处理

将得到的实验数据记录于表 4-2 中，并计算摩尔气体常数，求出 3 次测定的平均值。

表 4-2　实验记录

测量次数	1	2	3
镁条的质量/g			
氢气的分压/kPa			
氢气体积/L			
氢气物质的量/mol			
摩尔气体常数			
摩尔气体常数的平均值			

1. 根据镁条的质量及反应方程式计算氢气的物质的量 $n(H_2)$，代入有关数据计算。

$$R=\frac{p(H_2)V}{n(H_2)T}=\frac{[p_{大气}-p(H_2O)](V_2-V_1)}{n(H_2)T} \qquad (Pa \cdot m^3 \cdot K^{-1} \cdot mol^{-1})$$

2. 从有关化学手册中查得 R 的文献值 $R_{文献值}$，计算相对误差，并分析造成误差的原因。

$$RE=\frac{R_{实测值}-R_{文献值}}{R_{文献值}}\times 100\%$$

六、思考题

1. 为什么要使漏斗水面与量气管水面在同一水平位置才读取读数？
2. 酸的浓度和用量是否严格控制和准确量取？为什么？
3. 镁条与稀酸作用完毕后，为什么要等试管冷却到室温时方可读取读数？

实验五　二氧化碳分子量的测定

一、实验目的

1. 了解气体密度法测定气体分子量的原理的方法。
2. 了解气体的净化和干燥的原理和方法。
3. 掌握启普发生器的使用。
4. 掌握电子天平的使用。

二、实验原理

根据阿伏伽德罗定律，同温同压下，同体积的任何气体含有相同数目的分子。因此，在

同温同压下，同体积的两种气体的质量之比等于它们的分子量之比，即

$$M_1/M_2=m_1/m_2=d$$

其中：M_1 和 m_1 代表第一种气体的分子量和质量；M_2 和 m_2 代表第二种气体的分子量和质量；$d(=m_1/m_2)$ 叫作第一种气体对第二种的相对密度。

本实验是把同体积的二氧化碳气体与空气（其平均分子量为 29.0）相比。这样二氧化碳的分子量可按下式计算：

$$M_{CO_2}=m_{CO_2}\times M_{空气}/m_{空气}=M_{空气}\times 29.0$$

式中，一定体积（V）的二氧化碳气体质量 m_{CO_2} 可直接从天平上称出。根据实验时的大气压（p）和温度（t），利用理想气体状态方程式，可计算出同体积的空气的质量：

$$m_{空气}=pV\times 29.0/(RT)$$

这样就求得了二氧化碳气体对空气的相对密度，从而可以测定二氧化碳气体的分子量。

三、仪器及试剂

1. 仪器：启普发生器、洗气瓶（2 只）、250mL 锥形瓶、台秤、天平、温度计、气压计、橡胶管、橡皮塞等。

2. 试剂：HCl（工业用，$6mol\cdot L^{-1}$）、H_2SO_4（工业用）、饱和 $NaHCO_3$ 溶液、无水 $CaCl_2$、大理石等。

四、实验内容

按图 4-9 连接好二氧化碳气体的发生和净化装置。

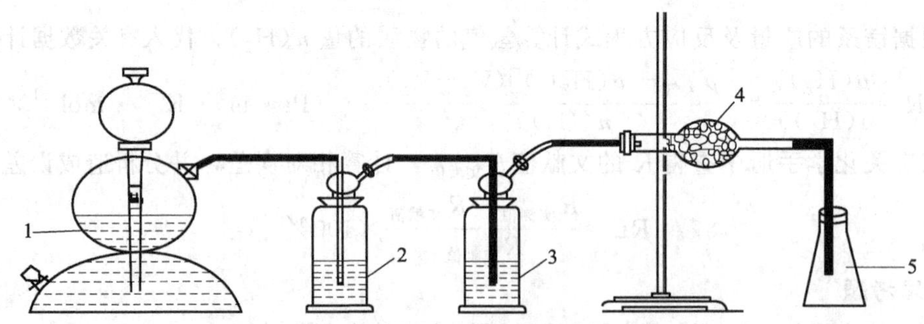

图 4-9　二氧化碳气体的发生和净化装置

1—大理石＋稀盐酸；2—饱和 $NaHCO_3$；3—浓 H_2SO_4；4—无水 $CaCl_2$；5—收集器

取一个洁净而干燥的锥形瓶，选一个合适的橡皮塞塞入瓶口，在塞子上作一个记号，以固定塞子塞入瓶口的位置。在天平上称出（空气＋瓶＋塞子）的质量。

从启普发生器产生的二氧化碳气体，通过饱和 $NaHCO_3$ 溶液、浓硫酸、无水氯化钙，经过净化和干燥后，导入锥形瓶内。因为二氧化碳气体的相对密度大于空气，所以必须把导气管插入瓶底，才能把瓶内的空气赶尽。2～3min 后，用燃着的火柴在瓶口检查 CO_2 已充满后，再慢慢取出导气管用塞子塞住瓶口（应注意塞子是否在原来塞入瓶口的位置上）。在天平上称出（二氧化碳气体＋瓶＋塞子）的质量，重复通入二氧化碳气体和称量的操作，直到前后两次（二氧化碳气体＋瓶＋塞子）的质量几乎相同为止（两次质量相差不超过 1～2mg）。这样做是为了保证瓶内的空气已完全被排出并充满了二氧化碳气体。

最后在瓶内装满水，塞好塞子（注意塞子的位置），在台秤上称重，精确至 0.1g。记下室温和大气压。

五、数据记录和结果处理

室温 t(℃)____，T(K) ____

大气压 p(Pa)____

（空气＋瓶＋塞子）的质量 A ____ g

（二氧化碳气体＋瓶＋塞子）的质量 B ____ g

（水＋瓶＋塞子）的质量 C ____ g

瓶的容积 $V=(C-A)/1.00$ ____ mL

瓶内空气的质量 $m_{空气}$ ____ g

瓶和塞子的质量 $D=A-m_{空气}$ ____ g

二氧化碳气体的质量 $m_{CO_2}=B-D$ ____ g

二氧化碳的分子量 M_{CO_2} ____

$$百分误差=\frac{M_{CO_2(实)}-M_{CO_2(理)}}{M_{CO_2(理)}}\times 100\%=\_\_\_\_$$

注意事项：

(1) 实验室安全问题。不得进行违规操作，有问题及时处理或向老师报告。

(2) 分析天平的使用。注意保护天平，防止发生错误的操作。

(3) 启普发生器的正确使用。

(4) 气体的净化与干燥操作。

六、思考题

1. 在制备二氧化碳的装置中，能否把瓶 2 和瓶 3 倒过来装置？为什么？

2. 为什么（二氧化碳气体＋瓶＋塞子）的质量要在天平上称量，而（水＋瓶＋塞子）的质量则可以在台秤上称量？两者的要求有何不同？

3. 为什么在计算锥形瓶的容积时不考虑空气的质量，而在计算二氧化碳的质量时却要考虑空气的质量？

第五章

基础化学基本原理实验

实验六　醋酸解离度和解离常数的测定

（一）pH法

一、实验目的

1. 掌握测定醋酸解离度及解离平衡常数的基本原理和方法。

2. 掌握滴定管和移液管的使用。

3. 学习酸度计的使用方法。

二、实验原理

醋酸（HAc或CH_3COOH）是弱电解质，在水溶液中存在下列解离平衡：

$$HAc(aq) \rightleftharpoons H^+(aq) + Ac^-(aq)$$

其解离常数$K^\ominus$的表达式为：

$$K_a^\ominus = \frac{\frac{c(H^+)}{c^\ominus} \times \frac{c(Ac^-)}{c^\ominus}}{\frac{c(HAc)}{c^\ominus}} \tag{5-1}$$

由于$c^\ominus = 1.0mol \cdot L^{-1}$，所以上式还可以写为：

$$K_a^\ominus = \frac{c(H^+) \times c(Ac^-)}{c(HAc)} \tag{5-2}$$

温度一定时，HAc的解离度为α，则$c(H^+) = c(Ac^-) = c\alpha$，代入式(5-2)得：

$$K_a^\ominus(HAc) = \frac{(c\alpha)^2}{c(1-\alpha)} = \frac{c\alpha^2}{1-\alpha} \tag{5-3}$$

在一定温度下，用酸度计测定一系列已知浓度的HAc溶液的pH值，根据$pH = -\lg c(H^+)$，可求得各浓度HAc溶液对应的$c(H^+)$，利用$c(H^+) = c\alpha$，求得各对应的解离度α值，将α代入式(5-3)中，可求得一系列对应的$K_a^\ominus$值。取$K_a^\ominus$的平均值，即得该温度下醋酸的解离常数$K_a^\ominus(HAc)$并可求解离度$\alpha(HAc)$。

三、仪器及试剂

1. 仪器：酸度计、恒温干燥箱、酸式滴定管、碱式滴定管、烧杯（100mL）、洗耳球。

2. 试剂：HAc（约 0.1mol·L^{-1}，精确到四位有效数字）、标准缓冲溶液（pH=4.00，pH=6.86）。

四、实验内容

1. 配制不同浓度的醋酸溶液

(1) 取 5 只洗净烘干的 100mL 小烧杯依次编号 1#～5 #。

(2) 从酸式滴定管中分别向 1#，2#，3#，4#，5# 小烧杯中准确放入 3.00mL，6.00mL，12.00mL，24.00mL，48.00mL 已准确标定过的 HAc 溶液。

(3) 用碱式滴定管分别向上述烧杯中依次准确放入 45.00mL，42.00mL，36.00mL，24.00mL，0.00mL 的蒸馏水，并用玻璃棒将杯中溶液搅拌均匀。

2. 醋酸溶液 pH 的测定

用酸度计分别依次测量 1#～5# 小烧杯中醋酸溶液的 pH 值，并如实正确记录测定数据，填于表 5-1 中。

3. 数据记录和处理

醋酸溶液的原始浓度：c(HAc)=＿＿＿＿ mol · L^{-1}，室温 =＿＿＿＿℃。

表 5-1　醋酸解离度及解离常数的测定

编号	V(HAc) /mL	$V(H_2O)$ /mL	c(HAc) /(mol · L^{-1})	pH	$c(H^+)$ /(mol · L^{-1})	α/%	$K_a^\ominus$ (HAc)
1#							
2#							
3#							
4#							
5#							
醋酸解离平衡常数的平均值 $K_{平}^\ominus$(HAc)							

五、思考题

1. 弱电解质溶液的解离度与哪些因素有关？
2. 同温下不同浓度的 HAc 溶液的解离度是否相同？解离平衡常数是否相同？
3. 烧杯是否必须烘干？
4. 测定 pH 时为什么要按从稀到浓的次序进行？

（二）电导率法

一、实验目的

1. 掌握用电导率法测定醋酸在水溶液中的解离度和解离平衡常数的原理和方法。
2. 学习电导率仪的使用方法。

二、实验原理

醋酸（HAc）是一种弱电解质，在水中存在如下平衡：

$$HAc(aq) \rightleftharpoons H^+(aq) + Ac^-(aq)$$

起始浓度/mol·L^{-1}	c	0	0
平衡浓度/mol·L^{-1}	$c-c\alpha$	$c\alpha$	$c\alpha$

解离常数的表达式为：

$$K_a^\ominus(HAc) = \frac{c(H^+)c(Ac^-)}{c(HAc)} = \frac{(c\alpha)^2}{c-c\alpha} \tag{5-4}$$

一定温度下，$K_a^{\ominus}$ 为常数，通过测定不同浓度下的解离度就可求得平衡常数 $K_a^{\ominus}$ 值。解离度 α 可通过测定溶液的电导来计算，溶液的电导用电导率仪测定。

物质导电能力的大小，通常以电阻（R）或电导（G）表示，电导为电阻的倒数：

$$G=\frac{1}{R}$$

电导的单位为西门子（S）。电解质溶液和金属导体一样，其电阻也符合欧姆定律。温度一定时，两电极间溶液的电阻与电极间的距离 l 成正比，与电极面积 A 成反比。

$$R=\rho\frac{l}{A}$$

ρ 称为电阻率，它的倒数称为电导率，以 κ 表示，单位为 $S \cdot m^{-1}$，则

$$\kappa=G\frac{l}{A}$$

电导率 κ 表示放在相距 1m，面积为 $1m^2$ 的两个电极之间溶液的电导，l/A 称为电极常数或电导池常数。在一定温度下，相距 1m 的两平行电极间所容纳的含有 1mol 电解质溶液的电导称为摩尔电导，用 Λ_m 表示。如果 1mol 电解质溶液的体积用 $V(m^3)$ 表示，溶液中电解质的物质的量浓度用 $c(mol \cdot L^{-1})$ 表示，摩尔电导 Λ_m 的单位为 $S \cdot m^2 \cdot mol^{-1}$，则摩尔电导 Λ_m 和电导率 κ 的关系为

$$\Lambda_m=\kappa V=\frac{\kappa}{c} \tag{5-5}$$

对于弱电解质来说，无限稀释时的摩尔电导率 Λ_m^{∞} 反映了该电解质全部电离且没有相互作用时的电导能力。在一定浓度下，Λ 反映的是部分电离且离子间存在一定相互作用时的电导能力。如果弱电解质的离解度比较小，电离产生的离子浓度较低，使离子间作用力可以忽略不计，那么 Λ 与 Λ_m^{∞} 的差别就可以近似看成是由部分离子与全部电离产生的离子数目不同所致，所以弱电解质的离解度可表示为

$$\alpha=\frac{\Lambda}{\Lambda_m^{\infty}} \tag{5-6}$$

这样，可以由实验测定浓度为 c 的醋酸溶液的电导率 κ，代入式(5-5)，求出 Λ_m，由式(5-6) 算出 α，将 α 的值代入式(5-4)，即可算出 $K_a^{\ominus}(HAc)$。

三、仪器及试剂

1. 仪器：电导率仪、酸式滴定管、碱式滴定管、烧杯（50mL、干燥）。
2. 试剂：HAc（约 $0.1mol \cdot L^{-1}$，精确到四位有效数字）、去离子水。
3. 其他：滤纸片或擦镜纸。

四、实验内容

1. 配制溶液

取 4 只干燥烧杯，编成 1#～4#，然后用滴定管按表 5-2 中烧杯编号分别准确放入已知浓度的醋酸溶液和蒸馏水。

2. 醋酸溶液电导率的测定

用电导率仪由稀到浓测定 1#～4# 醋酸溶液的电导率，记录数据，填入表 5-2 中。

3. 数据的记录与处理

测定时温度____℃，$\Lambda_m^{\infty}(HAc)$ ________ $S \cdot m^2 \cdot mol^{-1}$

HAc 标准溶液的浓度________mol·L^{-1}，HAc 的解离常数 $K^{\ominus}_{平}$__________。

表 5-2　醋酸离解度和离解常数的测定

编号	HAc 体积 /mL	H_2O 体积 /mL	HAc 浓度 /mol·L^{-1}	κ /S·m^{-1}	Λ /S·m^2·mol^{-1}	α/%	$K^{\ominus}_a$ (HAc)
1#	3.00	45.00					
2#	6.00	42.00					
3#	12.00	36.00					
4#	24.00	24.00					
醋酸解离平衡常数平均值 $K^{\ominus}_{平}$(HAc)							

4. 实验结束后，先关闭各仪器的电源，用蒸馏水充分冲洗电极，并将电极浸入蒸馏水中备用。

五、思考题

1. 电解质溶液导电的特点是什么？
2. 什么叫溶液的电导、电导率和摩尔电导率？
3. 测定 HAc 溶液的电导率时，测定顺序为什么应由稀到浓？

附：

酸度计及其使用方法

酸度计是测定溶液 pH 的常用仪器。实验室常用的酸度计有 pHS-2 型、pHS-3 型和 pHS-4A 型等，各种型号酸度计的结构虽有不同，但基本原理相同，下面主要介绍 pHS-4A 型酸度计。

1. 基本原理

酸度计是用来测量溶液 pH 值的仪器，除了可以测量溶液的酸度外，还可以测量电池的电动势（mV）。酸度计主要是由参比电极（甘汞电极）、测量电极（玻璃电极）和精密电位计三部分组成。

甘汞电极，当它由金属汞、Hg_2Cl_2 和饱和 KCl 溶液组成时，又称为饱和甘汞电极，见图 5-1(a)。它的电极反应是：

$$Hg_2Cl_2 + 2e^- \longrightarrow 2Hg + 2Cl^-$$

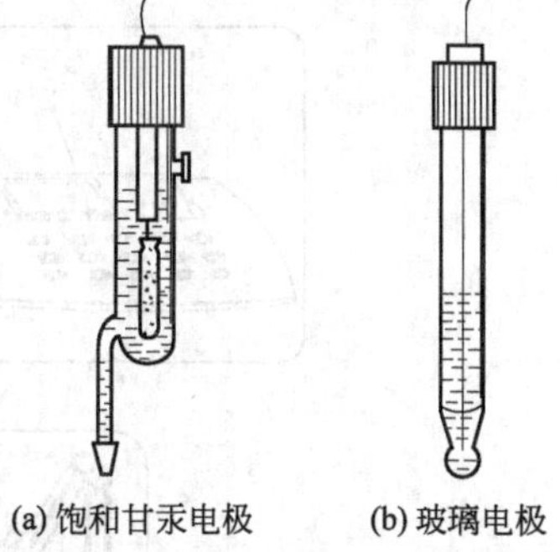

(a) 饱和甘汞电极　　(b) 玻璃电极

图 5-1　电极的结构

甘汞电极的电极电势不随溶液 pH 值的变化而变化，在一定温度下是一定值。25℃时饱和甘汞电极的电极电势为 0.245V。玻璃电极［见图 5-1(b)］的电极电势随溶液 pH 值的变化而改变。它的重要部分是头部的球泡，由特殊的敏感玻璃薄膜构成。薄膜对氢离子有敏感作用，当它浸入被测溶液内，被测溶液的氢离子与电极球泡表面水化层进行离子交换，球泡内层也同样产生电极电势。由于内层氢离子浓度不变，而外层氢离子浓度在变化，因此内外层的电势差也在变化，所以该电极电势随待测溶液的 pH 值不同而改变。

$$E = E_+ - E_- = E_{甘汞} - E_{玻} = 0.245 - E^{\ominus}_{玻} + 0.0592\text{pH}$$

将玻璃电极和饱和甘汞电极一起浸在被测溶液中组成电池，并连接上精密电位计，即可测定电池电极电势 E。

在 25℃时，　　$E_{玻}=E^{\ominus}_{玻}+0.0592\lg c(H^{+})=E^{\ominus}_{玻}-0.0592pH$

整理上式得：

$$pH=\frac{E+E^{\ominus}_{玻}-0.245}{0.0592}$$

$E^{\ominus}_{玻}$可用已知 pH 值的缓冲溶液代替待测溶液而求得。为了省去计算手续，酸度计把测得的电池电动势直接用 pH 刻度值表示出来。因而从酸度计上可以直接读出溶液的 pH 值。

实验室常用的酸度计有雷磁 25 型、pHSJ-4A 型和 pHS-3B 型等。它们的原理相同，结构略有差别。下面介绍 pHSJ-4A 型酸度计（图 5-2），其他型号酸度计的使用可查阅有关使用说明书。

2. pHSJ-4A 型酸度计使用方法

（1）仪器的安装

① 将多功能电极架（10）插入电极架座（3）中。

② 将 pH 复合电极（11）和温度传感器（14）夹在多功能电极架（10）上。

③ 取下 pH 复合电极（11）前段的电极套（12）。

④ 在测量电极插座（5）处拔去 Q9 短路插头（13）。然后，分别将 pH 复合电极（11）和温度传感器（14）插入测量电极插座（5）和温度传感器插座（8）内。

⑤ 用蒸馏水清洗复合电极，清洗后再用被测溶液清洗一次，然后将复合电极和温度传感器浸入被测溶液中。

⑥ 通用电源器输出插头插入仪器的电源插座（4）内。然后，接通通用电源器的电源，仪器可以进行正常操作。

⑦ 若用户配置 TP-16 型打印机，则将该打印机连接线分别插入仪器的 RS-232 接口（9）和打印机插座内。

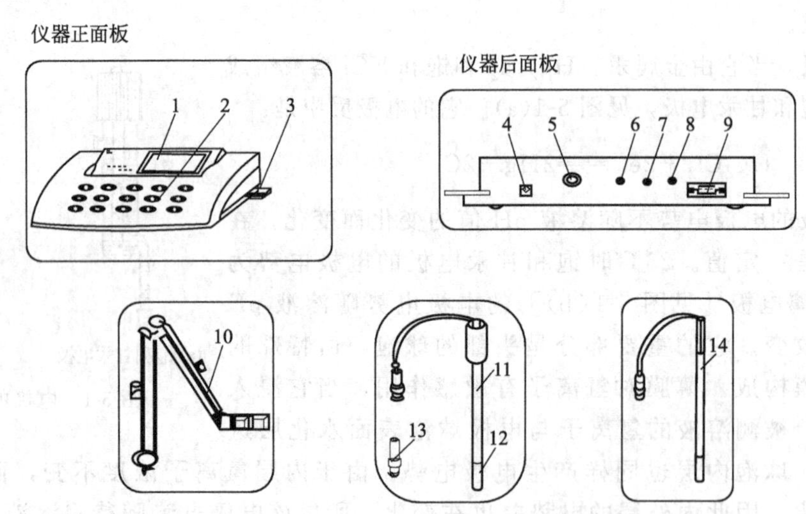

图 5-2　pHSJ-4A 型酸度计的结构示意图

1—显示屏；2—键盘；3—电极架座；4—电源插座；5—测量电极插座；6—参比电极插座；7—接地接线柱；8—温度传感器插座；9—RS-232 接口；10—多功能电极架；11—E-201-C-型复合电极；12—电极套；13—Q9 短路插头；14—温度传感器

(2) 测定步骤

① 开机　参照图 5-3，按下“ON/OFF”键，仪器将显示“PHSJ-4A pH 计”和“雷磁”商标，显示几秒后，仪器自动进入 pH 测量工作状态。

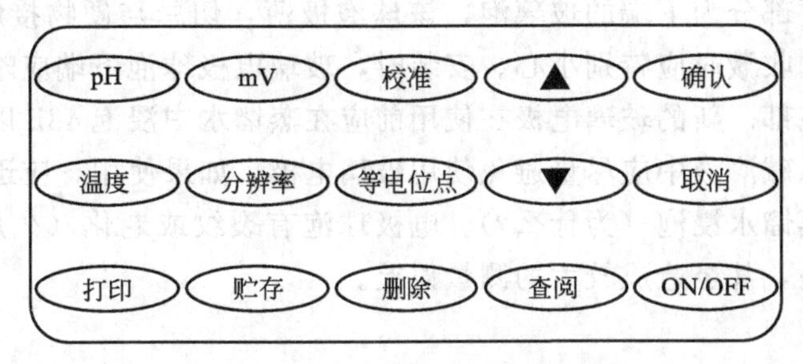

图 5-3　pHSJ-4A 型酸度计的键盘

② 选择等电位点　仪器处于任何工作状态下，按下“等电位点”键，仪器即进入“等电位点”选择工作状态。选择等电位点 7.000pH。仪器设有 3 个等电位点，即等电位点 7.000pH、12.000pH、17.000pH。可以通过“▲”或“▼”键选择所需的等电位点。

一般水溶液的 pH 测量选用等电位点 7.000pH；纯水或超纯水溶液的 pH 测量选用等电位点 12.000pH；测量含有氨水的溶液时选用等电位点 17.000pH。

③ 电极标定

a. 一点标定　一点标定是只采用一种 pH 标准缓冲溶液对电极系统进行标定，用于自动校正仪器的定位值。仪器把 pH 复合电极的百分斜率作为 100%，在测量仪器精度要求不高的情况下，可采用此方法，操作步骤如下：

(a) 将 pH 复合电极和温度传感器用蒸馏水清洗干净后，放入所选择的 pH 标准缓冲溶液中。

(b) 按“校准键”，仪器进入“标定 1”工作状态，此时，仪器显示“标定 1”以及当前测得 pH 值和温度值。

(c) 当显示屏上的 pH 值读数趋于稳定后，按“确认”键，仪器显示“标定 1 结束!”以及 pH 值和斜率值，说明仪器已经完成一点标定。此时，pH、mV、校准和等电位点键均有效，按下任一键，则进入工作状态。

b. 二点标定　二点标定是为了提高 pH 的测量精度，其含义是选用两种 pH 标准缓冲溶液对电极系统进行标定，测得 pH 复合电极的实际百分理论斜率。

(a) 在完成一点标定后，将电极取出重新用蒸馏水清洗干净，放入另一种 pH 标准缓冲液。

(b) 再按“校准”键，使仪器进入“标定 2”工作状态，仪器显示“标定 2”以及当前的 pH 值和温度值。

(c) 当显示屏上的 pH 值读数趋于稳定后，按下“确认”键，仪器显示“标定 2 结束!”以及 pH 值和斜率值，说明仪器已经完成二点标定。此时，pH、mV、校准和等电位点键均有效，按下任一键，则进入工作状态。

④ pH 值测量　按下“pH”键，仪器进入 pH 测量状态。将复合电极清洗干净后，再用少量被测液清洗，然后将 pH 复合电极放入被测溶液，显示屏上的 pH 值稳定后，即可读数。

测量结束后，应及时将电极套套上。电极套内应放少量外参比溶液以保持电极球泡的湿润。切忌浸泡在蒸馏水中。

3. 玻璃电极的维护

玻璃电极的主要部分为下端的玻璃泡，该球泡极薄，切忌与硬物接触，一旦发生破裂，则完全失效。取用和收藏时应特别小心。安装时，玻璃电极球泡下端应略高于甘汞电极的下端，以免碰到烧杯底部。新的玻璃电极在使用前应在蒸馏水中浸泡 48h 以上，不用时最好浸泡在蒸馏水中。在强碱溶液中应尽量避免使用玻璃电极，如果使用，应迅速操作，测完后立即用水洗涤，并用蒸馏水浸泡（为什么?)。电极球泡有裂纹或老化（久放二年以上），则应调换，否则反应缓慢，甚至造成较大的测量误差。

附：

电导率仪及其使用方法

1. 电导率仪

DDS-307A 型如图 5-4 所示，是常用的电导率测量仪器。它除了能测量一般液体的电导率外，还能测量高纯水的电导率。电导率的测量范围为 $0.00\mu S \cdot cm^{-1} \sim 100.0 mS \cdot cm^{-1}$；测定电导率溶液时可以选择不同电极常数的电极，其测量最佳电导率范围如表 5-3 所示。

表 5-3 电极常数以及对应最佳电导率测量范围

电极常数/cm^{-1}	电导率量程/$\mu S \cdot cm^{-1}$	电极常数/cm^{-1}	电导率量程/$\mu S \cdot cm^{-1}$
0.01	0.0～2.000	1	$2 \sim 1\times10^4$
0.1	0.2～20.00	10	$1\times10^4 \sim 1\times10^5$

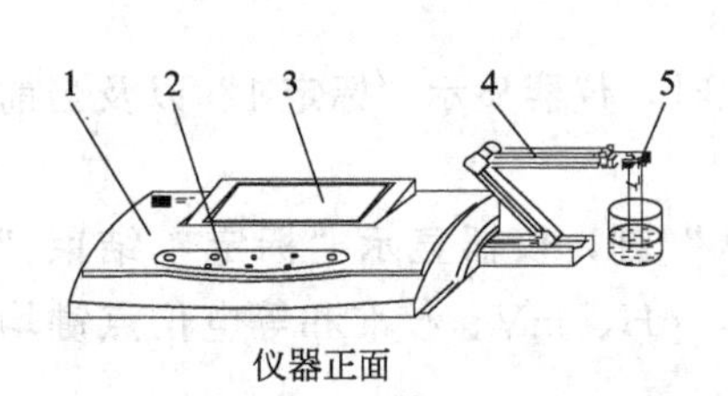

仪器正面

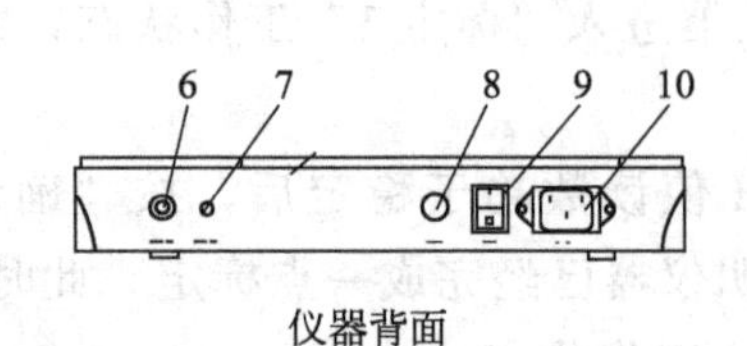

仪器背面

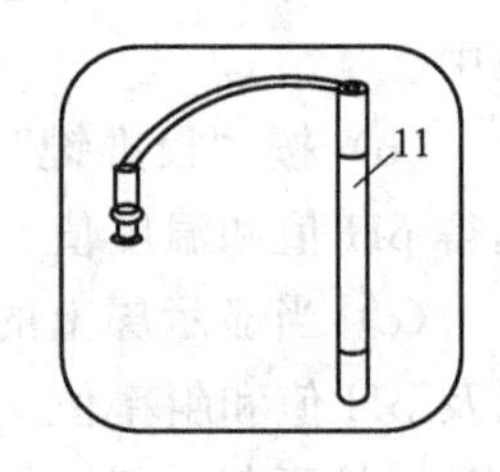

图 5-4 DDS-307A 型电导率仪

1—机箱；2—键盘；3—显示屏；4—多功能电极架；5—电极；6—测量电极插座；7—接地插座；8—保险丝；9—电源开关；10—电源插座；11—温度传感器

仪器键盘说明：

①“测量”键，在设置“温度”、“电极常数”、“常数调节”时，按此键退出功能模块，返回测量状态。

②“电极常数”键-电极常数选择键，按此键上部“△”为调节电极常数上升；按此键下部“▽”为调节电极常数下降；电极常数的数值选择为 0.01、0.1、1、10。

③“常数调节”键，此键为常数调节选择键，按此键上部“△”为常数调节数值上升；按此键下部“▽”为常数调节数值下降。

④“温度”键，此键为温度选择键，按此键上部“△”为调节温度数值上升；按此键下部“▽”为调节温度数值下降。

⑤“确认”键，此键为确认键，按此键为确认上一步操作。

2. 电导率仪的使用方法

① 打开电源开关，预热约 30min。

② 在测量状态下，按“温度”键设置当前的温度值；按“电极常数”和“常数调节”键进行电极常数的设置。

③ 设置温度。DDS-307A 型电导率仪一般情况下不需要用户对温度进行设置。

④ 电极常数和常数值的设置。仪器使用前必须进行电极常数的设置。目前电导电极的电极常数为 0.01、0.1、1.0、10 四种类型，电极具体的电极常数值均粘贴在每支电导电极上，用户根据电极上所标的电极常数值进行设置。

按“电极常数”键或“常数调节”键，仪器进入电极常数设置状态，如果电导电极标贴的电极常数为“1.000”，则选择“1”并按“确认”键；再按“常数数值▽”或“常数数值△”，使常数数值显示“1.000”，按“确认”键。

⑤ 测量时电极浸入溶液，按“△”或“▽”选择合适的量程（$1.0\sim20\mu S\cdot cm^{-1}$、$20\sim200\mu S\cdot cm^{-1}$、$200\sim2000\mu S\cdot cm^{-1}$、$2000\sim1\times10^{4}\mu S\cdot cm^{-1}$），记下显示数值。

使用电导率仪时应注意以下事项：

① 电极使用前应在纯水中浸泡 1h 以上，应避免浸湿电极引线。

② 每测一种溶液前，依次用蒸馏水、待测液冲洗方可放入溶液中，并且由稀到浓测定。

③ 擦拭电极时要注意保护电极。

实验七 解离平衡与盐类水解

一、实验目的

1. 加深理解弱电解质的电离平衡及影响平衡移动的因素。
2. 了解盐类的水解反应和影响水解反应的因素。
3. 学习缓冲溶液的配制方法并验证其性质。

二、实验原理

弱酸、弱碱等弱电解质在溶液中存在电离平衡，符合化学平衡移动的规律。如果往弱电解质的水溶液中加入含有与其相同离子的另一电解质时，会使弱电解质的电离度降低，这种效应称为同离子效应。

缓冲溶液一般由浓度较大的弱酸及其共轭碱或弱碱及其共轭酸所组成。它们在稀释时或在其中加入少量的强酸、强碱时，平衡的移动很小，使其 pH 值基本不变。缓冲溶液的缓冲能力与缓冲溶液的总浓度及其配比有关。

盐类的水解反应是酸碱中和反应的逆反应，是组成盐的离子与水中的 H^+ 或 OH^- 结合生成弱酸或弱碱的过程。水解后溶液的酸碱性取决于盐的类型。

因水解反应是吸热反应，且反应的反应物和产物以平衡状态存在，因此升高溶液的温度，有利于水解的进行。

如果水解产物的溶解度很小，则它们水解后会产生沉淀，以 $Bi(NO_3)_3$ 为例：

$$Bi(NO_3)_3+H_2O \rightleftharpoons BiONO_3\downarrow+2HNO_3$$

因此实验室配制这一类盐的水溶液时，通常将盐溶于相应的酸中，然后再稀释成所需要的浓度。

如果两种盐都能水解，且其中一种盐水解后溶液呈酸性，另一种盐水解后溶液呈碱性，当两种溶液相混合时，发生酸碱中和反应，使两种盐的水解彼此加剧并都进行得很彻底。例如 $Al_2(SO_4)_3$ 溶液和 $NaHCO_3$ 溶液混合后发生双水解反应：

$$6NaHCO_3+Al_2(SO_4)_3 \rightleftharpoons 2Al(OH)_3\downarrow+6CO_2\uparrow+3Na_2SO_4$$

三、仪器及试剂

1. 仪器：试管、试管架、试管夹、离心试管、酒精灯、量筒、离心机。

2. 试剂：锌粒、NH_4Ac(s)、$Fe(NO_3)_3\cdot 9H_2O$、$Bi(NO_3)_3$(s)、HCl(0.1mol·L^{-1}，6mol·L^{-1})、HAc(0.1mol·L^{-1})、HNO_3(6mol·L^{-1})、$NH_3\cdot H_2O$(0.1mol·L^{-1})、NaOH(0.1mol·L^{-1})、$NaHCO_3$(0.1mol·L^{-1})、Na_2CO_3(0.1mol·L^{-1})、$Al_2(SO_4)_3$(0.1mol·L^{-1})、甲基橙溶液、酚酞溶液。

3. 其他：广泛 pH 试纸、精密 pH 试纸。

四、实验内容

1. 强电解质与弱电解质性质的比较

(1) 用广泛 pH 试纸分别测定 0.1mol·L^{-1} HCl 溶液和 0.1mol·L^{-1} HAc 溶液的 pH 值，并与计算值比较。

(2) 分别在两支试管中加入 0.1mol·L^{-1} HCl 和 0.1mol·L^{-1}HAc 溶液各 5 滴，再各滴加甲基橙指示剂一滴，观察溶液的颜色（如现象不明显，可各加入 1mL 蒸馏水稀释后再观察）。

(3) 在两支试管中各加入 2mL 0.1mol·L^{-1} HCl 溶液和 0.1mol·L^{-1} HAc 溶液，再各加一小粒锌粒（用砂纸除去表面的氧化层），微热之，观察在哪一个试管中反应较为剧烈？说明原因。

将实验结果和计算的 pH 值填入表 5-4。

由实验结果比较 HCl 和 HAc 的酸性有何不同，为什么？

表 5-4　强弱电解质性质的比较

溶液	加甲基橙后溶液颜色	pH 值		加锌粒并微热下反应现象
		测定值	计算值	
0.1mol·L^{-1} HCl				
0.1mol·L^{-1}HAc				

2. 同离子效应

(1) 往两支小试管中各加入 1mL 0.1mol·L^{-1} HAc 溶液及一滴甲基橙指示剂，摇匀，溶液呈何颜色？在其中一支试管中加入 NH_4Ac 固体少许，摇动试管使其溶解后与另一支试管比较，溶液的颜色有何变化？说明原因。

(2) 往两支小试管中各加入 1mL 0.1mol·L^{-1} $NH_3\cdot H_2O$ 溶液及一滴酚酞指示剂，摇匀，溶液呈何颜色？在其中一支试管中加入 NH_4Ac 固体少许，摇动试管使其溶解后与另一支试管比较，溶液的颜色有何变化？说明原因。

结合上述两个实验，说明哪些因素影响弱电解质的电离平衡。

3. 缓冲溶液的配制与性质

(1) 缓冲溶液的配制

欲用 0.1mol·L^{-1} HAc 和 0.1mol·L^{-1} NaAc 溶液配制 pH = 4.1 的缓冲溶液 10mL，应该怎样配制？

先计算所需的 0.1mol·L^{-1}HAc 和 0.1mol·L^{-1}NaAc 溶液的体积，再按计算的量用小量筒量取（尽可能读准到小数点后一位）后，混合均匀。用精密 pH 试纸检查所配溶液是否符合要求（保留溶液，留做下面试验用）。

（2）缓冲溶液的性质

取三支小试管各加入所配的 HAc-NaAc 缓冲溶液 3mL，分别进行如下实验：

① 在第一支试管中加 3 滴 0.1mol·L^{-1}HCl 溶液，摇匀后用精密 pH 试纸测其 pH。

② 在第二支试管中加 3 滴 0.1mol·L^{-1} NaOH 溶液，摇匀后用精密 pH 试纸测其 pH。

③ 在第三支试管中加 3 滴 2mL 蒸馏水，用精密 pH 试纸测其 pH。

将①、②、③的实验结果与实验（1）比较，可得出什么结论？解释原因。

（3）对照实验

在两支试管中各加 2mL 蒸馏水，用广泛 pH 试纸测其 pH 值，然后分别加入 0.1mol·L^{-1} HCl 溶液和 0.1mol·L^{-1} NaOH 溶液各 3 滴，再用广泛 pH 试纸测其 pH 值。

通过对比缓冲溶液与水在加少量酸或少量碱后的 pH 值变化实验，你对缓冲溶液的性质能得出什么结论？

4. 盐类的水解和影响水解平衡的因素

（1）盐类的水解和溶液的酸碱性

用广泛 pH 试纸分别测定浓度均为 0.1mol·L^{-1} 的 NaAc、NH_4Cl、NaCl、Na_2CO_3、$Al_2(SO_4)_3$ 等溶液的 pH 值。写出水解反应的离子方程式，并解释之。

（2）影响水解平衡的因素

① 温度

a. 在两支小试管中分别加入 1mL 0.1mol·L^{-1} NaAc 溶液，并各加入一滴酚酞指示剂，将其中一支试管中的溶液加热到沸腾，比较两支试管中溶液的颜色变化，并解释观察到的实验现象。

b. 取少量 $Fe(NO_3)\cdot 9H_2O$ 固体，加蒸馏水 6mL 使之溶解后，将溶液分成三份，将其中的第一份加热至沸腾后，与另外两份相比较，观察现象，并说明其原因；另两份留做下面实验用。

② 溶液的酸度

a. 往第二份 $Fe(NO_3)_3$ 溶液中加入 6mol·L^{-1} HNO_3 溶液 2～3 滴，与第三份比较，有何现象？说明原因。

b. 往试管中加少量 $Bi(NO_3)_3$ 固体，加少量蒸馏水摇匀，有何现象？用广泛 pH 试纸测其 pH 值，再滴加 6mol·$L^{-1}$$HNO_3$ 溶液，又有何现象？最后再加入蒸馏水稀释又有何现象？根据平衡移动原理解释观察到的实验现象，由此了解实验室制备 $Bi(NO_3)_3$ 溶液的方法。

（3）双水解反应

取两支离心试管，分别先加入 1mL 0.1mol·L^{-1} $Al_2(SO_4)_3$ 溶液，再加入 1mL 0.1mol·$L^{-1}$$NaHCO_3$ 溶液后，有何现象？从水解平衡的观点解释之。用玻璃棒充分搅拌混合物，离心分离，并用蒸馏水洗涤沉淀后，往一支试管中加入 6mol·L^{-1} HCl 溶液，另一支试管中加入 2mol・L^{-1} NaOH 溶液，观察沉淀溶解的情况，证明沉淀是何物？写出有关反应的方程式。

从本实验总结出可影响盐类的水解的因素。

五、思考题

1. 在 HAc 和 $NH_3 \cdot H_2O$ 的水溶液中分别加入 $NH_4Ac(s)$，均会使弱电解质的解离度下降。试分析是哪种离子在起作用？

2. 为什么 $NaHCO_3$ 水溶液呈碱性，而 $NaHSO_4$ 水溶液呈酸性？

3. 如何配制 Sn^{2+}、Sb^{3+}、Fe^{3+} 等盐的水溶液？

4. 如将 10mL 0.2mol・L^{-1} HAc 溶液与 10mL 0.1mol・L^{-1} NaOH 溶液混合，所得溶液是否具有缓冲能力？该溶液的 pH 值是多少？若将 0.2mol・L^{-1} HAc 溶液与 0.2mol・L^{-1} NaOH 溶液等体积混合，结果又会怎样？

实验八　沉淀溶解平衡

一、实验目的

1. 掌握溶度积规则，并熟悉沉淀的生成、溶解、转化等条件。

2. 学习离心机的使用和固液分离操作。

二、实验原理

在难溶电解质的饱和溶液中，未溶解的难溶电解质与溶液中相应的离子之间可建立如下的多相离子平衡，称为沉淀溶解平衡。可用通式表示如下：

$$A_mB_n(s) \rightleftharpoons mA^{n+}(aq) + nB^{m-}(aq)$$

难溶电解质达到沉淀溶解平衡时，其溶度积表达式为

$$K_{sp}^{\ominus} = [A^{n+}]^m[B^{m-}]^n$$

$[A^{n+}]$ 和 $[B^{m-}]$ 为两离子的平衡浓度。

根据溶度积，利用不同条件下相应的离子积可判断沉淀的生成和溶解。

(1) 当 $[A^{n+}]^m[B^{m-}]^n > K_{sp}$ 时，溶液过饱和，有沉淀生成。

(2) 当 $[A^{n+}]^m[B^{m-}]^n = K_{sp}$ 时，处于平衡状态，为饱和溶液。

(3) 当 $[A^{n+}]^m[B^{m-}]^n < K_{sp}$ 时，溶液未饱和，无沉淀生成。

溶液 pH 值的改变、配合物的生成或发生氧化还原反应，往往会引起难溶电解质的溶解度改变。

如果溶液为多种离子的混合溶液，当加入某种试剂时，可能与溶液中几种离子发生沉淀反应，某些离子先沉淀，另一些离子后沉淀，这种现象称为分步沉淀。对于相同类型的难溶电解质，沉淀的先后顺序可根据 $K_{sp}^{\ominus}$ 的相对大小加以判断。对于不同类型的难溶电解质，则要根据所需沉淀剂浓度的大小来判断沉淀的先后顺序。

把一种沉淀转化为另一种沉淀的过程称为沉淀的转化。两种沉淀间相互转化的难易程度要根据沉淀转化反应的标准平衡常数来确定。

三、仪器及试剂

1. 仪器：低速离心机、10mL 离心试管、试管、试管架。

2. 试剂：HCl(6mol·L^{-1})、NaCl (1.0mol·L^{-1}，0.1mol·L^{-1})、KI (0.1mol·L^{-1})、$Pb(NO_3)_2$ (0.001mol·L^{-1}，0.1mol·L^{-1})、$BaCl_2$ (0.5mol·L^{-1})、$AgNO_3$ (0.1mol·L^{-1})、HAc (0.1mol·L^{-1})、HNO_3 (6mol·L^{-1})、NH_3·H_2O (6mol·L^{-1})、Na_2S (0.1mol·L^{-1})、K_2CrO_4 (0.1mol·L^{-1})、PbI_2 饱和溶液、草酸铵饱和溶液。

四、实验内容

1. 沉淀平衡和同离子效应

(1) 在离心试管中滴加 10 滴 0.1mol·L^{-1} $Pb(NO_3)_2$ 溶液，然后滴加 5 滴 1.0mol·L^{-1} NaCl 溶液，振荡试管，观察有无沉淀生成。沉淀离心分离后，在分离溶液中加入少许 0.5mol·L^{-1} 铬酸钾溶液，振荡试管，观察现象，解释原因，写出反应方程式。

(2) 在试管中滴入 1mL 饱和 PbI_2 溶液，然后滴入 5 滴 0.1mol·L^{-1} 碘化钾溶液，振荡试管，观察有无沉淀生成，解释原因，写出反应方程式。

2. 溶度积规则的应用

(1) 在试管中加 5 滴 0.1mol·$L^{-1}$$Pb(NO_3)_2$ 溶液，再滴加 10 滴 0.1mol·L^{-1} 碘化钾溶液，振荡试管，观察现象。解释原因，写出离子方程式。

(2) 用 0.001mol·L^{-1} 硝酸铅溶液和 0.001mol·L^{-1} 碘化钾溶液代替 (1) 中试剂进行反应，振荡试管，观察有无沉淀生成，用溶度积解释原因。

(3) 在试管中加入 0.1mol·L^{-1} 氯化钠溶液 10 滴和 0.5mol·L^{-1} 铬酸钾溶液各 2 滴，振荡试管使混合均匀，然后边振荡试管边滴加 0.1mol·L^{-1} 硝酸银溶液，观察现象，并解释原因，写出反应方程式。

3. 分步沉淀

(1) 取 1 滴 0.1mol·L^{-1} 的 $AgNO_3$ 溶液和 1 滴 0.1mol·L^{-1} 的 $Pb(NO_3)_2$ 溶液于试管中，加 5mL 蒸馏水稀释，摇匀后，加入 1 滴 0.1mol·L^{-1} K_2CrO_4 溶液，振荡试管，观察沉淀的颜色，离心后，向清液中继续滴加 K_2CrO_4 溶液，观察此时生成沉淀的颜色。写出离子反应式，根据沉淀颜色的变化和溶度积规则，判断哪一种难溶物质先沉淀。

(2) 在试管中各加入 1 滴 0.1mol·L^{-1} Na_2S 溶液和 1 滴 0.1mol·L^{-1} K_2CrO_4 溶液，加 5mL 蒸馏水，摇匀。先加入 1 滴 0.1mol·L^{-1} 的 $Pb(NO_3)_2$ 溶液，振荡试管，观察沉淀的颜色，离心后，向清液中继续滴加 $Pb(NO_3)_2$ 溶液，观察此时生成沉淀的颜色。写出离子反应式。根据沉淀颜色的变化和溶度积规则，判断哪一种难溶物质先沉淀。

4. 沉淀溶解

(1) 在试管中加入 5 滴 0.5mol·L^{-1} 氯化钡溶液，滴 3 滴饱和草酸铵溶液，振荡试管，观察现象。然后向试管中滴加 6mol·L^{-1} 盐酸，边滴加边振荡试管，观察现象，解释原因，写出反应方程式。

(2) 在试管中加入 10 滴 0.1mol·L^{-1} 硝酸银溶液，滴入 0.1mol·L^{-1} 氯化钠溶液 3～4 滴，振荡试管，观察现象，然后向试管中再滴加 6mol·L^{-1} 氨水，边滴加边振荡，观察现象，解释原因，写出反应方程式。

(3) 在试管中加入 10 滴 0.1mol·L^{-1} 硝酸银溶液，滴入 3～4 滴 0.1mol·L^{-1} 硫化钠溶液，振荡试管，观察现象，然后向试管中再滴加 6mol·L^{-1} 硝酸 20 滴，加热，观察现象，解释原因，写出反应方程式。

5. 沉淀的转化

(1) 在5滴0.1mol·L^{-1} $AgNO_3$溶液中，加入3滴0.1mol·L^{-1} K_2CrO_4溶液，振荡试管，观察沉淀的颜色。再在其中逐滴加入0.1mol·L^{-1} NaCl溶液，边加边振荡，观察现象。写出相关的离子反应式，计算沉淀转化反应的标准平衡常数。

(2) 在离心试管中滴加5滴0.1mol·L^{-1}硝酸铅溶液，再滴加3滴1mol·L^{-1}氯化钠溶液，振荡离心试管，观察现象。待沉淀完全后，在氯化铅沉淀中滴加3滴0.1mol·L^{-1}碘化钾溶液，振荡试管，观察现象，写出反应方程式。按上述操作依次先后滴入5滴饱和硫酸钠、0.5mol·L^{-1}铬酸钾、0.1mol·L^{-1}硫化钠溶液，每加入一种新的溶液后，都充分振荡试管，认真观察沉淀的转化及颜色的变化。写出发生反应方程式，并解释沉淀转化反应发生的条件。

五、思考题

1. 在铬酸银沉淀中加入氯化钠溶液，会出现什么现象？

2. 沉淀生成的条件是什么？等体积混合0.01mol·L^{-1} $Pb(Ac)_2$溶液和0.02mol·L^{-1} KI溶液，根据溶度积规则，判断有无沉淀产生。

实验九 难溶电解质溶度积常数的测定

(一) 电导法测定硫酸钡的溶度积常数

一、实验目的

1. 熟悉沉淀的生成、陈化、离心分离、洗涤等基本操作。
2. 通过实验验证电解质溶液电导与浓度的关系。
3. 掌握电导法测定$BaSO_4$的溶度积的原理和方法。

二、实验原理

在难溶电解质$BaSO_4$的饱和溶液中，存在下列平衡：

$$BaSO_4 \rightleftharpoons Ba^{2+} + SO_4^{2-}$$

其溶度积常数为：

$$K_{sp,BaSO_4} = c(Ba^{2+}) \cdot c(SO_4^{2-}) \tag{5-7}$$

设25℃时，$BaSO_4$的溶解度为$c(BaSO_4)$mol·L^{-1}，则溶液中$c(Ba^{2+}) = c(SO_4^{2-}) = c(BaSO_4)$。

$$K_{sp,BaSO_4} = c(Ba^{2+}) \cdot c(SO_4^{2-}) = c^2(BaSO_4) \tag{5-8}$$

由于难溶电解质的溶解度很小，很难直接测定，本实验利用浓度与电导率的关系，通过测定溶液的电导率，计算$BaSO_4$的溶解度$c(BaSO_4)$，从而计算其溶度积。电解质溶液中摩尔电导(Λ_m)、电导率(κ)与浓度(c)之间存在着下列关系：

$$\Lambda_m = \frac{\kappa}{c} \tag{5-9}$$

对于难溶电解质来说，它的饱和溶液可近似地看成无限稀释的溶液，正、负离子间的影响趋于零，这时溶液的摩尔电导率Λ_m为无限稀释摩尔电导率Λ_m^∞，即$\Lambda_{m,BaSO_4} = \Lambda_{m,BaSO_4}^\infty$。

$\Lambda_{m,BaSO_4}^{\infty}$ 可由物理化学手册查得。因此，只要测得 $BaSO_4$ 饱和溶液的电导率（κ），根据式(5-9)，就可计算出 $BaSO_4$ 溶解度 c_{BaSO_4}（单位为 $mol \cdot L^{-1}$）。

$$c_{BaSO_4}=\frac{\kappa_{BaSO_4}}{\Lambda_{m,BaSO_4}^{\infty}}(mol \cdot m^{-3})=\frac{\kappa_{BaSO_4}}{1000\Lambda_{m,BaSO_4}^{\infty}}(mol \cdot L^{-1}) \tag{5-10}$$

则

$$K_{sp,BaSO_4}=\left(\frac{\kappa_{BaSO_4}}{1000\Lambda_{m,BaSO_4}^{\infty}}\right)^2 \tag{5-11}$$

三、仪器及试剂

1. 仪器：DDS-307 型电导仪、烧杯（100mL）。

2. 试剂：$BaCl_2$（$0.05mol \cdot L^{-1}$）、H_2SO_4（$0.05mol \cdot L^{-1}$）、$AgNO_3$（$0.1mol \cdot L^{-1}$）。

四、实验内容

1. $BaSO_4$ 饱和溶液的制备

量取 20mL $0.05mol \cdot L^{-1}$ H_2SO_4 溶液和 20mL $0.05mol \cdot L^{-1}$ $BaCl_2$ 溶液分别置于 100mL 烧杯中，加热至近沸（至刚有气泡出现）。在搅拌下趁热将 $BaCl_2$ 慢慢滴入（每秒钟约 2～3 滴）H_2SO_4 溶液中，然后将盛有沉淀的烧杯放置于沸水浴中加热，并搅拌 10min，静置冷却 20min，用倾析法去掉清液，再用近沸的去离子水洗涤 $BaSO_4$ 沉淀 3～4 次，直到检验清液中无 Cl^- 为止。最后在洗净的 $BaSO_4$ 沉淀中加入 40mL 去离子水，煮沸 3～5min，并不断搅拌，冷却至室温。

2. 用电导率仪测定上面制得的 $BaSO_4$ 饱和溶液的电导率 κ_{BaSO_4}

3. 数据记录和处理

室温：________________℃

κ_{BaSO_4}：________________ $S \cdot m^{-1}$

$K_{sp,BaSO_4}$：________________

$BaSO_4$ 饱和溶液的无限稀释摩尔电导值为：$288.88 \times 10^{-4} S \cdot m^2 \cdot mol^{-1}$

五、思考题

1. 为什么在制得的 $BaSO_4$ 沉淀中要反复洗涤至溶液中无 Cl^- 存在？如果不这样将会对实验结果有何影响？

2. 使用电导率仪要注意哪些操作？

（二）分光光度法测定碘酸铜溶度积常数

一、实验目的

1. 了解分光光度法测定 $Cu(IO_3)_2$ 溶度积的原理和方法。

2. 掌握分光光度计的使用。

二、实验原理

一束单色光通过有色溶液时，溶液吸收了一部分光，吸收程度越大，透过溶液的光越少。实验证明，当入射光波长、溶剂、溶质、溶液的温度及厚度一定时，溶液的吸光度为：

$$A=\lg\frac{I_0}{I} \tag{5-12}$$

A 只与浓度 c 成正比，符合 Lambert-Beer 定律：

$$A=\varepsilon bc \tag{5-13}$$

式中，I_0 为入射光强；I 为透射光强；ε 为摩尔吸光系数；b 为液体厚度，cm；c 为被检测物质的浓度，$mol \cdot L^{-1}$。一般，I/I_0 表示透射率 T，$\lg(I_0/I)$ 表示吸光度 A。

Cu^{2+} 与 NH_3 生成深蓝色［$Cu(NH_3)_4$］$^{2+}$ 溶液，这种配离子对波长 600nm 的光具有强吸收，其稀溶液对该波长光的吸光度 A 与溶液浓度成正比。利用这一原理绘制标准曲线：用一系列已知浓度的 Cu^{2+} 溶液，加入过量 $NH_3 \cdot H_2O$，使 Cu^{2+} 生成［$Cu(NH_3)_4$］$^{2+}$，在分光光度计上测定有色液体在 600nm 波长下的吸光度 A，以 A 为纵坐标，［Cu^{2+}］为横坐标，绘出 A-［Cu^{2+}］关系曲线（即为标准曲线）。

碘酸铜是难溶性强电解质，在其饱和溶液中，$Cu(IO_3)_2$ 的溶解与 Cu^{2+} 和 IO_3^- 反应生成沉淀是平衡的。溶液中总存在下列沉淀-溶解平衡：

$$Cu(IO_3^-)_2 \rightleftharpoons Cu^{2+}(aq)+2IO_3^-(aq)$$

$$K_{sp}=c(Cu^{2+}) \cdot c(IO_3^-)^2 \tag{5-14}$$

在一定温度下，其溶度积 K_{sp} 是常数。在 $Cu(IO_3)_2$ 饱和溶液中加入过量 $NH_3 \cdot H_2O$，Cu^{2+} 与 NH_3 生成深蓝色［$Cu(NH_3)_4$］$^{2+}$ 溶液，在波长 600nm 处测定所得蓝色溶液的吸光度 A，利用标准曲线，在标准曲线上找出与 A 相对应的 $c(Cu^{2+})$，即可得到 $Cu(IO_3)_2$ 饱和溶液中的 $c(Cu^{2+})$，通过计算就可以确定 $Cu(IO_3)_2$ 的溶度积常数。

三、仪器及试剂

1. 仪器：电子天平（0.1g）、722 型分光光度计、容量瓶（50mL）、吸量管（2mL）、移液管（25mL）、烧杯（250mL，50mL）、玻璃漏斗、量筒、滤纸、直角坐标纸、漏斗架、烘箱。

2. 试剂：$CuSO_4 \cdot 5H_2O$(s)、KIO_3(s)、$CuSO_4$（$0.100mol \cdot L^{-1}$）、$NH_3 \cdot H_2O$（1∶1）、$BaCl_2$（$1mol \cdot L^{-1}$）。

四、实验内容

1. $Cu(IO_3)_2$ 固体的制备

（1）用 250mL 烧杯称取 0.8g KIO_3 晶体，加入 30mL 热蒸馏水，搅拌溶解，保持近沸状态。

（2）用小烧杯称 0.5g $CuSO_4 \cdot 5H_2O$，加 10mL 热蒸馏水，搅拌溶解。

（3）边搅拌边将 $CuSO_4$ 溶液缓慢倒入 KIO_3 溶液中，得绿色 $Cu(IO_3)_2$ 沉淀，近沸状态下搅拌 5min。取下烧杯静置，待沉淀完全沉降在杯底时，倾去上层清液。向沉淀中加入 30～40mL 蒸馏水，充分搅拌后静置，直至沉淀完全沉降后，倾去上层清液。按上述操作重复两次后，将第三次洗涤后的上层清液取 1mL，加 2 滴 $1mol \cdot L^{-1}$ $BaCl_2$ 溶液，检查 SO_4^{2-} 是否除去完全。

2. $Cu(IO_3)_2$ 饱和溶液的制备

向洗涤好的 $Cu(IO_3)_2$ 沉淀中，加入近沸的蒸馏水 100mL，保温搅拌 10min 后取下，让溶液自然冷却至室温。用干燥的漏斗和双层滤纸在常压下过滤上层清液，滤液用干燥小烧杯盛接。过滤时，不能将 $Cu(IO_3)_2$ 沉淀转入漏斗中。

3. 标准曲线制作

（1）分别用吸量管取 0.40mL、0.80mL、1.20mL、1.60mL、2.00mL $0.100mol \cdot L^{-1}$ $CuSO_4$ 溶液于五只 50mL 容量瓶中（按顺序标记为 1＃～5＃），各加 4mL $NH_3 \cdot H_2O$（1∶1）溶液，加水稀释至刻度，摇匀。计算各个容量瓶中 Cu^{2+} 的准确浓度。

（2）以蒸馏水作为参比液，用1cm比色皿，在波长为600nm处，测定上述各溶液的吸光度A值。以A值为纵坐标，$c(Cu^{2+})$为横坐标，绘制标准曲线。

4. 测定$Cu(IO_3)_2$饱和溶液中的$c(Cu^{2+})$

用移液管移取25.00mL $Cu(IO_3)_2$饱和溶液于50mL容量瓶（标记为6#）中，加入4mL $NH_3 \cdot H_2O$（1：1），加水至刻度摇匀，按实验内容3中（2）的条件，测试其吸光度A值。

5. 实验数据记录与处理

（1）标准曲线的绘制

将数据填入表5-5。

表5-5　标准曲线绘制

编号	1	2	3	4	5	6
0.100mol·L^{-1} $CuSO_4$体积/mL	0.40	0.80	1.20	1.60	2.00	25.00mL $Cu(IO_3)_2$饱和溶液
$NH_3 \cdot H_2O$体积/mL	4	4	4	4	4	4
定容/mL	50.00	50.00	50.00	50.00	50.00	50.00
$[Cu^{2+}]$/mol·L^{-1}	8.0×10^{-4}	1.6×10^{-3}	2.4×10^{-3}	3.2×10^{-3}	4.0×10^{-3}	
吸光度A						

以A为纵坐标，$c(Cu^{2+})$为横坐标，绘制标准曲线，根据实验内容4测定溶液吸光度，在标准曲线上找出相应的$c(Cu^{2+})$。

（2）计算$Cu(IO_3)_2$的溶度积K_{sp}

$$Cu(IO_3^-)_2 \rightleftharpoons Cu^{2+}(aq)+2IO_3^-(aq)$$

$$K_{sp}=[Cu^{2+}][IO_3^-]^2=2c\times(4c)^2=32c^3$$

$$K_{sp}[Cu(IO_3)_2, 文献值]=1.7\times10^{-7}\sim6.4\times10^{-8}$$

五、思考题

1. 本实验中配制$[Cu(NH_3)_4]^{2+}$溶液时，加入1∶1的$NH_3 \cdot H_2O$量是否要准确？能否用量筒量取？
2. 吸取$Cu(IO_3)_2$饱和溶液时，若吸取少量固体，对测定结果有无影响？
3. 为保证$Cu(IO_3)_2$饱和溶液不被稀释，在过滤时应采取哪些措施？

附：

分光光度计的使用

1. 分光光度计

722型分光光度计采用光栅自准式色散系统和单光束结构光路，如图5-5所示。

钨卤素灯发出的连续辐射光经滤色片选择后，由聚光镜聚光后投向单色器进狭缝，此狭缝正好于聚光镜及单色器内准直镜的焦平面上，因此进入单色器的复合光通过平面反射镜反射及准直镜准直变成平行光射向色散元件光栅，光栅将入射的复合光通过衍射作用形成按照一定顺序均匀排列的连续的单色光谱，此单色光谱重新回到准直镜上，由于仪器出射狭缝设置在准直镜的焦平面上，这样，从光栅色散出来的光谱经准直镜后利用聚光原理成像在出射狭缝上，出射狭缝选出指定带宽的单色光通过聚光镜落在试样室被测样品中心，样品吸收后透射的光经光门射向光电池接收。

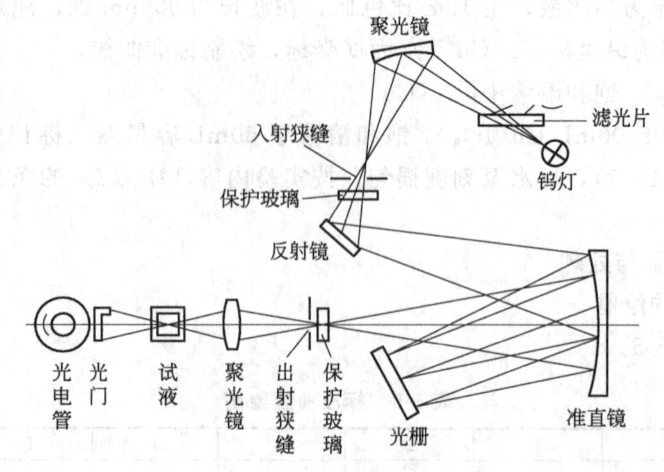

图 5-5　722 型分光光度计光路图

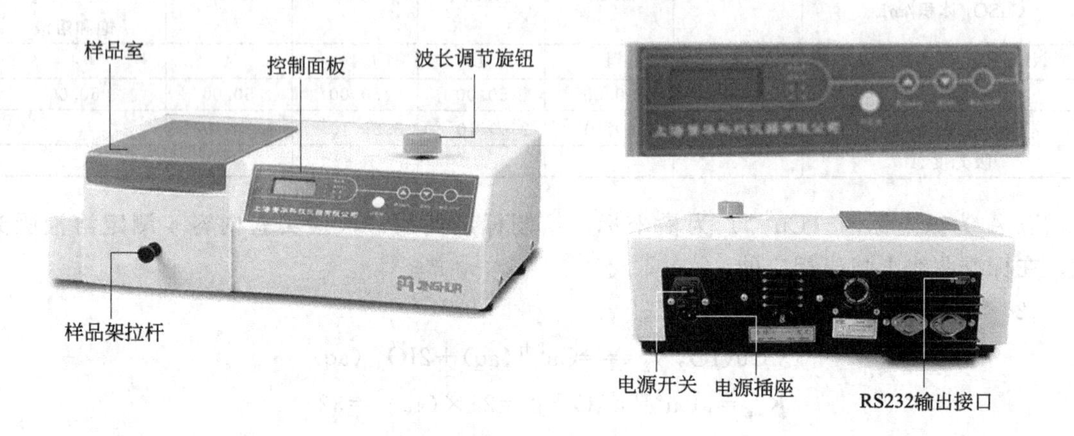

图 5-6　722 型分光光度计

2. 722 型分光光度计的使用方法

722 型分光光度计主要由光源、单色器、样品室、检测器、信号处理器和显示与存储系统组成，其仪器整机如图 5-6 所示。

(1) 开机预热

仪器接通电源，系统进行自检，LCD 显示窗口显示相应的产品型号后，仪器进入工作状态。此时显示窗口在默认的工作模式 T。

注：为使仪器内部达到热平衡，开机预热时间不小于 30min。

(2) 改变波长

通过旋转波长手轮可改变仪器的波长，并在波长观察窗的刻度选择所需的波长。

(3) 放置参比与待测样品

选择测试用的比色皿，把参比和待测样品放入样品架内，通过样品架拉杆来选择样品的位置。当拉杆到位时有定位感，到位时轻轻推拉一下以保证定位的正确。

(4) 调 0%T、调 100%T

为保证仪器进入正确的测试状态，在仪器改变测试波长和测试一段时间后可通过按 0% *T* 键和 100% *T* 键对仪器进行调零和调满度、吸光度零。

① 调节 $T=0\%$　将仪器配置的黑色遮光体放入比色皿架中，拉动样品架拉杆使其进入光路中，按“0%”键，使数字显示为“00.0”。

② 调节 $T=100\%$　将盛有蒸馏水（或空白溶液，或纯试剂）的比色皿放入比色皿座架中，拉动样品架使其进入光路，把试样室盖子轻轻盖上，调节透过率“100%”旋钮，使数字显示正好为“100.0”。

(5) 显示方式的选择

本仪器具有四种显示方式，开机时仪器的初始状态为透射比显示方式（T），按动功能键在四种模式之间进行切换。

① 透射比（Tranmittance）

② 吸光度（Absorbance）

③ 浓度（Conc.）

④ 浓度因子（Factor）

(6) 吸光度的测定

按动功能键，将显示模式切换至“A”，盖上试样室盖子，如果参比液位于光路中，则数字显示为“0.000”。将盛有待测溶液的比色皿放入比色皿座架中的其他格内，盖上试样室盖，轻轻拉动试样架拉手，使待测溶液进入光路，此时数字显示值即为该待测溶液的吸光度值。读数后，打开试样室盖，切断光路。

重复上述操作 1～2 次，读取相应的吸光度值，取其平均值。

(7) 关机　实验完毕，切断电源，将比色皿取出洗净，并将比色皿座架用软纸擦净。

注意事项

比色皿一般为长方体，其底及两侧为毛玻璃，另两面为光学玻璃制成的透光面，采用熔融一体、玻璃粉高温烧结和胶黏合而成。所以使用时应注意以下几点：

① 拿取比色皿时，只能用手指接触两侧的毛玻璃，避免接触光学面。同时注意轻拿轻放，防止外力对比色皿产生应力后破损。

② 凡含有腐蚀玻璃的物质的溶液，不得长期盛放在比色皿中。

③ 不能将比色皿放在火焰或电炉上进行加热或放在干燥箱内烘烤。

④ 当发现比色皿里面被污染后，应用无水乙醇清洗，及时擦拭干净。

⑤ 不得将比色皿的透光面与硬物或脏物接触。盛装溶液时，高度为比色皿的 2/3 处即可，光学面如有残液，可先用滤纸轻轻吸附，然后再用镜头纸或丝绸擦拭。

实验十　化学反应速率与活化能的测定

一、实验目的

1. 了解浓度、温度和催化剂对反应速率的影响。

2. 学习测定过二硫酸铵与碘化钾反应的平均反应速率的方法。

3. 掌握计算反应速率常数和反应的活化能的方法。

二、实验原理

在水溶液中过二硫酸铵与碘化钾反应为：

$$(NH_4)_2S_2O_8+3KI \xlongequal{} (NH_4)_2SO_4+K_2SO_4+KI_3$$

其离子反应为： $$S_2O_8^{2-}+3I^-=\!=\!=SO_4^{2-}+I_3^- \quad (1)$$

反应速率方程为： $$\nu=kc^m_{S_2O_8^{2-}}\cdot c^n_{I^-} \quad (5\text{-}15)$$

式中，ν 是瞬时速率。若 $c_{S_2O_8^{2-}}$、c_{I^-} 是起始浓度，则 ν 表示初速率（ν_0）。在实验中只能测定出在一段时间内反应的平均速率。

$$\overline{\nu}=\frac{-\Delta c_{S_2O_8^{2-}}}{\Delta t}$$

在此实验中近似地用平均速率代替初速率：

$$\nu_0=kc^m_{S_2O_8^{2-}}c^n_{I^-}=\frac{-\Delta c_{S_2O_8^{2-}}}{\Delta t} \quad (5\text{-}16)$$

为了能测出反应在 Δt 时间内 $S_2O_8^{2-}$ 浓度的改变量，需要在混合 $(NH_4)_2S_2O_8$ 和 KI 溶液的同时，加入一定体积已知浓度的 $Na_2S_2O_3$ 溶液和淀粉溶液（指示剂），这样在反应（1）进行的同时还进行着另一反应：

$$2S_2O_3^{2-}+I_3^-=\!=\!=S_4O_6^{2-}+3I^- \quad (2)$$

此反应几乎是瞬间完成，反应（1）比反应（2）慢得多。因此，反应（1）生成的 I_3^- 立即与 $S_2O_3^{2-}$ 反应，生成无色 $S_4O_6^{2-}$ 和 I^-，而观察不到碘与淀粉呈现的特征蓝色。当 $S_2O_3^{2-}$ 消耗尽，反应（2）终止，反应（1）还在进行，则生成的 I_3^- 遇淀粉呈蓝色。

从反应开始到溶液出现蓝色这一段时间 Δt 里，$S_2O_3^{2-}$ 浓度的改变值为：

$$\Delta c_{S_2O_3^{2-}}=-(c_{S_2O_3^{2-}(终)}-c_{S_2O_3^{2-}(始)})=c_{S_2O_3^{2-}(始)}$$

再从反应（1）和反应（2）对比，则得：

$$\Delta c_{S_2O_8^{2-}}=\frac{c_{S_2O_3^{2-}(始)}}{2}$$

通过改变 $S_2O_8^{2-}$ 和 I^- 的初始浓度，测定消耗等量的 $S_2O_8^{2-}$ 的物质的量浓度 $\Delta c_{S_2O_8^{2-}}$ 所需的不同时间间隔，即计算出反应物不同初始浓度的初速率，确定出速率方程和反应速率常数。

$$\nu_0=kc^m_{S_2O_8^{2-}}c^n_{I^-}=\frac{-\Delta c_{S_2O_8^{2-}}}{\Delta t}=\frac{-c_{S_2O_3^{2-}(始)}}{2\Delta t}=\frac{c_{0,S_2O_3^{2-}}}{2\Delta t}$$

由阿仑尼乌斯方程得

$$\lg k=\frac{-E_a}{2.303RT}+\lg A$$

求出不同温度的 k 值后，以 $\lg k$ 对作图，可得到一条直线，由直线的斜率可求得反应的活化能 E_a。

化学反应的活化能也可以通过不同温度时的化学反应速率常数求出：

$$\lg\frac{k_2}{k_1}=\frac{E_a}{2.303R}\left(\frac{1}{T_1}-\frac{1}{T_2}\right) \quad (5\text{-}17)$$

三、仪器及试剂

1. 仪器：量筒（50mL，10mL）、烧杯（100mL）、试管、玻璃棒、秒表、温度计、水浴锅。

2. 试剂：KI(0.2mol·L^{-1})、$(NH_4)_2S_2O_8$(0.2mol·L^{-1})、$(NH_4)_2SO_4$(0.2mol·

L^{-1})、$Cu(NO_3)_2$（0.2mol·L^{-1})、$Na_2S_2O_3$ 溶液（0.01mol·L^{-1})、KNO_3（0.2mol·L^{-1})，淀粉溶液（0.4%)。

四、实验内容

1. 浓度对化学反应速率的影响

在室温条件下进行表5-6中编号Ⅰ的实验。用量筒分别量取20.0mL 0.20mol·L^{-1}KI溶液，8.0mL 0.010mol·$L^{-1}$$Na_2S_2O_3$ 溶液和2.0mL 0.4%淀粉溶液（每种试剂所用的量筒都要贴上标签，以免混乱），全部注入烧杯中，混合均匀。

然后用另一量筒取20.0mL 0.2mol·L^{-1} $(NH_4)_2S_2O_8$ 溶液，迅速倒入上述混合溶液中，同时开动秒表，并不断搅拌，仔细观察。

当溶液刚出现蓝色时，立即按停秒表，记录反应时间和室温。

依次按照表5-6中各溶液用量进行Ⅱ～Ⅴ组实验。

表5-6　浓度对化学反应速率的影响　　室温____℃

实验编号		Ⅰ	Ⅱ	Ⅲ	Ⅳ	Ⅴ
试剂用量/mL	0.20mol·$L^{-1}$$(NH_4)_2S_2O_8$	20.0	10.0	5.0	20.0	20.0
	0.20mol·L^{-1}KI	20.0	20.0	20.0	10.0	5.0
	0.010mol·$L^{-1}$$Na_2S_2O_3$	8.0	8.0	8.0	8.0	8.0
	0.4%淀粉溶液	2.0	2.0	2.0	2.0	2.0
	0.20mol·$L^{-1}$$KNO_3$	0	0	0	10.0	15.0
	0.20mol·$L^{-1}$$(NH_4)_2SO_4$	0	10.0	15.0	0	0
混合液中反应的起始浓度/mol·L^{-1}	$(NH_4)_2S_2O_8$					
	KI					
	$Na_2S_2O_3$					
反应时间 Δt/s						
$S_2O_8^{2-}$ 的浓度变化 $\Delta c_{S_2O_8^{2-}}$/mol·L^{-1}						
反应速率 ν						
反应速率常数 k						

2. 温度对化学反应速率的影响

按表5-6中实验Ⅳ中的药品用量，将分别装有KI、$Na_2S_2O_3$、KNO_3 和淀粉混合溶液的烧杯和装有 $(NH_4)_2S_2O_8$ 溶液的小烧杯，放在冰水浴中冷却，待温度低于室温10℃时，将两种溶液迅速混合，同时计时并不断搅拌，蓝色出现时记录反应时间，填入表5-7中，此实验记录为实验Ⅵ。

用同样方法在热水浴中分别进行高于室温10℃和20℃时的实验，记录溶液出现蓝色的反应时间，分别记录为实验Ⅶ和Ⅷ。

根据反应时间，讨论温度对化学反应速率的影响，并计算不同温度时反应（1）的反应速率 ν 及反应速率常数 k。

表5-7　温度及催化剂对化学反应速率的影响

实验编号	Ⅳ	Ⅵ	Ⅶ	Ⅷ	Ⅸ
反应温度 T/K					
反应时间 Δt/s					
反应速率 ν					
反应速率常数 k					
活化能 E_a/kJ·mol^{-1}	—				—

3. 催化剂对化学反应速率的影响

室温时，按实验Ⅳ药品用量进行实验Ⅸ，在 $(NH_4)_2S_2O_8$ 溶液加入 KI 混合液之前，先在 KI 混合液中加入 2 滴 $Cu(NO_3)_2$ （$0.02mol \cdot L^{-1}$）溶液，搅匀，其他操作同实验Ⅰ。

讨论催化剂对化学反应速率的影响，并计算有催化剂存在时该反应在室温时的反应速率 ν 及反应速率常数 k。

五、思考题

1. 反应液中为什么加入 KNO_3、$(NH_4)_2SO_4$？
2. 取 $(NH_4)_2S_2O_8$ 试剂的量筒如果没有专用，对实验有何影响？
3. 若将 $(NH_4)_2S_2O_8$ 缓慢加入 KI 等混合溶液中，对实验有何影响？
4. 催化剂 $Cu(NO_3)_2$ 为何能够加快该化学反应？

附：

水浴锅的使用

化学实验中，当被加热的物体需要受热均匀又不能超过 100℃时，可用水浴间接加热。水浴加热分普通水浴加热和电热恒温水浴加热。

1. 普通水浴加热

普通水浴加热是在水浴锅中进行。水浴锅中盛水（一般不超过容量的 2/3），将要加热的器具浸入水中（但不能触及底部），就可在一定温度下加热。通常使用的水浴加热如图 5-7，均附有一套大小不同的金属圈环，可根据被加热浴器皿的大小选择适当的圈环，以尽可能增大器皿底部受热面积，而又不掉进水浴锅内为原则。为方便起见，在实验室中常用大烧杯代替水浴锅。

2. 电热恒温水浴加热

电热恒温水浴加热是在电热恒温水浴锅中进行。电热恒温水浴锅用来蒸发和恒温加热，是常用的电热设备，有 2、4、6 孔等不同规格。

电热恒温水浴锅由电热恒温水浴槽和电器箱两部分构成。如图 5-8 所示，水浴锅左边为水浴槽，它为带有保温夹层的水槽，槽底搁板下有电热管及感温管，提供热量和传感水温。槽面为有同心圈和温度计插孔的盖板。右边为电器箱，面板上装有工作指示灯（红灯表示加热，绿灯表示恒温）、调温旋钮和电源开关。

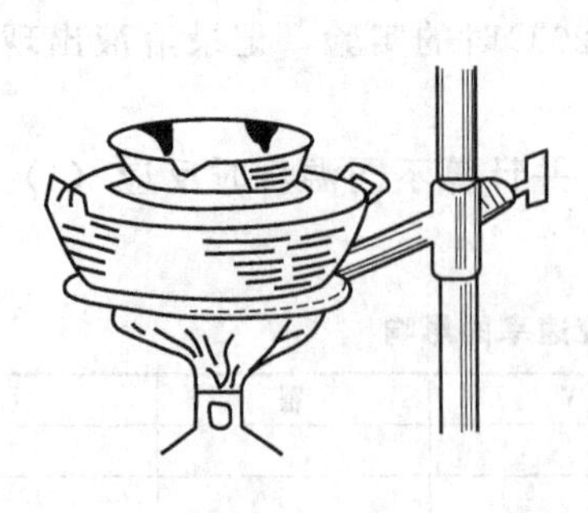

图 5-7 普通水浴

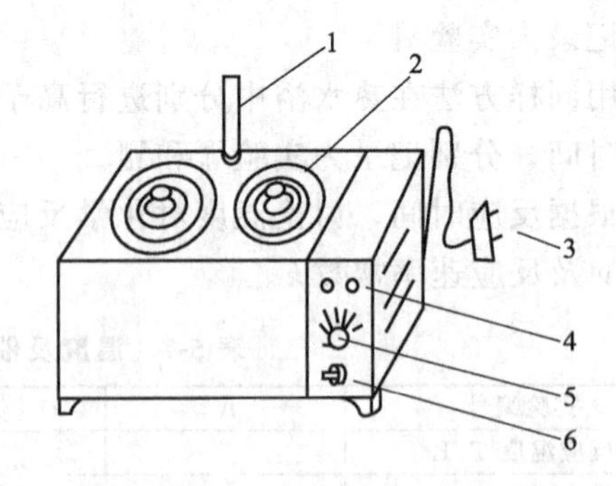

图 5-8 电热恒温水浴锅

1—温度计；2—浴槽盖；3—电源插头；4—指示灯；5—调温旋钮；6—电源开关

使用时，先往电热恒温水浴锅内注入清洁的水至适当深度，然后接通电源，开启电源开关后红灯亮表示电热管开始工作。调节温度旋钮至适当位置，待水温升到欲控制温度约差2℃时（通过插在面盖上的水银温度计观察），即可反向转动调温旋钮至红灯刚好熄灭，绿灯切换变亮，这时就表示恒温控制器发生作用。此后稍微调整调温旋钮便可达到恒定的水温。

电热恒温水浴锅的水浴加热操作同普通水浴加热。

使用电热恒温水浴锅注意事项：一是必须切记要先加水，后通电；水位不能低于电热管。二是电器箱不能受潮，以防漏电损坏。三是盐及酸、碱溶液不要撒入恒温槽内，如不小心撒入，要立即停电，及时清洗，以免腐蚀。较长时间不用水浴锅时也应倒去槽内的水，用干净的布擦干后保存。四是水槽如有渗漏，要及时维修。

实验十一　化学平衡常数的测定

一、实验目的

1. 掌握溶液量取容器（量筒、移液管、吸量管）的使用。

2. 掌握测定 $I_3^- \rightleftharpoons I^- + I_2$ 的化学平衡常数的方法，加强对化学平衡、平衡常数的理解，并了解平衡移动的原理。

3. 学习滴定操作。

二、实验原理

碘溶于碘化钾溶液中主要形成 I_3^-，并建立下列平衡：

$$I_3^- \rightleftharpoons I^- + I_2$$

在一定温度下其平衡常数为

$$K^{\ominus} = \frac{a_{I^-} a_{I_2}}{a_{I_3^-}} = \frac{\gamma_{I^-} \gamma_{I_2}}{\gamma_{I_3^-}} \frac{[I^-][I_2]}{[I_3^-]} \tag{5-18}$$

式中，a 为活度；γ 为活度系数；$[I^-]$、$[I_2]$、$[I_3^-]$ 为平衡浓度。在离子强度不大的溶液中有

$$\frac{\gamma_{I^-} \gamma_{I_2}}{\gamma_{I_3^-}} \approx 1$$

所以式（5-18）可简化为

$$K^{\ominus} \approx \frac{[I^-][I_2]}{[I_3^-]} \tag{5-19}$$

为了测定平衡时的 $[I^-]$、$[I_2]$、$[I_3^-]$，可用过量固体碘与已知浓度的碘化钾溶液一起振荡，达到平衡后，取上层清液，用标准 $Na_2S_2O_3$ 溶液进行滴定，则

$$2Na_2S_2O_3 + I_2 \rightleftharpoons 2NaI + Na_2S_4O_6$$

由于溶液中存在 $I_3^- \rightleftharpoons I^- + I_2$ 的平衡，因此用硫代硫酸钠溶液滴定，最终测得的是平衡时 I_2 和 I_3^- 的总浓度。设该总浓度为 c，则

$$c = [I_2] + [I_3^-] \tag{5-20}$$

$[I_2]$ 可通过在相同温度条件下，测定过量固体碘与水处于平衡时，由溶液中碘的浓度

来代替。设这个浓度为 c'，则

$$[I_2]=c'$$

整理式（5-20），得

$$[I_3^-]=c-[I_2]=c-c'$$

由于形成一个 I_3^- 就需要一个 I^-，因此平衡时有

$$[I^-]=c_0-[I_3^-]$$

式中，c_0 为碘化钾的起始浓度。

将 $[I^-]$、$[I_2]$ 和 $[I_3^-]$ 代入式（5-19）即可求得在此温度条件下平衡常数 $K^\ominus$。

三、仪器及试剂

1. 仪器：量筒（100mL）、吸量管（10mL）、移液管（50mL）、碱式滴定管、碘量瓶（100mL，250mL）、锥形瓶（250mL）、洗耳球。

2. 试剂：$I_2(s)$、KI 标准溶液（0.0100mol·L^{-1}，0.0200mol·L^{-1}）、$Na_2S_2O_3$ 标准溶液（0.0050mol·L^{-1}）、淀粉溶液（0.2%）。

四、实验内容

1. 取两个干燥的 100mL 碘量瓶和一个 250mL 碘量瓶，分别标上 1、2、3 号。用量筒分别量取 80mL 0.0100mol·L^{-1}KI 溶液加入 1 号瓶，80mL 0.0200mol·L^{-1} KI 溶液加入 2 号瓶，200mL 蒸馏水加入 3 号瓶。然后在每个瓶内各加入 0.5g 研细的碘，盖好瓶塞。

2. 将 3 个碘量瓶在室温下振荡或在磁力搅拌器上搅拌 30min，然后静置 10min，待过量固体碘完全沉于瓶底后，取上层清液进行滴定。

3. 用 10mL 吸量管取 1 号瓶上层清液两份，分别注入 250mL 锥形瓶中，再各加入 40mL 蒸馏水，用 0.0050mol·L^{-1} 标准 $Na_2S_2O_3$ 溶液滴定其中一份至呈淡黄色时（注意不要滴定过量），加入 4mL 0.2%淀粉溶液，此时溶液应呈蓝色，继续滴定至蓝色刚好消失。记下所消耗的 $Na_2S_2O_3$ 溶液的体积。平行操作第二份清液。

同样方法滴定 2 号瓶的上层清液，记录下所消耗的 $Na_2S_2O_3$ 溶液的体积。

4. 用 50mL 移液管取 3 号瓶上层清液两份，用 0.0050mol·L^{-1} 标准 $Na_2S_2O_3$ 溶液滴定，方法同上，记录下所消耗的 $Na_2S_2O_3$ 溶液的体积。

5. 数据记录与处理。将所得的数据记入表 5-8 中。用 $Na_2S_2O_3$ 标准溶液滴定碘时，相应的浓度计算方法如下：

1 号、2 号瓶 $$c'=\frac{c_{Na_2S_2O_3}V_{Na_2S_2O_3}}{2V_{H_2O\text{-}I_2}}$$

3 号瓶 $$c=\frac{c_{Na_2S_2O_3}V_{Na_2S_2O_3}}{2V_{KI\text{-}I_2}}$$

表 5-8 数据记录与结果

瓶号		1	2	3
取样体积 V/mL		10.00	10.00	50.00
$V_{Na_2S_2O_3}$/mol·L^{-1}	Ⅰ			
	Ⅱ			
	平均			
$c_{Na_2S_2O_3}$/mol·L^{-1}				

续表

瓶号	1	2	3
I_2 与 I_3^- 的总浓度/mol·L^{-1}			
水溶液中碘的平衡浓度/mol·L^{-1}			
$[I_2]$/mol·L^{-1}			
$[I_3^-]$/mol·L^{-1}			
c_0/mol·L^{-1}			
$[I^-]$/mol·L^{-1}			
$K^{\ominus}$			
$K^{\ominus}_{平均}$			

本实验测定 $K^{\ominus}$ 在 $1.0\times10^{-3}\sim2.0\times10^{-3}$ 合格（文献值 $K^{\ominus}=1.5\times10^{-3}$）

五、思考题

1. 本实验中，碘的用量是否要准确称取？为什么？

2. 为什么本实验中量取标准溶液时，有的用移液管，有的可用量筒？

3. 实验过程中若出现下列情况，将会对实验产生何种影响？

(1) 所取碘的量不够。

(2) 3 个碘量瓶没有充分振荡。

(3) 在吸取清液时，不小心将沉在溶液底部或悬浮在溶液表面的少量固体碘带入吸量管。

实验十二　氧化还原反应

一、实验目的

1. 掌握电极电势与氧化还原反应的关系。

2. 了解氧化态（或还原态）物质浓度、酸度变化、配合物（沉淀）生成对电极电势的影响。

3. 掌握浓度、酸度、温度、催化剂对氧化还原反应方向、产物、速率的影响。

4. 了解原电池的装置和电池电动势的测定方法。

二、实验原理

在化学反应过程中，元素的原子或离子在反应前后有电子得失或电子对偏移（变现为氧化数的变化）的一类反应，称为氧化还原反应。氧化剂和还原剂的氧化、还原能力强弱，可由其电对的电极电势的相对大小来衡量。一个电对的电极电势的值越大，则氧化态物质的氧化能力越强，氧化态物质是较强的氧化剂，在氧化还原反应中是氧化剂；反之，电极电势的值越小，则还原态物质的还原能力越强，还原态物质为较强的还原剂，在氧化还原反应中是还原剂。

氧化还原反应总是由较强的氧化剂和较强的还原剂相互作用，向着生成较弱的还原剂和较弱的氧化剂方向进行。

氧化还原反应自发进行的方向判断依据为：$E_{正}-E_{负}>0$ 时，氧化还原反应可以正方向进行。故根据电极电势可以判断氧化还原反应的方向。

利用氧化还原反应而产生电流的装置称为原电池。原电池的电动势等于正、负两极的电极电势之差：$E=E_{正}-E_{负}>0$。通常情况下，可直接用标准电极电势（$E^{\ominus}$）来比较氧化剂的相对强弱。物质的浓度与电极电势的关系可用能斯特方程来表示，如 298.15K 时，电极反应

$$a\ 氧化态物质+ne^{-}\rightleftharpoons b\ 还原态物质$$

$$E=E^{\ominus}_{氧/还}+\frac{0.0592}{n}\lg\frac{[氧化态物质]^{a}}{[还原态物质]^{b}}$$

其中$\frac{[氧化态物质]^{a}}{[还原态物质]^{b}}$表示氧化态物质一侧各物质浓度幂次方的乘积与还原态物质一侧各物质浓度幂次方的乘积之比。因此，当氧化态物质或还原态物质的浓度、酸度改变时，则电极电势 E 值必定发生改变，从而引起电极电势 $E_{氧化态物质/还原态物质}$（可简写为 $E_{氧/还}$）乃至电池电动势 E 的改变，影响氧化剂和还原剂的相对强弱，特别是当有沉淀剂和配合剂存在时，会大大降低溶液中某一离子的浓度，使电极电势发生很大的变化，有的甚至会改变氧化还原反应进行的方向。

准确测定电动势是用对消法在电位计上进行的，需标准电池作为参比。本实验只是为了定性进行比较，所以采用伏特计。

三、仪器及试剂

1. 仪器：水浴锅、伏特计、酸度计、试管、烧杯、表面皿、U 形管。

2. 试剂：HCl($2mol\cdot L^{-1}$，浓)、HNO_3($1mol\cdot L^{-1}$，浓)、HAc($3mol\cdot L^{-1}$)、H_2SO_4($1mol\cdot L^{-1}$、$3mol\cdot L^{-1}$)、$H_2C_2O_4$($0.1mol\cdot L^{-1}$)、NaOH($6mol\cdot L^{-1}$、40%)、$NH_3\cdot H_2O$（浓）、$ZnSO_4$($1mol\cdot L^{-1}$)、$CuSO_4$($1mol\cdot L^{-1}$)、KCl(饱和)、KBr($0.1mol\cdot L^{-1}$)、KI($0.1mmol\cdot L^{-1}$)、$AgNO_3$($0.1mol\cdot L^{-1}$)、$FeCl_3$($0.1mol\cdot L^{-1}$)、$Fe_2(SO_4)_3$($0.1mol\cdot L^{-1}$)、$FeSO_4$($0.1mol\cdot L^{-1}$、$1mol\cdot L^{-1}$)、$K_2Cr_2O_7$($0.4mol\cdot L^{-1}$)、$KMnO_4$($0.001mol\cdot L^{-1}$)、Na_2SO_3($0.1mol\cdot L^{-1}$)、Na_3AsO_3($0.1mol\cdot L^{-1}$)、$MnSO_4$($0.1mol\cdot L^{-1}$)、KSCN($0.1mol\cdot L^{-1}$)、碘水、溴水、CCl_4、NH_4F 固体、$(NH_4)_2S_2O_8$ 固体、MnO_2 固体、锌粒。

3. 其他：琼脂、电极（锌片、铜片、铁片、碳棒）、导线、鳄鱼夹、砂纸、广泛 pH 试纸、红色石蕊试纸、淀粉碘化钾试纸。

四、实验内容

1. 电极电势和氧化还原反应

(1) 在试管中加入 3 滴 $0.1mol\cdot L^{-1}$ KI 溶液和 3 滴 $0.1mol\cdot L^{-1}$ $FeCl_3$ 溶液，混合均匀后加入 5 滴 CCl_4，充分振荡并观察 CCl_4 层颜色，有什么变化？

(2) 用 $0.1mol\cdot L^{-1}$ KBr 溶液代替 KI 溶液，进行同样实验，观察 CCl_4 层，有无 Br_2 的橙红色？

(3) 分别用 4 滴溴水和碘水同 2 滴 $0.1mol\cdot L^{-1}$ 的 $FeSO_4$ 溶液作用，观察，溶液颜色有什么变化？再加入 1 滴 $0.1mol\cdot L^{-1}$ 的 KSCN 溶液，溶液颜色又有何变化？

根据上面的实验事实，定性比较三个电对的电极电势的相对高低，指出哪个物质是最强的氧化剂，哪个物质是最强的还原剂，并说明电极电势和氧化还原反应的关系。

2. 反应物的浓度、酸度对电极电势的影响

(1) 浓度的影响

① 取两只 50mL 烧杯，分别加入 15mL $1mol\cdot L^{-1}$ $ZnSO_4$ 溶液和 15mL $1mol\cdot$

$L^{-1}CuSO_4$ 溶液，按图 5-9 安装实验装置，在 $ZnSO_4$ 溶液中插入 Zn 片，在 $CuSO_4$ 溶液中插入 Cu 片，用导线将 Zn 片和 Cu 片分别与伏特计的负极和正极相连，再用盐桥连通两个烧杯溶液，测量电动势。

② 取出盐桥，在 $CuSO_4$ 溶液中滴加浓 $NH_3 \cdot H_2O$ 并不断搅拌，至生成的沉淀溶解而形成深蓝色溶液，放入盐桥，观察伏特计有何变化。利用能斯特方程解释实验现象。

$$2CuSO_4 + 2NH_3 \cdot H_2O \longrightarrow Cu_2(OH)_2SO_4 + (NH_4)_2SO_4$$

$$Cu_2(OH)_2SO_4 + 8NH_3 \longrightarrow 2[Cu(NH_3)_4]^{2+} + SO_4^{2-} + 2OH^-$$

③ 再取出盐桥，在 $ZnSO_4$ 溶液中加浓 $NH_3 \cdot H_2O$ 并不断搅拌，至生成的沉淀完全溶解后，放入盐桥，观察伏特计有何变化。利用能斯特方程解释实验现象。

$$ZnSO_4 + 2NH_3 \cdot H_2O \longrightarrow Zn(OH)_2 + (NH_4)_2SO_4$$

$$Zn(OH)_2 + 4NH_3 \longrightarrow [Zn(NH_3)_4]^{2+} + 2OH^-$$

(2) 酸度的影响

① 取两只 50mL 烧杯，在一只烧杯中注入 15mL $1mol \cdot L^{-1}$ $FeSO_4$ 溶液，插入 Fe 片，另一只烧杯中注入 15mL $0.4mol \cdot L^{-1} K_2Cr_2O_7$ 溶液，插入炭棒通过导线分别与伏特计的负极、正极相连，两烧杯溶液用另一个盐桥连通，测量其电动势。

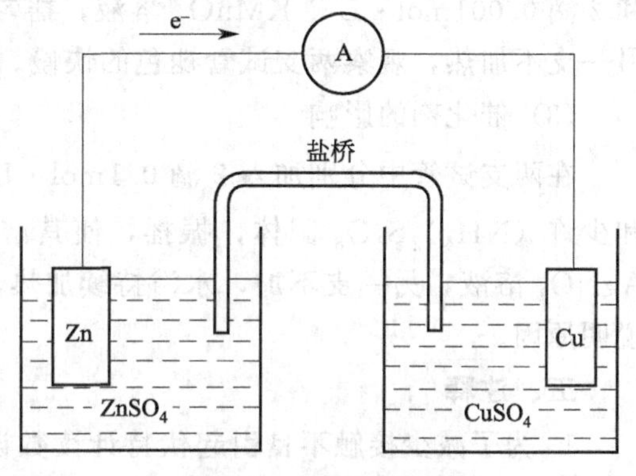

图 5-9　铜锌原电池

② 往盛有 $K_2Cr_2O_7$ 溶液的烧杯中慢慢加入 $1mol \cdot L^{-1} H_2SO_4$ 溶液，观察电压，有何变化？再往 $K_2Cr_2O_7$ 溶液中逐滴加入 $6mol \cdot L^{-1}NaOH$ 溶液，电压又有什么变化？

3. 反应物浓度和溶液酸度对氧化还原产物的影响

① 取两支试管，各盛一粒锌粒，分别注入 10 滴浓 HNO_3 和 $1mol \cdot L^{-1}HNO_3$ 溶液，观察所发生的现象。写出有关反应式。浓 HNO_3 被还原后的主要产物可通过观察生成气体的颜色来判断。稀 HNO_3 的还原产物可用气室法检验溶液中是否有 NH_4^+ 生成。

② 在 3 支试管中，各加入 5 滴 $0.1mol \cdot L^{-1}Na_2SO_3$ 溶液，再分别加入 $3mol \cdot L^{-1} H_2SO_4$ 溶液、蒸馏水、$6mol \cdot L^{-1}NaOH$ 溶液各 2 滴，摇匀后，再往 3 支试管中加入 3 滴 $0.001mol \cdot L^{-1}KMnO_4$ 溶液。然后观察反应产物，有什么不同？并写出有关反应式。

4. 反应物浓度和溶液酸度对氧化还原反应方向的影响

(1) 浓度的影响

① 在一支试管中依次加入 H_2O、CCl_4 和 $0.1mol \cdot L^{-1}Fe_2(SO_4)_3$ 溶液各 8 滴，摇匀后，再加入 5 滴 $0.1mol \cdot L^{-1}KI$ 溶液，振荡后观察 CCl_4 层的颜色。

② 另取一支试管依次加入 CCl_4、$0.1mol \cdot L^{-1}FeSO_4$ 溶液、$0.1mol \cdot L^{-1}Fe_2(SO_4)_3$ 溶液各 8 滴，摇匀后，再加入 5 滴 $0.1mol \cdot L^{-1}KI$ 溶液，振荡后观察 CCl_4 层的颜色，与上一实验中 CCl_4 层颜色有何区别？

③ 在上述两支试管中各加入少量 NH_4F 固体，振荡后，再观察 CCl_4 层的颜色变化。

(2) 酸度的影响

在试管中加入 5 滴 $0.1mol \cdot L^{-1}Na_3AsO_3$ 溶液，再加入 5 滴碘水，观察溶液颜色。然

后用 $2mol \cdot L^{-1}$ HCl 溶液酸化，观察，有何变化？再加入 40%NaOH 溶液，又有什么变化？写出有关离子反应式，并解释原因。

5. 溶液的酸度、温度和催化剂对氧化还原反应速率的影响

(1) 酸度的影响

在两支各盛 5 滴 $0.1mol \cdot L^{-1}$ KBr 溶液试管中，分别加入 3 滴 $3mol \cdot L^{-1}$ H_2SO_4 溶液和 $3mol \cdot L^{-1}$ HAc 溶液，然后往两支试管中各加入 2 滴 $0.001mol \cdot L^{-1}$ $KMnO_4$ 溶液。观察并比较两支试管中紫红色褪色的快慢。写出离子反应式，并解释其原因。

在两支试管中分别加入 1mL 浓 HCl 和 $2mol \cdot L^{-1}$ HCl 溶液，再各加入少量的 MnO_2 固体，用淀粉-碘化钾试纸检验反应生成的气体，观察现象，并写出离子反应式。

(2) 温度的影响

在两支试管中分别加入 5 滴 $0.1mol \cdot L^{-1}$ $H_2C_2O_4$ 溶液，3 滴 $1mol \cdot L^{-1}$ H_2SO_4 溶液和 2 滴 $0.001mol \cdot L^{-1}$ $KMnO_4$ 溶液，摇匀，然后将其中一支试管放入 80℃的水浴中加热，另一支不加热，观察两支试管褪色的快慢。写出离子反应式，并解释原因。

(3) 催化剂的影响

在两支试管中分别加入 2 滴 $0.1mol \cdot L^{-1}$ $MnSO_4$ 溶液、1mL $1mol \cdot L^{-1}$ H_2SO_4 溶液和少许 $(NH_4)_2S_2O_8$ 固体，振摇，使其溶解。然后往一支试管中加入 2 滴 $0.1mol \cdot L^{-1}$ $AgNO_3$ 溶液，另一支不加，水浴持续加热，试比较两支试管的反应现象，有什么不同？并说明原因。

五、注释

1. 为了减少接触不良引起伏特计读数误差，电极 Cu 片、Zn 片、导线头及鳄鱼夹等必须用砂纸打磨干净。原电池的正极应接在 3V 处。

2. $FeSO_4$ 溶液和 Na_2SO_3 溶液必须是新配制的。

3. 往试管中加入锌粒时，为防止锌粒直接将试管冲坏，要将试管倾斜，让 Zn 粒沿容器内壁滑到底部。

六、思考题

1. 通过实验，归纳出影响电极电势的因素有哪些，它们是怎样影响的？
2. 为什么 $K_2Cr_2O_7$ 能氧化浓 HCl 中的 Cl^-，而不能氧化浓度比 HCl 大得多的 NaCl 浓溶液中的 Cl^-？
3. 为什么稀 HCl 不能与 MnO_2 反应，而浓 HCl 则可与 MnO_2 反应？
4. 原电池中的盐桥有何作用？

附：

1. 盐桥的制法

① 称取 1g 琼脂，放在 100mL 饱和 KCl 溶液中浸泡一会儿，加热煮成糊状，趁热倒入 U 形玻璃管中，冷却后及即成，注意里面不能有气泡。

② 取饱和 KCl 溶液，缓慢滴加到 U 形玻璃管中，加满，U 形玻璃管两端口用脱脂棉堵塞即成。U 形玻璃管两端口用脱脂棉堵塞是防止 KCl 溶液因虹吸而流失和产生气泡。

2. 气室法检验 NH_4^+

气室法检验 NH_4^+ 时，用干燥、洁净的表面皿两块（大小各一），将 5 滴被检验溶液滴入较大的一个表面皿中，再加 3 滴 40%的 NaOH 溶液摇匀。在较小的一块表面皿中心黏附一小条潮湿的红色石蕊（酚酞）试纸，把它盖在大的表面皿上做出气室。将此气室放在水浴

上微热 2min，若石蕊试纸变蓝色（或酚酞变红），则表示有 NH_4^+ 存在。这是 NH_4^+ 的特征反应，灵敏度达 0.05～1μg·g^{-1}。

实验十三　磺基水杨酸合铁（Ⅲ）配合物的组成及稳定常数的测定

一、实验目的

1. 了解分光光度法测定配合物组成和稳定常数的方法。
2. 掌握用图解法处理实验数据的方法。
3. 学习分光光度计、吸量管、容量瓶等使用方法。

二、实验原理

磺基水杨酸（简式为 H_3R）与 Fe^{3+} 在 pH＝2～3、4～9、9～11.5 时可分别形成三种不同颜色、不同组成的配离子。其中在 pH 为 2～3 时生成的为紫红色配合物（有一个配位体）。本实验通过分光光度法测定该红色配合物的组成及稳定常数。

HO　COOH

SO_3H

用分光光度法（分光光度计的使用见实验十一）测定配离子的组成，通常有等摩尔连续变化法、摩尔比法、斜率法和平衡移动法等，每种方法都有一定的适用范围。

本实验采用等摩尔连续变换法测定其配合物的组成。测定过程中用高氯酸调节溶液的酸度（配位能力较弱），每份溶液中金属离子和配体二者的总物质的量不变，将金属离子和配体按不同的物质的量之比混合，配制一系列等物质的量的溶液，测定其吸光度。实际测定时，用等物质的量浓度的金属离子溶液和配位体溶液，按照不同的体积比（即物质的量之比）配成一系列溶液进行测定。虽然这一系列溶液中总物质的量相等，但 M 与 R 的物质的量之比是不同的，即有一些溶液中 M 是过量的，在另一些溶液中 R 是过量的，在这两部分溶液中配离子的浓度都不可能达到最大值，只有当溶液中配体与金属离子摩尔比与配离子的组成一致时，配离子浓度才能最大，此时测定的吸光度 A 也最大。以吸光度 A 为纵坐标，以摩尔分数（配体和中心离子浓度相同时，可用体积分数）为横坐标作图（图 5-10）。

在最大吸收处，

$$x_M=\frac{n_M}{n_{M+R}}=0.5 \qquad x_R=\frac{n_R}{n_{M+R}}=0.5$$

即：金属离子与配位体物质的量之比为 1∶1，配合物的组成是 MR。

由图 5-10 可见，当完全以 MR 形式存在时，B 处 MR 的浓度最大，对应的最大吸光度为 A_1，由于配合物发生部分解离，实验测得最大吸光度为 C 处对应的 A_2。因此配合物 MR 的解离度 α 为：

$$\alpha=\frac{A_1-A_2}{A_1}$$

1∶1 型配合物 MR 的稳定常数可由下列平衡关系导出：

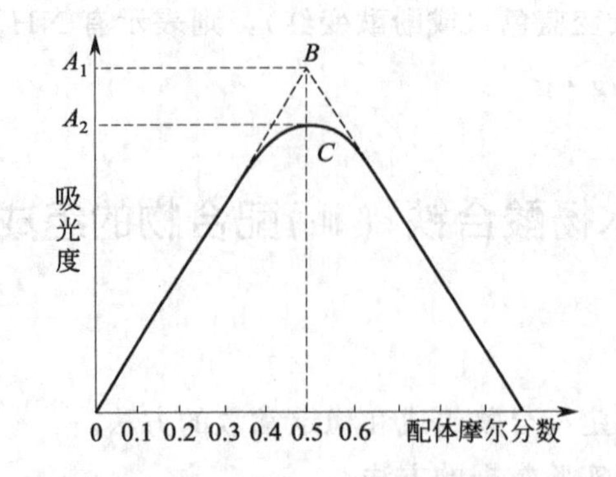

图 5-10 等摩尔连续变换法

$$\begin{array}{llll} & MR & M + & R \\ \text{平衡浓度} & c - c\alpha & c\alpha & c\alpha \end{array}$$

其表观稳定常数 K 为

$$K = \frac{c(\text{MR})}{c(\text{M}) \cdot c(\text{R})} = \frac{1-\alpha}{c\alpha^2} \tag{5-21}$$

式中，c 是相应于 B 点的金属离子浓度。

三、仪器及试剂

1. 仪器：分光光度计、烧杯（50mL）、容量瓶（100mL）、吸量管（10mL）等。

2. 试剂：0.0100mol・L^{-1} 磺基水杨酸、0.0100mol・L^{-1} $NH_4Fe(SO_4)_2$、0.01mol・L^{-1} $HClO_4$。

四、实验内容

1. 配制溶液

(1) 配制 0.00100mol・L^{-1} Fe^{3+} 溶液

准确吸取 10.00mL 0.0100mol・L^{-1} $NH_4Fe(SO_4)_2$ 溶液于 100mL 容量瓶中，用 0.01mol・L^{-1} $HClO_4$ 溶液稀释至该度，摇匀备用。

(2) 配制 0.00100mol・L^{-1} 磺基水杨酸溶液

准确吸取 10.00mL 0.0100mol・L^{-1} 磺基水杨酸溶液于 100mL 容量瓶中，用 0.01mol・L^{-1} $HClO_4$ 溶液稀释至该度，摇匀备用。

(3) 配制系列溶液

用 3 只 10mL 吸量管按表 5-9 所列试剂体积，分别吸取 0.01mol・L^{-1} $HClO_4$ 溶液、0.00100mol・L^{-1} Fe^{3+} 溶液、0.00100mol・L^{-1} 磺基水杨酸溶液，依次在 11 只 50mL 烧杯中配制溶液，并混合均匀。

表 5-9 测量数据

编号	0.01mol・L^{-1} $HClO_4$ 体积 mL	0.00100mol・L^{-1} Fe^{3+} 体积 mL	0.00100mol・L^{-1} H_3R 体积 mL	H_3R 摩尔分数	吸光度
1	10.00	10.00	0.00		
2	10.00	9.00	1.00		
3	10.00	8.00	2.00		

续表

编号	0.01mol・L^{-1} $HClO_4$体积 mL	0.00100mol・L^{-1} Fe^{3+}体积 mL	0.00100mol・L^{-1} H_3R体积 mL	H_3R摩尔分数	吸光度
4	10.00	7.00	3.00		
5	10.00	6.00	4.00		
6	10.00	5.00	5.00		
7	10.00	4.00	6.00		
8	10.00	3.00	7.00		
9	10.00	2.00	8.00		
10	10.00	1.00	9.00		
11	10.00	0.00	10.00		

2. 测定系列溶液的吸光度

用分光光度计在$\lambda=500$nm的波长下，以蒸馏水为空白（为什么?），测定系列溶液的吸光度，并记录于表5-9中。以吸光度对磺基水杨酸的物质的量分数作图，从图中找出最大吸收峰，求出配合物的组成和稳定常数。

五、思考题

1. 本实验测定配合物的组成和稳定常数的原理是什么?
2. 在配制溶液时，为什么要用高氯酸的稀溶液作为稀释液?
3. 1∶1型磺基水杨酸铁配离子的lg$K$稳为14.64（文献值），分析产生误差的原因?

第六章

常量分析实验

实验十四　盐酸和氢氧化钠溶液的标定

一、实验目的

学习用基准物质标定标准溶液浓度。

二、实验原理

酸碱滴定中常用 HCl、NaOH、H_2SO_4 等溶液作为标准溶液。酸碱标准溶液一般不宜直接配制，而是先配成近似浓度，然后用基准物质标定。

(1) 标定酸的基准物质常用无水碳酸钠或硼砂。例如用无水碳酸钠标定 HCl 的反应分两步进行：

$$Na_2CO_3 + HCl \xlongequal{} NaHCO_3 + NaCl$$

$$NaHCO_3 + HCl \xlongequal{} NaCl + H_2O + CO_2$$

反应完全时，pH 值的突跃范围是 3.5～5.0，故可选用甲基橙或甲基红作为指示剂。

(2) 标定碱的基准物质常用草酸、邻苯二甲酸氢钾和标准酸溶液。例如用邻苯二甲酸氢钾标定 NaOH 溶液的反应为：

$$KHC_8H_4O_4 + NaOH \xlongequal{} KNaC_8H_4O_4 + H_2O$$

由于滴定后产物是 $KNaC_8H_4O_4$，溶液呈弱碱性，pH 为 8～9，故选用酚酞作为指示剂。

三、仪器及试剂

1. 仪器：台秤、分析天平、称量瓶、量筒、烧杯、滴定管、容量瓶等。

2. 试剂：浓 HCl、固体 NaOH、无水 Na_2CO_3、邻苯二甲酸氢钾、甲基橙、酚酞等。

$0.1mol \cdot L^{-1}$ HCl 溶液　用干净的量筒量取浓 HCl 2.0mL 于 250mL 容量瓶中，用蒸馏水稀释至刻度线。充分摇匀后，贴上标签备用。

$0.1mol \cdot L^{-1}$ NaOH 溶液　在台秤上称取固体 NaOH 1.00g 于小烧杯中，加入刚煮沸过的 250mL 蒸馏水（不含 CO_2）溶解，转移到 500mL 试剂瓶中，充分摇匀后，贴上标签备用。

四、实验内容

1. $0.1mol \cdot L^{-1}$ HCl 溶液的标定

在分析天平上准确称取无水 Na_2CO_3 0.15～0.2g（准确至 0.0001g）2～3 份，分别置于 250mL 锥形瓶中，加 20～30mL 蒸馏水溶解后，加 2 滴甲基橙，用待标定的 HCl 溶液滴定至溶液由黄色刚好变为橙色即为终点，记录消耗 HCl 标准溶液的体积 V，按下式计算 HCl 的准确浓度：

$$c(\mathrm{HCl})=\frac{2\times m(\mathrm{Na_2CO_3})}{V(\mathrm{HCl})\times M(\mathrm{Na_2CO_3})}\times 1000$$

2. 0.1mol·L^{-1} NaOH 溶液的标定

在分析天平上准确称取邻苯二甲酸氢钾 0.4～0.6g（准确至 0.0001g）三份，各置于 250mL 锥形瓶中，每份加不含 CO_2 的蒸馏水 50mL，加二滴酚酞，用待标定的 NaOH 溶液滴定至溶液呈微红色，且 30s 内红色不消失即为终点，记下消耗 NaOH 标准溶液的体积 V，按下式计算 NaOH 的准确浓度：

$$c(\mathrm{NaOH})=\frac{m(\mathrm{KHC_8H_4O_4})}{V(\mathrm{NaOH})\times M(\mathrm{KHC_8H_4O_4})}\times 1000$$

五、思考题

1. 称取邻苯二甲酸氢钾于烧杯中加水 50mL 溶解，此时用量筒取还是用移液管吸取？为什么？

2. 称取邻苯二甲酸氢钾 0.4～0.6g 是如何得来的？若标定的 NaOH 浓度为 0.5mol·L^{-1}，则应称取邻苯二甲酸氢钾多少克？

3. 配制 HCl 标准溶液时，是否一定要用容量瓶配制？

实验十五　EDTA 标准溶液的配制和标定

一、实验目的

1. 学习 EDTA 标准溶液的配制和标定方法。

2. 了解配位滴定的特点和金属指示剂的使用及终点颜色变化。

二、实验原理

乙二胺四乙酸（简称 EDTA）难溶于水，常温下溶解度为 0.0007mol·L^{-1}（约 0.2g·L^{-1}），不适合分析中应用。其二钠盐溶解度较大，为 0.3mol·L^{-1}（约 120g·L^{-1}），故通常用乙二胺四乙酸二钠盐（亦称 EDTA）配制标准溶液，一般采用间接法配制标准溶液。

标定 EDTA 溶液所用基准物质有 Zn、ZnO、$CaCO_3$ 和 $MgSO_4\cdot 7H_2O$ 等，一般选用与被测组分含有相同金属离子的基准物质进行标定，这样分析条件相同，可以减小误差。

三、仪器及试剂

1. 仪器：细口瓶（500mL）、滴定管（50mL）。

2. 试剂：乙二胺四乙酸二钠固体（AR）、$MgSO_4\cdot 7H_2O$ 固体（AR）、铬黑 T 指示剂、NH_3-NH_4Cl 缓冲溶液（pH=10）。

0.01mol·L^{-1} EDTA 溶液　称取优级纯（或分析纯）EDTA 二钠盐（含二分子结晶水）1.9g 于 250mL 烧杯中，加蒸馏水 150mL，加热溶解，必要时过滤。冷却后用蒸馏水稀释至 500mL，摇匀，保存在细口瓶中。

铬黑 T 指示剂　将 0.1g 铬黑 T 指示剂与 10g NaCl 混合，磨细备用。

四、实验内容

准确称量优级纯 $MgSO_4\cdot 7H_2O$ 0.6～0.7g 于 150mL 烧杯中，加适量蒸馏水溶解，然后将其溶液定量地转移到250mL容量瓶中，用蒸馏水稀释至刻度，摇匀。

用25.00mL移液管移取上述溶液25.00mL于250mL三角瓶中，加蒸馏水30mL，缓冲溶液10mL。指示剂铬黑T约0.1g（至溶液透明清亮），摇匀，用EDTA溶液滴定至溶液由酒红色变为纯蓝色即为终点。平行测定三次，根据$MgSO_4 \cdot 7H_2O$的质量和用去的EDTA溶液的体积计算出EDTA的准确浓度。

$$c(\mathrm{EDTA})=\frac{m(\mathrm{MgSO_4 \cdot 7H_2O})\times\frac{1}{10}\times 1000}{V(\mathrm{EDTA})\times M(\mathrm{MgSO_4 \cdot 7H_2O})}$$

五、思考题

1. 为什么要用间接法配制EDTA标准溶液？
2. 配位滴定过程中为什么加缓冲溶液？

实验十六　高锰酸钾标准溶液的配制与标定

一、实验目的

1. 了解$KMnO_4$标准溶液的配制方法和保存条件。
2. 掌握$Na_2C_2O_4$作基准物质标定$KMnO_4$浓度的方法。

二、实验原理

$Na_2C_2O_4$和$H_2C_2O_4 \cdot 2H_2O$是较易纯化的还原剂，也是标定$KMnO_4$常用的基准物。用$Na_2C_2O_4$标定$KMnO_4$溶液的反应如下：

$$2MnO_4^- + 5C_2O_4^{2-} + 16H^+ \xlongequal{} 2Mn^{2+} + 10CO_2 + 8H_2O$$

此反应要在酸性、较高温度和Mn^{2+}作为催化剂的条件下进行。滴定初期，反应很慢，$KMnO_4$溶液必须缓慢地逐滴加入。

三、仪器及试剂

1. 仪器：台秤、分析天平、微孔玻璃漏斗、250mL锥形瓶、容量瓶、移液管、酸式滴定管。

2. 试剂：$KMnO_4$固体、$3mol \cdot L^{-1}$ H_2SO_4、$Na_2C_2O_4$（AR）。

$0.02mol \cdot L^{-1}$ $KMnO_4$溶液　称取$KMnO_4$固体约1.6g溶于500mL水中，盖上表面皿，加热至沸并保持微沸状态1h。冷却后，用微孔漏斗过滤。滤液贮存于棕色试剂瓶中。

四、实验内容

在分析天平上，称取3份0.16～0.20g $Na_2C_2O_4$，分别置于250mL锥形瓶中，加蒸馏水50mL，使其溶解。加入$3mol \cdot L^{-1}$ H_2SO_4溶液10mL，加热至75～85℃，趁热用$KMnO_4$溶液滴定。刚开始，滴入一滴$KMnO_4$溶液，摇动，待红色褪去，溶液中产生了Mn^{2+}后，再加第二滴，随着反应速度的加快，滴定速度逐渐加快，在滴定的全过程中$KMnO_4$加入不可太快，滴定至溶液呈微红色并持续半分钟不褪色即为终点。平行测定三次，按下式计算$KMnO_4$溶液的浓度：

$$c(\mathrm{KMnO_4})=\frac{\frac{2}{5}m(\mathrm{Na_2C_2O_4})}{M(\mathrm{Na_2C_2O_4})V(\mathrm{KMnO_4})}\times 1000$$

五、思考题

1. $KMnO_4$ 标准溶液为什么不能直接配制？

2. 标定 $KMnO_4$ 溶液时，为什么第1滴 $KMnO_4$ 的颜色褪色很慢，以后反而逐渐加快？

3. 为什么标定需在强酸性溶液中，并在加热的情况下进行？酸度过低对滴定有何影响？温度过高又有何影响？

实验十七 碘和硫代硫酸钠标准溶液的配制与标定

一、实验目的

1. 掌握 $Na_2S_2O_3$ 及 I_2 溶液的配制方法。

2. 掌握标定 $Na_2S_2O_3$ 及 I_2 溶液浓度的原理和方法。

二、实验原理

碘量法的基本反应式：

$$2S_2O_3^{2-}+I_2 = S_4O_6^{2-}+2I^-$$

配制好的 I_2 和 $Na_2S_2O_3$ 溶液经比较滴定，求出两者体积比，然后标定其中一种溶液的浓度，通过关系式算出另一溶液的浓度。通常标定 $Na_2S_2O_3$ 溶液比较方便。所用的氧化剂有：$KBrO_3$、KIO_3、$K_2Cr_2O_7$、$KMnO_4$ 等。而以 $K_2Cr_2O_7$ 最为方便，结果也相当准确，因此本实验也用它来标定 $Na_2S_2O_3$ 溶液的浓度。

准确称取一定量 $K_2Cr_2O_7$ 基准试剂，配成溶液，加入过量的 KI，在酸性溶液中定量地进行下列反应：

$$6I^-+Cr_2O_7^{2-}+14H^+ = 2Cr^{3+}+3I_2+7H_2O \quad (1)$$

生成的游离 I_2，立即用 $Na_2S_2O_3$ 溶液滴定：

$$2S_2O_3^{2-}+I_2 = S_4O_6^{2-}+2I^- \quad (2)$$

结果实际上相当于 $K_2Cr_2O_7$ 氧化了 $Na_2S_2O_3$。I^- 虽在反应（1）中被氧化，但又在反应（2）中被还原为 I^-，结果并未发生变化。由反应方程式（1）和反应方程式（2）可知 $K_2Cr_2O_7$ 与 $Na_2S_2O_3$ 反应的物质的量比为 1∶6，即

$$n(K_2Cr_2O_7):n(Na_2S_2O_3)=1:6$$

因而根据滴定的 $Na_2S_2O_3$ 溶液的体积和所称量的 $K_2Cr_2O_7$ 的质量，即可算出 $Na_2S_2O_3$ 溶液的准确浓度。

碘量法用新配制的淀粉溶液作为指示剂。I_2 与淀粉生成蓝色的加合物，反应很灵敏。

三、仪器及试剂

1. 仪器：台秤、分析天平、250mL 碘量瓶、容量瓶、移液管、酸式滴定管。

2. 试剂：$K_2Cr_2O_7$ 固体、H_2SO_4（$1mol \cdot L^{-1}$）、$Na_2S_2O_3 \cdot 5H_2O$ 固体、KI 固体、I_2 固体、淀粉溶液（0.5%）、Na_2CO_3 固体。

$0.1mol \cdot L^{-1}$ $Na_2S_2O_3$ 溶液　用台秤称取 $Na_2S_2O_3 \cdot 5H_2O$ 固体约 6.2g，溶于适量刚煮沸并已冷却的水中，加入 Na_2CO_3 约 0.05g 后，稀释至 250mL，倒入细口试剂瓶中，放置 1～2 周后标定。

$0.05mol \cdot L^{-1}$ I_2 溶液　在台秤上称取 I_2（预先磨细过）约 3.2g，置于 250mL 烧杯中，

加 6g KI，再加少量水，搅拌，待 I_2 全部溶解后，加水稀释到 250mL，混合均匀。贮藏在棕色细口瓶中，放置于暗处。

0.5%淀粉溶液　在盛有 5g 可溶性淀粉与 100mg 氯化锌的烧杯中加少量水，搅拌，把得到的糊状物倒入约 1L 正在沸腾的水中，搅拌，并煮沸至完全透明状。淀粉溶液最好现配现用。

四、实验内容

1. I_2 和 $Na_2S_2O_3$ 溶液的比较滴定

将 I_2 和 $Na_2S_2O_3$ 溶液分别装入酸式滴定管和碱式滴定管中，放出 25.00mL I_2 标准溶液于锥形瓶中，加 50mL 水，用 $Na_2S_2O_3$ 标准溶液滴定至呈浅黄色后，加入 2mL 淀粉指示剂，再用 $Na_2S_2O_3$ 溶液继续滴定至溶液的蓝色恰好消失即为终点。

重复滴定三次计算出两溶液的体积比 $V(Na_2S_2O_3):V(I_2)$，并计算其平均值。

2. $Na_2S_2O_3$ 溶液的标定

精确称取 0.15g 左右 $K_2Cr_2O_7$ 基准试剂（预先干燥过）三份，分别置于三个 250mL 锥形瓶中（最好用带有磨口塞的锥形瓶或碘瓶），加入 10～20mL 水使之溶解。加 2g KI，10mL $1mol \cdot L^{-1}$ H_2SO_4，充分混合溶解后，盖好塞子以防止因 I_2 挥发而损失。在暗处放置 5min，然后加 50mL 水稀释后，用 $Na_2S_2O_3$ 溶液滴定到溶液呈浅黄色时，加 2mL 淀粉溶液继续滴入 $Na_2S_2O_3$ 溶液，直至蓝色刚刚消失，而 Cr^{3+} 的绿色出现为止。

记录 $Na_2S_2O_3$ 溶液的体积，计算 $Na_2S_2O_3$ 溶液的浓度。再根据比较滴定的数据计算 I_2 的浓度。

$$c(Na_2S_2O_3)=\frac{6m(K_2Cr_2O_7)}{M(K_2Cr_2O_7)V(Na_2S_2O_3)}\times 1000$$

$$c(I_2)=\frac{1}{2}c(Na_2S_2O_3)\times\frac{V(Na_2S_2O_3)}{V(I_2)}$$

五、思考题

1. 配制 I_2 溶液为何要加入 KI？

2. 用 $Na_2S_2O_3$ 溶液滴定 I_2 溶液和用 I_2 溶液滴定 $Na_2S_2O_3$ 溶液时都是用淀粉指示剂，为什么要在不同时候加入？终点颜色变化有何不同？

3. 标定 $Na_2S_2O_3$ 溶液时，加入的 KI 溶液量要很精确吗？为什么？

实验十八　食醋中总酸量的测定（酸碱滴定法）

一、实验目的

1. 掌握食醋中总酸量测定的原理和方法。

2. 掌握指示剂的选择原则。

二、实验原理

食醋中除水外主要成分是 CH_3COOH（约含 3%～5%），此外还有少量其他有机弱酸。它们与 NaOH 溶液的反应为：

$$NaOH+CH_3COOH \longrightarrow CH_3COONa+H_2O$$

$$n\text{NaOH}+\text{H}_n\text{A} \longrightarrow \text{Na}_n\text{A}+n\,\text{H}_2\text{O}$$

用 NaOH 标准溶液滴定时，只要 $K_a \geqslant 10^{-7}$ 的弱酸都可以被滴定，因此测出的是总酸量。分析结果用含量最多的 HAc 来表示。由于是强碱滴定弱酸，滴定突跃在碱性范围内，终点的 pH 在 8.7 左右，通常选用酚酞作为指示剂。

三、仪器及试剂

1. 仪器：移液管（10mL 和 25mL）、容量瓶（100mL）、碱式滴定管（50mL）、量筒。
2. 试剂：食醋、酚酞指示剂、NaOH 标准溶液（约 $0.1\text{mol}\cdot\text{L}^{-1}$）。

四、实验内容

用移液管吸取 10.00mL 食醋原液移入 100mL 容量瓶中，用无 CO_2 的蒸馏水稀释到刻度，摇匀。用 25mL 移液管移取已稀释的食醋三份，分别放入 250mL 锥形瓶中，各加两滴指示剂，摇匀。用氢氧化钠标准溶液滴定至溶液呈粉红色，30s 内不褪色，即为滴定终点。根据氢氧化钠标准溶液的浓度和滴定时消耗的体积 V，计算出食醋的总酸量（$\text{g}\cdot\text{L}^{-1}$）。

$$\text{食醋的总酸量}(\text{g}\cdot\text{L}^{-1})=\frac{c(\text{NaOH})\times V(\text{NaOH})\times M(\text{HAc})}{10.00\times\dfrac{25.00}{100.0}}$$

五、注释

1. 食醋中 HAc 的浓度较大，并且颜色较深，必须稀释后再测定。
2. 如食醋的颜色较深时，经稀释或活性炭脱色后，颜色仍明显时，则终点无法判断。
3. 稀释食醋的蒸馏水应经过煮沸，除去 CO_2。

六、思考题

1. 测定食醋含量时，所用的蒸馏水为什么不能含 CO_2？
2. 测定食醋含量时，能否用甲基橙作为指示剂？

实验十九　混合碱中碳酸钠与碳酸氢钠的测定（酸碱滴定法）

一、实验目的

1. 了解双指示剂法测定混合碱中 Na_2CO_3 和 $NaHCO_3$ 含量的基本原理。
2. 熟悉酸碱滴定法选用指示剂的原则。
3. 学习用容量瓶把固体试样制备成试液的方法。

二、实验原理

Na_2CO_3 和 $NaHCO_3$ 是强碱弱酸盐，而 H_2CO_3 的酸性很弱，所以可以用 HCl 来滴定，由于 Na_2CO_3 比 $NaHCO_3$ 的碱性强，因此在 Na_2CO_3 和 $NaHCO_3$ 混合液中，滴加 HCl 时首先和 Na_2CO_3 作用。而 Na_2CO_3 和 HCl 反应是分两步进行的。先以酚酞做指示剂、用标准 HCl 溶液滴定到溶液的颜色由红到无色时，Na_2CO_3 全部被中和到 $NaHCO_3$，即 Na_2CO_3 被中和了一半，此时消耗的 HCl 标准溶液为 V_1mL，其反应式为：

$$\text{Na}_2\text{CO}_3+\text{HCl} = \text{NaCl}+\text{NaHCO}_3$$

再加甲基橙指示剂，继续用 HCl 溶液滴定至第二个计量点，溶液从黄色到橙色。此时，

第一计量点生成的 $NaHCO_3$ 和原混合物中的 $NaHCO_3$，都被中和成 CO_2。此时消耗 HCl 标准溶液的体积为 V_2mL，其反应式为：

$$NaHCO_3 + HCl \longrightarrow NaCl + H_2O + CO_2\uparrow$$

第一计量点时的 pH 为 8.32，第二计量点时的 pH=3.9。

用 HCl 滴定 Na_2CO_3 和 $NaHCO_3$ 时，滴定 Na_2CO_3 消耗的 HCl 标准溶液为 $2V_1$mL，滴定 $NaHCO_3$ 消耗的 HCl 标准溶液为 V_2-V_1mL。

三、仪器及试剂

1. 仪器：分析天平、称量瓶、烧杯、玻璃棒、洗瓶、容量瓶、锥形瓶、移液管、酸式滴定管。

2. 试剂：约 $0.1mol \cdot L^{-1}$ HCl 标准溶液、混合碱试样。

四、实验内容

准确称取 Na_2CO_3 和 $NaHCO_3$ 混合样品约 2g，放入 150mL 烧杯中，加 50mL 蒸馏水溶解，然后将溶液定量地转移到 250mL 容量瓶中定容，充分摇匀。

用移液管吸取 25.00mL 溶液于 250mL 锥形瓶中，加 2 滴酚酞指示剂，用 HCl 标准溶液滴定至红色消失。记下 HCl 用量（V_1）。然后再加入 2 滴甲基橙，用 HCl 溶液继续滴定到溶液由黄色变为橙色，记下 HCl 用量（V_2）。平行测定三次，计算混合碱中 Na_2CO_3 和 $NaHCO_3$ 的含量（用质量分数表示）。

$$w(Na_2CO_3) = \frac{c(HCl) \times \frac{V_1}{1000} \times M(Na_2CO_3)}{m_{样} \times \frac{25.00}{250.0}}$$

$$w(NaHCO_3) = \frac{c(HCl) \times \frac{(V_2 - V_1)}{1000} \times M(NaHCO_3)}{m_{样} \times \frac{25.00}{250.0}}$$

五、思考题

1. 双指示剂法测定混合碱的原理是什么？

2. 如何判断混合碱的组成？

实验二十　食盐中氯含量的测定（莫尔法）

一、实验目的

1. 学习 $AgNO_3$ 标准溶液的配制方法。

2. 掌握莫尔法测定氯离子的方法原理及测定条件。

3. 掌握沉淀滴定法滴定终点的判断方法。

二、实验原理

滴定反应方程式：

$$Ag^+ + Cl^- \longrightarrow AgCl\downarrow(白色沉淀)$$

$$2Ag^{+}+CrO_4^{2-} = Ag_2CrO_4 \downarrow \text{(砖红色沉淀)}$$

为保证在计量点时恰好生成砖红色 Ag_2CrO_4 沉淀，CrO_4^{2-} 的浓度应控制在 $5.0\times10^{-3}mol \cdot L^{-1}$ 左右为宜。过大或过小都会影响指示终点的正确性。

应用莫尔法测定时酸度应控制在 pH 值为 6.5～10.5（中性或弱碱性）的条件下进行。

三、仪器及试剂

1. 仪器：酸式滴定管、分析天平、容量瓶（250mL）、烧杯、锥形瓶。

2. 试剂：5%K_2CrO_4 溶液、$AgNO_3$（AR）、NaCl（AR）、食盐。

NaCl 基准物　基准 NaCl 应先在 120℃下烘干 2h，或放在坩埚中于 500℃的温度中灼烧至不发出爆裂声为止。

$0.1mol \cdot L^{-1}$ $AgNO_3$ 标准溶液　在台秤上称取 5.1g $AgNO_3$ 固体，加蒸馏水溶解后置于棕色容量瓶中，稀释至 250mL。待用。

四、实验内容

1. $0.1mol \cdot L^{-1}$ $AgNO_3$ 标准溶液的标定

准确称取 0.15～0.20g 的 NaCl 基准物，倾入锥形瓶中，加蒸馏水 25mL 溶解，然后加 5%K_2CrO_4 溶液 1mL，边剧烈摇动，边滴加 $AgNO_3$ 溶液，至生成的砖红色沉淀不褪去。记录所耗 $AgNO_3$ 体积，平行测定三次。计算 $AgNO_3$ 溶液物质的量浓度的平均值。

2. 食盐中氯含量的测定

准确称取 2.0g 左右的食盐样品于烧杯中，加水溶解后，转移到 250mL 容量瓶中定容。用移液管移取 25.00mL 上述溶液于锥形瓶中，加 5%K_2CrO_4 溶液 1mL，边剧烈摇动，边滴加 $AgNO_3$ 溶液，至生成的砖红色沉淀不褪去。记录消耗 $AgNO_3$ 标准溶液的体积。平行测定三次，按下式计算食盐中氯的含量。

$$w(\mathrm{Cl})=\frac{c(\mathrm{AgNO_3})\cdot\dfrac{V(\mathrm{AgNO_3})}{1000}\cdot M(\mathrm{Cl})}{\dfrac{25.00}{250.0}\times m_{\text{样}}}$$

五、思考题

1. 滴定过程中为什么要剧烈摇动？

2. 指示剂的用量对测定结果有何影响？

实验二十一　水硬度的测定（配位滴定法）

一、实验目的

1. 了解水硬度的表示方法和测定意义。

2. 进一步了解金属指示剂特点。

二、实验原理

含有钙盐和镁盐的水叫硬水（硬度小于 6 度的水一般称为软水）。硬水有暂时硬水和永久硬水之分。

暂时硬水：水中含有钙、镁的酸式碳酸盐，这些酸式碳酸盐遇热分解成碳酸盐沉淀而失去其硬性。

永久硬水：水中含有钙、镁的硫酸盐、氯化物、硝酸盐，在加热时不沉淀（但在锅炉中溶解度低时可以析出成为锅垢）。

水的硬度有多种表示方法。有的将水中的盐类折算成 $CaCO_3$，以 $CaCO_3$ 的量表示。也有的将盐量折成 CaO，以 CaO 表示。水的总硬度过去常采用以度“°”计，1 硬度单位表示十万份水中含 1 份 CaO，记作 1°=10mg·L^{-1} CaO。水的总硬度现在常用 mmol·L^{-1} 来表示，即每一升水含有氧化钙多少毫摩尔或消耗 EDTA 多少毫摩尔。

许多工农业生产不能用硬水，所以应事先分析水中钙盐和镁盐的含量。测定水的硬度，就是测定水中钙、镁含量而折算成 CaO，然后用硬度单位表示。现在常用单位体积水中钙、镁的物质的量（mmol·L^{-1}）表示。

用 EDTA 测定钙、镁的常用方法是，先测定钙、镁的总含量，再测钙会量，然后由钙、镁总量和钙的含量，求出镁的含量。

三、仪器及试剂

1. 仪器：滴定管（50mL）、锥形瓶（250mL）。

2. 试剂：0.01000mol·L^{-1} EDTA 标准溶液、NH_3-NH_4Cl 缓冲溶液（pH=10）、10%NaOH 溶液、铬黑 T 指示剂、钙指示剂。

钙指示剂　将 0.1g 钙指示剂与 10g NaCl 混合，磨细备用。

四、实验内容

1. 总硬度的测定

取澄清的水样 50.00mL，置于 250mL 锥形瓶中，加 10mL pH 值为 10.0 的缓冲溶液，摇匀。再放入适量（至溶液颜色清亮）铬黑 T 指示剂，再摇匀。此时溶液呈酒红色，以 0.01000mol·L^{-1} EDTA 标准溶液滴定至溶液刚好转变为纯蓝色，即为终点，记录 EDTA 标准溶液的用量 V_1。平行测定三次。

2. 钙含量的测定

另量取澄清水样 50.00mL 于 250mL 锥形瓶中，加 2mL 10% NaOH 溶液，摇匀。加适量（至溶液颜色清亮）钙指示剂，再摇匀。此时溶液呈红色，用 0.01000mol·L^{-1} EDTA 标准溶液滴定至溶液刚好转变为纯蓝色即为终点。记录 EDTA 标准溶液的用量 V_2。平行测定三次。

3. 镁含量的确定

由钙、镁总量减去钙含量即为镁含量。

根据以上数据按下式计算水样的总硬度和每升水样中 Ca^{2+}、Mg^{2+} 的物质的量（mmol），即钙镁硬度。

$$\text{总硬度:CaO}(\text{mmol}\cdot\text{L}^{-1})=\frac{V_1\times c(EDTA)}{V_{\text{水}}}\times 1000$$

$$\text{钙硬度:Ca}^{2+}(\text{mmol}\cdot\text{L}^{-1})=\frac{V_2\times c(EDTA)}{V_{\text{水}}}\times 1000$$

$$\text{镁硬度:Mg}^{2+}(\text{mmol}\cdot\text{L}^{-1})=\frac{(V_1-V_2)\times c(EDTA)}{V_{\text{水}}}\times 1000$$

五、思考题

1. 用 EDTA 测定水的总硬度时，如何控制溶液酸度？选择什么指示剂？

2. 滴定到终点时，溶液的纯蓝色是哪一种物质的颜色？

实验二十二　过氧化氢的测定（高锰酸钾法）

一、实验目的

掌握 $KMnO_4$ 法测定 H_2O_2 含量的方法。

二、实验原理

H_2O_2 是医药上常用的消毒剂，在强酸性条件下用 $KMnO_4$ 法测定 H_2O_2 的含量，其反应方程式为：

$$2MnO_4^- + 5H_2O_2 + 6H^+ \Longrightarrow 2Mn^{2+} + 5O_2\uparrow + 8H_2O$$

根据高锰酸钾溶液自身的颜色变化确定滴定终点。

三、仪器及试剂

1. 仪器：酸式滴定管、250mL 容量瓶。

2. 试剂：工业 H_2O_2 样品、$0.02mol \cdot L^{-1}$ $KMnO_4$ 标准溶液、$3mol \cdot L^{-1}$ H_2SO_4 溶液。

四、实验内容

用 25mL 移液管吸取 25.00mL 的 H_2O_2 试样于 250mL 容量瓶中，加水稀释至刻度，充分摇匀。准确吸取稀释后的 H_2O_2 溶液 25.00mL 于 250mL 锥形瓶中，加 $3mol \cdot L^{-1}$ H_2SO_4 溶液 10mL，加蒸馏水 50mL，用 $KMnO_4$ 标准溶液滴定至溶液呈浅红色，30s 不褪色为止，根据 $KMnO_4$ 的浓度和体积按下式计算原样品中 H_2O_2 的含量（g/L）。

$$H_2O_2\text{ 的含量(g/L)} = \frac{\frac{5}{2}c(KMnO_4) \times V(KMnO_4) \times M(H_2O_2)}{\frac{25.00}{250.0} \times 25.00}$$

五、思考题

1. 用 $KMnO_4$ 法测定 H_2O_2 含量时，能否用 HNO_3、HCl、HAc 调节溶液的酸度？

2. 若用移液管移取 H_2O_2 原溶液后，没有洗涤就直接用来移取稀释过的 H_2O_2，对测定结果有何影响？

3. 在容量瓶中存放的 H_2O_2 溶液，放置 2 天后，其测定结果与原结果是否一样？

第七章 综合设计实验

实验二十三　硫酸铜的提纯

一、实验目的

1. 了解用重结晶法提纯物质的原理以及无机盐中去除杂质铁的方法。

2. 掌握加热、蒸发、浓缩、重结晶、抽滤等基本操作。

二、实验原理

粗硫酸铜中可能含有可溶性杂质和不溶性杂质，不溶性杂质可用过滤法除去，可溶性杂质可用重结晶法提纯。根据物质溶解度的不同，一般可先用溶解、过滤的方法，除去易溶于水的物质中所含难溶于水的杂质，然后再用重结晶法使少量易溶于水的杂质分离，重结晶的原理是由于晶体物质的溶解度一般随温度的降低而减小，当加热的饱和溶液冷却时，待提纯的物质首先以结晶析出，而少量杂质由于尚未达到饱和，仍留在溶液中。

粗硫酸铜晶体中的杂质通常以硫酸亚铁、硫酸铁为最多，当蒸发浓缩硫酸铜溶液时，亚铁盐易被氧化为铁盐，而铁盐易水解，有可能生成 $Fe(OH)_3$ 沉淀，混杂于析出的硫酸铜结晶中，所以在蒸发过程中溶液应保持酸性。

若亚铁盐或铁盐含量较多，可先用过氧化氢（H_2O_2）将 Fe^{2+} 氧化为 Fe^{3+}，再调节溶液的 pH 值至约为 4，使 Fe^{3+} 水解为 $Fe(OH)_3$ 沉淀而除去。

$$2Fe^{2+} + H_2O_2 + 2H^+ \longrightarrow 2Fe^{3+} + 2H_2O$$

$$Fe^{3+} + 3H_2O \longrightarrow Fe(OH)_3 \downarrow + 3H^+$$

三、仪器及试剂

1. 仪器：托盘天平、烧杯、量筒、铁圈、石棉铁丝网、布氏漏斗、硫酸铜回收瓶、抽滤瓶、酒精灯、铁架、蒸发皿、点滴板。

2. 试剂：H_2SO_4（$0.1mol \cdot L^{-1}$）、固体硫酸铜、氢氧化钠（$0.5mol \cdot L^{-1}$）、过氧化氢溶液（3%）、pH 试纸。

四、实验内容

1. 称量和溶解

用托盘天平称量粗硫酸铜晶体 8.0g，放入已洗涤干净的 100mL 烧杯中，用量筒量取 35～40mL 水加入烧杯中。然后将烧杯放在石棉网上加热，并用玻璃棒搅拌，当硫酸铜完全溶解时，立即停止加热。大块的硫酸铜晶体应先在研钵中研细，每次研磨的量不宜过多。研磨时，不得用研棒敲击，应慢慢转动研棒，轻压晶体成细粉末。

2.Fe^{3+}的氧化与水解

往溶液中加入 1.5mL 3% H_2O_2 溶液，加热，逐滴加入 0.5mol·L^{-1} NaOH 溶液直至 pH≈4（用 pH 试纸检验），再加热片刻，使红棕色 $Fe(OH)_3$ 沉降。用 pH 试纸（或石蕊试纸）检验溶液的酸碱性时，应将小块试纸放入干燥清洁的表面皿上，然后用玻璃棒蘸取待检验溶液点在试纸上，切忌将试纸投入溶液中检验。

3. 过滤

将折好的滤纸放入漏斗中，从洗瓶中挤出少量水湿润滤纸，使之紧贴在漏斗内壁上。将漏斗放在漏斗架上，趁热过滤硫酸铜溶液，滤液接收在清洁的蒸发皿中。从洗瓶中挤出少量水淋洗烧杯及玻璃棒，洗涤水也必须全部滤入蒸发皿中。按同样操作再洗涤一次。

4. 蒸发和结晶

在滤液中加入 3～4 滴 1mol·L^{-1} H_2SO_4 使溶液酸化，然后在石棉网上加热、蒸发、浓缩（勿加热过猛以防液体溅失）至溶液表面刚出现蓝色固状物薄层时，立即停止加热（注意不可蒸干）。让蒸发皿冷却至室温或稍冷片刻，再将蒸发皿放在盛有冷水的烧杯上冷却，使 $CuSO_4 \cdot 5H_2O$ 晶体析出。

5. 减压过滤

将蒸发皿内 $CuSO_4 \cdot 5H_2O$ 晶体全部移到预先铺上滤纸的布氏漏斗中，抽气过滤，尽量抽干，并用干净的玻璃棒轻轻挤压布氏漏斗上的晶体，尽可能除去晶体间夹带的母液。停止抽气过滤，取出晶体，把它摊在两张滤纸之间，用手指在纸上轻压以吸干其中的母液。用托盘天平称量硫酸铜，计算产率。最后将硫酸铜晶体放入塑料袋中（不要密封口子）。

五、实验记录

粗硫酸铜的质量 m_1 = ______g

精制硫酸铜的质量 m_2 = ______g

产率 = ______

六、思考题

1. 溶解固体时加热和搅拌起什么作用？
2. 用重结晶法提纯硫酸铜，在蒸发滤液时，为什么加热不可过猛？为什么不可将滤液蒸干？
3. 过滤操作中应注意哪些事项？
4. 除杂质铁时，为何要将 Fe^{2+} 氧化为 Fe^{3+}？最后为何将 pH 调至 4？偏高或偏低将产生什么影响？

实验二十四　水热法制备 WO_3 纳米微晶

一、实验目的

1. 掌握水热法合成无机纳米材料的原理与方法。
2. 了解 X 射线衍射分析（XRD）在无机纳米材料中的应用。
3. 了解 WO_3 的性质及应用。

二、实验原理

纳米三氧化钨（WO_3）是一种优异的无机金属氧化物，在磁性材料、催化材料及功能材料方面具有广阔的应用前景。随着人们环保意识的增强，纳米 WO_3 材料作为可开发的吸收材料、催化材料、功能材料，已引起国内外学者的广泛关注。

水热法是在特制的密闭反应容器（高压釜）里，采用水溶液作为反应介质，通过对反应容器加热，创造一个高温、高压的反应环境，使得通常难溶或不溶的物质溶解并且重结晶。水热合成法的优点是能够直接生成氧化物，避免其他液相合成法中的“焙烧”步骤，从而在一定程度上减少颗粒团聚的发生，提高 WO_3 的分散性能。

根据经典的晶体生长理论，水热条件下晶体生长包括溶解阶段（原料在水热介质里溶解，以离子、分子或离子团的形式进入溶液）、输运阶段（体系中的热对流以及溶解区与生长区之间的浓度差，使这些离子、分子或离子团被输运到生长区）和结晶阶段（离子、分子或离子团在生长界面上的吸附、分解与脱附；吸附物质在界面上的运动与结晶）。

本实验以钨酸钠在酸性条件下水解制备 WO_3 粉体，反应方程如下：

$$Na_2WO_4 \cdot 2H_2O + 2HCl \longrightarrow H_2WO_4 + 2NaCl$$

$$H_2WO_4 \longrightarrow WO_3 + H_2O$$

三、仪器及试剂

1. 仪器：磁力搅拌器、水热反应釜（50mL）、电热恒温鼓风干燥箱、布氏漏斗，抽滤瓶等。

2. 试剂：钨酸钠、氯化钠、盐酸（$3mol \cdot L^{-1}$）、pH 试纸等。

四、实验内容

1. WO_3 粉体的制备

用电子天平称取 0.825g 钨酸钠、0.290g 氯化钠加入到已洗干净的 100mL 烧杯中，加入 19mL 去离子水，磁力搅拌溶解；向上述溶液中逐滴加入 $3mol \cdot L^{-1}$ HCl 溶液，调节溶液的 pH=2.0。然后将溶液转移到 50mL 水热反应釜中，放入电热恒温鼓风干燥箱中 180℃ 下静止晶化 24h。反应结束后，待反应釜冷却后将聚四氟乙烯内衬里面的样品抽滤，用去离子水清洗数次，烘干备用。

2. WO_3 粉体的 XRD 表征

利用广角 X-射线衍射方法，通过对 WO_3 粉体样品的衍射峰位置和强度进行归一化后与标准粉末衍射 PDF 卡片 JCPDS（Joint Committee on Powder Diffraction Standards）比较可获得样品的晶相，从而实现样品的定性相分析。

测试条件为：工作电压 40kV，工作电流 300mA，Cu 靶 Kα 辐射（$\lambda=0.154nm$），石墨单色器，扫描范围 10°～70°。

五、思考题

1. WO_3 粉体的制备有很多种方法，归纳总结 WO_3 的其他制备方法。
2. 本实验取的反应时间为 24h，查阅资料总结时间对 WO_3 粉体的制备有什么影响。
3. 实验中要求的温度是 180℃，温度过高或者过低对实验有什么影响？

附：

X 射线粉末衍射（XRD）分析

1. 衍射仪的结构及原理

衍射仪是进行 X 射线粉末衍射分析的重要设备，主要由 X 射线发生器、测角仪、记录仪和水冷却系统组成。新型的衍射仪还带有条件输入和数据处理系统。图 7-1 给出了 X 射线衍射仪框图。

X 射线发生器主要由高压控制系统和 X 射线管组成，它是产生 X 射线的装置，由 X 射线管发射出的 X 射线包括连续 X 射线光谱和特征 X 射线光谱，连续 X 射线光谱主要用于判断晶体的对称性和进行晶体定向的劳埃法，特征 X 射线用于进行晶体结构研究的旋转单体法和进行物相鉴定的粉末法。测角仪是衍射仪的重要部分，其光路图如图 7-2。X 射线源焦点与计数管窗口分别位于测角仪圆周上，样品位于测角仪圆的正中心。在入射光路上有固定式梭拉狭缝和可调式发射狭缝，在反射光路上也有固定式梭拉狭缝和可调式防散射狭缝与接收狭缝。有的衍射仪还在计数管前装有单色器。当给 X 光管加以高压，产生的 X 射线经由发射狭缝射到样品上时，晶体中与样品表面平行的面网，在符合布拉格条件时即可产生衍射而被计数管接收。当计数管在测角仪圆所在平面内扫射时，样品与计数管以 1∶2 速度连动。因此，在某些角位置，能满足布拉格条件的面网所产生的衍射线将被计数管依次记录并转换成电脉冲信号，经放大处理后通过记录仪描绘成衍射图。

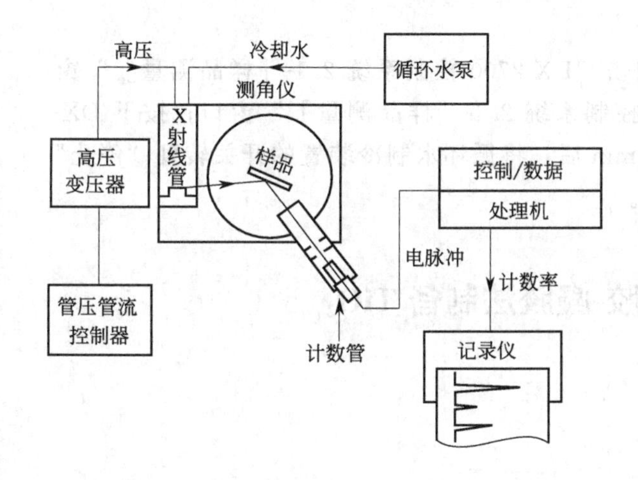

图 7-1 X 射线衍射仪框图

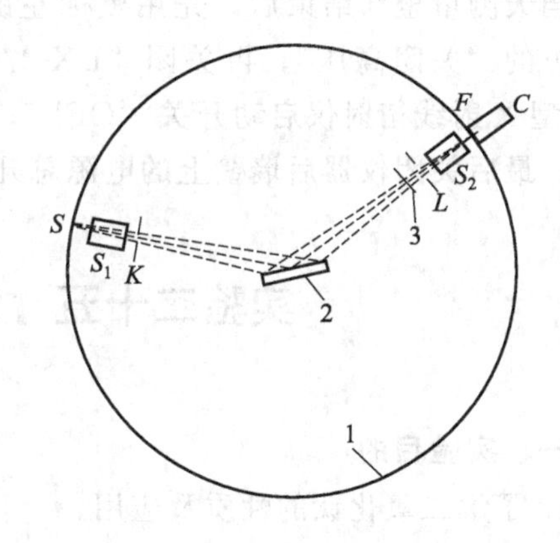

图 7-2 测角仪光路示意图

1—测角仪圆 2—试样 3—滤波片 S—光源，S_1、S_2—梭拉狭缝，K—发散狭缝，L—防散射狭缝，F—接收狭缝，C—计数管。

2. DX-2700 型 X 射线衍射仪使用操作规程

(1) 开机

打开仪器后墙壁上的电源总开关；

将循环水制冷装置的开关转到“运行”位置；

按下 DX-2700 型 X 射线衍射仪启动开关“ON”。

(2) 开启电脑

(3) X 射线管开启高压

用鼠标左键点击电脑桌面上的“X 射线衍射仪 2.1”，出现“DX-2700 控制系统 2.1”窗口；再点击左上角“测量”下拉菜单中的“样品测量”，出现“DX-2700 控制系统 2.1-[样品测量]”窗口，同时出现对话框“X 射线管训练”，仪器自动开始升高压自检；待自检结束，对话框自动关闭。

(4) 制备样品

取适量被测样品，用玛瑙研钵研细，放到玻璃载片的凹槽中，要求被测样品平面比凹槽周围玻璃平面稍高一点儿，最后将被测样品压实并与玻璃表面持平即可。

(5) 放置样品

向右拉开 DX-2700 型 X 射线衍射仪防护门，将制备好的样品玻璃载片插入样品槽中，向左拉关严 DX-2700 型 X 射线衍射仪防护门。

(6) 测量样品

在“DX-2700 控制系统 2.1-［样品测量］”窗口右侧，修改控制参数中的“步进角度”和“步进时间”，查看窗口右下角的剩余时间是否合适；然后用鼠标左键点击“开始测量”，出现对话框，在文件名中输入样品名称，点击“保存”，仪器自动开始测量；测量结束，数据自动保存。

(7) 拷贝数据

只准用 CD 和 DVD 光盘刻录拷贝数据，不准插 U 盘，以免电脑中毒。

(8) 关机

当天测量全部结束后，先用鼠标左键点击“DX-2700 控制系统 2.1-［样品测量］”窗口下方的“关闭高压”；再关闭“DX-2700 控制系统 2.1-［样品测量］”窗口；按下 DX-2700 型 X 射线衍射仪启动开关“OFF”；20min 后，将循环水制冷装置的开关转到“停止”位置；最后关闭仪器后墙壁上的电源总开关。

实验二十五　溶胶-凝胶法制备 TiO_2

一、实验目的

1. 了解二氧化钛的性质及应用。
2. 掌握溶胶-凝胶法制备二氧化钛的方法。
3. 了解评价纳米二氧化钛光催化活性的方法。

二、实验原理

纳米 TiO_2 是一种高功能精细无机材料，具有表面效应、体积效应和量子尺寸效应，是重要的陶瓷、半导体及光催化材料。利用纳米 TiO_2 对有机污染物进行光催化降解，可使有害物质矿化为 CO_2、H_2O 及其他无机小分子物质，因此可用于废水处理、空气净化以及杀菌除臭。对于解决目前日益严重的环境污染问题，TiO_2 光催化氧化技术极具研究和实用价值。

溶胶-凝胶法是用含高化学活性组分的化合物作为前驱体，在液相下将这些原料均匀混合，并进行水解、缩合化学反应，在溶液中形成稳定的透明溶胶体系，溶胶经陈化胶粒间缓慢聚合，形成三维空间网络结构的凝胶，凝胶网络间充满了失去流动性的溶剂。凝胶经过干燥、烧结固化可制备出纳米结构的材料。

溶胶-凝胶法是制备纳米 TiO_2 方法中很重要的一种方法。它以钛醇盐为原料，通过水解和缩聚反应制得溶胶。再进一步缩聚得凝胶，凝胶经干燥、煅烧得到纳米 TiO_2。其反应方程式为：

$$Ti(OR)_4+4H_2O \longrightarrow Ti(OH)_4+4ROH$$
$$Ti(OH)_4 \longrightarrow TiO_2+2H_2O$$

该工艺原料的纯度较高，整个过程不引入杂质离子，可以通过严格控制工艺条件，制得纯度高、粒径小、粒度分布窄的纳米粉体，且产品质量稳定。缺点是原料成本高，干燥、煅烧时凝胶体积收缩大，易造成纳米 TiO_2 颗粒间的团聚。

本实验以钛酸四丁酯为前驱体，无水乙醇为分散剂，冰乙酸为抑制剂，通过溶胶-凝胶工艺制备纳米二氧化钛，并且以甲基橙为模型污染物，进行了纳米二氧化钛光催化活性研究。

三、仪器及试剂

1. 仪器：磁力搅拌器、烧杯、量筒、恒压滴液漏斗、马弗炉、超声波清洗器、离心机、可见分光光度计、自制光催化反应装置。

2. 试剂：钛酸四丁酯（TNB）、无水乙醇、冰乙酸、甲基橙。

四、实验内容

1. 溶胶-凝胶法制备纳米二氧化钛

(1) 分别量取钛酸四丁酯 10mL、无水乙醇 15mL、冰乙酸 6mL，放入烧杯中磁力搅拌均匀，此液体为 A 液。

(2) 另量取无水乙醇 4mL、冰乙酸 2mL、二次蒸馏水 4mL 混合均匀，此混合液为 B 液。在剧烈搅拌下，将 B 液缓慢滴入 A 液中。滴加完毕，继续搅拌 3h，静置陈化，待液体失去流动性，在 100℃下烘 12h 得黄色凝胶块，研磨得到无定形纳米 TiO_2。

(3) 然后将其放入马弗炉中 500℃下煅烧 2h，研磨得纳米 TiO_2 晶体。

2. 光催化活性研究

在 $10mg \cdot L^{-1}$ 甲基橙溶液中加入纳米 TiO_2 粉体，超声分散 30min 后，将此溶液放入光催化反应装置中，通入 O_2 30min 后在 20W 紫外灯照射下进行降解反应。每隔 30min 取一次样，离心分离，取上层清液用分光光度计在 464nm 处测其吸光度 A。

降解率公式如下：

$$\eta=\frac{A_0-A_t}{A_0}\times 100\%$$

式中，A_0 为溶液初始的吸光度值；A_t 为某一时间的吸光度值。

五、实验结果与处理

(1) 理论产量=______g；

实际产量=______g；

产率=______

(2) 将光催化性能结果记录于表 7-1。

表 7-1　TiO_2 对甲基橙的光催化降解性能

降解时间/min	30	60	90	120
吸光度 A				
降解率/%				

六、思考题

1. 冰乙酸在溶胶-凝胶法中的作用是什么？

2. 水的用量会对纳米 TiO_2 光催化活性产生怎样的影响？

实验二十六　茶叶中咖啡因的提取及其性质

一、实验目的

1. 学习从茶叶中提取咖啡因的基本原理和方法，了解咖啡因的一般性质。

2. 掌握用索氏提取器提取有机物的原理和方法。

3. 熟悉液固萃取、蒸馏、升华等基本操作。

二、实验原理

咖啡因是杂环化合物嘌呤的衍生物，呈弱碱性，常以盐或游离状态存在。它的化学名称是1,3,7-三甲基黄嘌呤，结构式如下：

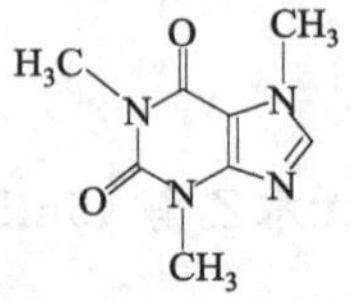

含结晶水的咖啡因是无色针状结晶，味苦，能溶于氯仿、丙酮、乙醇和水（热水中溶解度更大），但难溶于冷的乙醚和苯。纯品的熔点为235～236℃[1]。在100℃时失去结晶水，并开始升华；120℃时显著升华，178℃时迅速升华。它是一种温和的兴奋剂，具有刺激心脏、兴奋中枢神经和利尿等作用，是中枢神经兴奋药，也是复方阿司匹林药物的成分之一。

根据咖啡因的溶解性能和易升华的特点，实验室常用的提取咖啡因的方法有两种：一种是用碳酸钠热溶液游离咖啡因，再用氯仿萃取；另一种是用索氏提取器提取，然后浓缩，升华得到咖啡因固体。粗咖啡因中还含有其他一些生物碱和杂质（如鞣质酸等），可利用升华法进一步提纯。

咖啡因存在于茶叶、咖啡豆、可可等多种植物组织中。茶叶中约含有1%～5%的咖啡因，还含有11%～12%的鞣质酸和0.6%的色素、纤维素以及蛋白质等，其中鞣质酸也易溶于水和乙醇。因此，用水提取时，鞣质酸即混溶于茶汁中。为了除去鞣质酸，可以加碱，使鞣质酸成盐而与咖啡因分离。

咖啡因可以通过测定熔点及光谱法进行鉴定。

三、仪器及试剂

1. 仪器：索氏提取器（250mL）、水浴锅、漏斗、蒸发皿、常压蒸馏装置、电热套等。

2. 试剂：生石灰、95%乙醇。

四、实验内容

1. 仪器装置

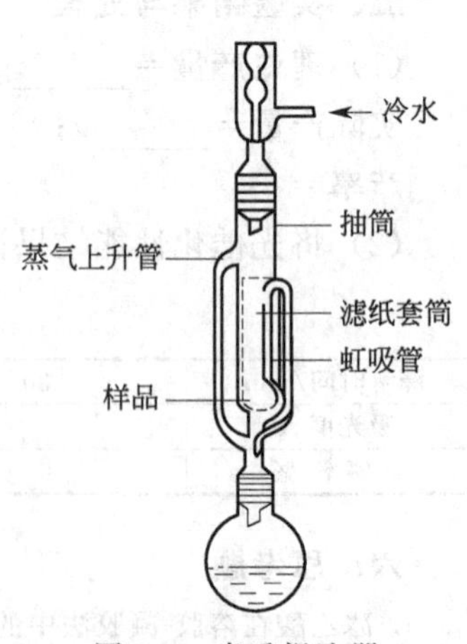

图7-3　索氏提取器

索氏提取器由烧瓶、抽筒和冷凝管三部分组成[2]，装置如图7-3所示。索氏提取器是利用溶剂回流及虹吸原理，使固体物质每次都被纯的溶剂所萃取，因而萃取效率很高。萃取前，应先将固体物质研细，以增加溶剂浸溶的面积，然后将研细的固体物质装入滤纸筒内[3]，再置于抽筒中，烧瓶内盛溶剂，并与抽筒相连，抽筒上端接冷凝管。溶剂受热沸腾，其蒸气沿抽筒侧管上升至冷凝管，冷凝为液体，滴入滤纸筒中，并浸泡筒中样品。当液面超过虹吸管最高处时，即虹吸流回烧瓶，从而萃取出样品中的部分物质。如此多次循环，把要提取的物质富集于烧瓶内。提取液经常压（或减压）浓缩除去溶剂后，即得粗产物。

2. 提取

称取干茶叶 10g，装入滤纸筒内，轻轻压实，滤纸筒上口盖一片圆形滤纸或一小团脱脂棉，置于抽筒中。圆底烧瓶内加入约 120mL 95％乙醇，用水浴加热回流提取，连续提取 2～3h，直到烧瓶中液体变深、抽筒中提取液颜色变浅，此时，当抽筒中液体流空时，立即停止加热。

将仪器改成蒸馏装置，水浴加热回收提取液中的大部分乙醇[4]，趁热将烧瓶中的残留液倒入蒸发皿中，加入约 4g 生石灰粉[5]，在蒸气浴上蒸发至干（不断搅拌，压碎块状物），再用灯焰隔石棉网小火焙烧片刻，除去全部水分[6]，冷却后，擦去粘在边上的粉末，以免升华时污染产物。

用一张刺有许多小孔的圆形滤纸盖在装有粗咖啡因的蒸发皿上，再取一只口径合适的玻璃漏斗罩在滤纸上，漏斗颈部疏松地塞一小团棉花[7]。在石棉网或沙浴上小心加热蒸发皿，逐渐升高温度，使咖啡因升华[8]。咖啡因通过滤纸孔遇到漏斗内壁凝为固体，附着于漏斗内壁和滤纸上。当滤纸上出现大量白色结晶时，暂停加热，让其自然冷却至 100℃左右，揭开漏斗和滤纸，仔细地用小刀把附着于漏斗内壁和滤纸上的咖啡因刮下。将蒸发皿内的残渣加以搅拌，重新罩上滤纸和漏斗，用较大的火焰加热再升华一次。合并两次升华所收集的咖啡因。

3. 测定熔点

测定升华得到的咖啡因晶体的熔点。

4. 称重及产率计算

称量纯净咖啡因的质量，计算茶叶中咖啡因的含量。

咖啡因含量＝(咖啡因质量/茶叶质量)×100％

本实验约需 5～6 小时。

五、注释

[1] 纯净咖啡因为白色针状晶体，熔点为 235～236℃。

[2] 索氏提取器为配套仪器，其任一部件损坏将会导致整套仪器的报废，特别是虹吸管极易折断，所以在安装仪器和实验过程中须特别小心。

[3] 滤纸筒的直径要略小于抽筒的内径，其高度要超过虹吸管，但是样品不得高于虹吸管。如无现成的滤纸筒，可自行制作。

[4] 烧瓶中乙醇不能蒸得太干，否则残液黏度大，转移时易造成损失。

[5] 拌入生石灰要均匀，生石灰除吸水外，还可中和除去部分酸性杂质。

[6] 如留有少量水分，升华开始时，会产生雾，影响咖啡因的质量。

[7] 蒸发皿上覆盖有小孔的滤纸是为了避免已升华的咖啡因落入蒸发皿中，纸上的小孔使蒸气通过，漏斗颈塞棉花，可防止咖啡因蒸气逸出。

[8] 在萃取回流充分的情况下，升华操作的好坏是实验成败的关键，在升华过程中必须严格控制加热温度，温度太低，升华速度较慢，温度太高，将导致被烘物和滤纸炭化，一些有色物质也会被带出来，使产品不纯。

六、思考题

1. 索氏提取器的萃取原理是什么？它与一般的浸泡萃取相比，有哪些优点？
2. 本实验进行升华操作时应注意什么问题？
3. 本实验中使用石灰的作用是什么？
4. 除可用乙醇萃取咖啡因外，还可采用哪些溶剂萃取？

实验二十七　菠菜色素的提取与分离

一、实验目的

1. 通过绿色植物色素的提取和分离，了解天然产物提取和分离的方法。

2. 通过柱色谱和薄层色谱分离操作，加深了解微量有机化合物色谱分离、鉴定的原理。

二、实验原理

绿色植物（如菠菜）的叶、茎中，含有叶绿素（绿色）、胡萝卜素（橙色）和叶黄素（黄色）等多种天然色素。

叶绿素存在两种结构相似的形式，即叶绿素 a（$C_{55}H_{72}O_5N_4Mg$）和叶绿素 b（$C_{55}H_{70}O_6N_4Mg$），其差别仅在于叶绿素 a 中一个甲基被甲酰基所取代而形成了叶绿素 b。叶绿素 a 为蓝黑色固体，在乙醇溶液中呈蓝绿色，叶绿素 b 为暗绿色固体，在乙醇溶液中呈黄绿色。它们都是吡咯衍生物与金属镁的配合物，是植物进行光合作用所必需的催化剂。植物中叶绿素 a 的含量通常是叶绿素 b 的三倍，尽管叶绿素分子中含有一些极性基团，但是大的烃基结构使它不溶于水而易溶于乙醇、乙醚、石油醚等有机溶剂。

胡萝卜素（$C_{40}H_{56}$）是一种橙黄色的天然色素，是一种具有长链结构的共轭多烯，属于四萜类化合物，它有三种异构体，即 α-胡萝卜素、β-胡萝卜素和 γ-胡萝卜素，三种异构体在结构上的区别只在于分子的末端，其中 β-胡萝卜素在植物体中含量最多也最重要，在生物体内受酶催化氧化即形成维生素 A。目前 β-胡萝卜素已可进行工业生产，可代替维生素 A 使用，也可作为食品工业中的色素使用。

叶黄素（$C_{40}H_{56}O_2$）是胡萝卜素的羟基衍生物，是一种黄色色素，它在绿叶中的含量通常是胡萝卜素的两倍，与胡萝卜素相比，叶黄素较易溶于醇而在石油醚中的溶解度较小。秋天，植物的叶绿素被破坏后，叶黄素的颜色才显现出来而使植物叶子显黄色。

叶绿素a (R=CH_3)
叶绿素b (R=CHO)

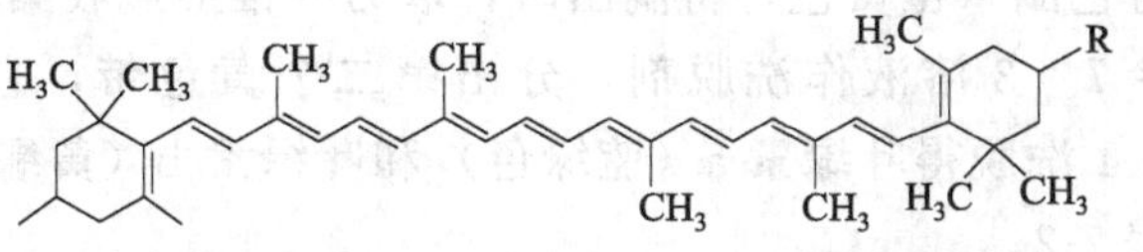

β-胡萝卜素(R=H)　　叶黄素(R=CH_3)

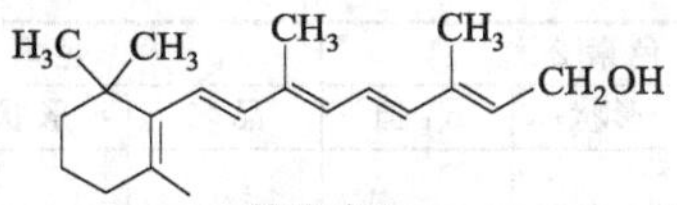

维生素A

本实验从菠菜叶中提取上述几种色素，然后根据各化合物性质的不同，利用色谱法进行分离。

三、仪器及试剂

1. 仪器：研钵、布氏漏斗、抽滤装置、分液漏斗、圆底烧瓶、直形冷凝管、毛细管、层析板、展开槽、色谱柱、电热套等。

2. 试剂：乙醇、石油醚、氯化钠、无水硫酸钠、丙酮、中性氧化铝（150～160 目）。

四、实验内容

1. 菠菜色素的提取

称取约 5g 洗净后的新鲜菠菜叶，用剪刀剪碎并与 10mL 乙醇拌匀，在研钵中研磨约 5min，然后用布氏漏斗抽滤菠菜汁。滤渣放回研钵中，用石油醚：乙醇＝2：1（体积比）混合液 20mL 萃取两次，每次 10mL，每次均需加以研磨并抽滤。合并菠菜汁和深绿色萃取液，转入分液漏斗，先用 10mL 饱和食盐水洗涤一次，再用等体积蒸馏水洗涤两次，以除去萃取液中的乙醇和其他水溶性物质，洗涤时要轻轻振荡以防止液体产生乳化，弃去水-乙醇层，石油醚层用 2g 无水硫酸钠干燥后滤入圆底烧瓶，安装蒸馏装置，蒸去大部分石油醚，浓缩至体积约为 2mL 为止。

2. 薄层色谱

取活化后的色谱板，点样[1]，小心放入盛有展开剂（石油醚：丙酮＝7：3）的层析缸内，点样点不能浸到展开剂中，盖好缸盖，待展开剂上升至规定高度时，取出层析板，在空气中晾干，计算三种色素（叶绿素、叶黄素和胡萝卜素）的 R_f 值[2]。

3. 柱色谱

在 20cm×2cm 的色谱柱中，加入 15cm 高的石油醚。另取少量脱脂棉，先在小烧杯内用石油醚浸湿，挤压以去除气泡，然后放在色谱柱底部，在它上面加一片直径比柱略小的圆形滤纸。将 20g 层析用的中性氧化铝（150～160 目），从玻璃漏斗中缓缓加入，小心打开柱下活塞，保持石油醚高度不变，流下的氧化铝在柱子中堆积。必要时用装在玻棒上的橡皮塞轻轻在色谱柱的周围敲击，使吸附剂装得平整致密。柱中溶剂液面，由下端活塞控制，不能低于氧化铝面。装完后，上面再加一片圆形滤纸，打开下端活塞，放出溶剂，直到溶剂液面高出氧化铝表面 1～2mm 为止。将上述菠菜色素的浓缩液，用滴管小心地加到色谱柱顶部，加完后，打开下端活塞，让液面下降到柱面以下 1mm 左右，关闭活塞，加数滴石油醚，打开活塞，使液面下降，经几次反复，使色素全部进入柱体。待色素全部进入柱体后，在柱顶小心加入 1.5cm 高度的洗脱剂石油醚：丙酮＝9：1（体积比），然后在色谱柱上面装一滴液漏斗，内装 15mL 洗脱剂，打开上下两个活塞，让洗脱剂逐滴放出，层析即开始进行，用锥形瓶收集。当第一个有色圈（橙黄色）将滴出时，取另一锥形瓶收集，它就是胡萝卜素。

用石油醚：丙酮＝7：3溶液作洗脱剂，分出第二个黄色带，它是叶黄素[3]。再用丁醇：乙醇：水＝2：1：1洗脱得叶绿素a（蓝绿色）和叶绿素b（黄绿色）。

将实验结果填入表7-2。

表7-2 柱色谱结果

色素1			色素2			色素3			色素4		
品名	形状	R_f 值	品名	形状	R_f 值	品名	形状	R_f 值	品名	形状	R_f 值

五、注释

［1］点样与展开应按要求进行，点样不能戳破薄层板面；展开时，不要让展开剂前沿上升至底线，否则，无法确定展开剂上升高度，即无法求得 R_f 值和准确判断粗产物中各组分在薄层板上的相对位置。

［2］溶质最高浓度中心到点样点中心的距离与溶剂上升的前沿到点样点中心的距离的比值就是比移值 R_f。叶绿素会出现两点（叶绿素a，叶绿素b）。叶黄素易溶于醇而在石油醚中溶解度小，从嫩绿叶中得到提取液中叶黄素很少。

［3］叶黄素易溶于醇而在石油醚中溶解度较小，从嫩绿菠菜叶得到的提取液中，叶黄素含量较少，柱色谱中不易分出黄色带。

六、思考题

1. 为什么在一定的操作条件下可利用 R_f 值来鉴定化合物？
2. 在混合物薄层色谱中，如何判定各组分在薄层上的位置？
3. 展开剂的高度若超过了点样线，对薄层色谱有何影响？
4. 比较叶绿素、叶黄素和胡萝卜素三种色素的结构，为什么胡萝卜素在色谱柱中移动最快？

实验二十八 印刷电路板酸性蚀刻废液的回收利用

一、实验目的

1. 了解印刷电路板酸性蚀刻废液的来源和化学组成。
2. 了解印刷电路板酸性蚀刻废液的回收利用的意义。
3. 掌握印刷电路板酸性蚀刻废液的回收方法。

二、实验背景

在电子工业中，印刷电路板的制造不仅消耗大量的水和能量，而且产生大量对环境和人类健康有害的废物，酸性蚀刻废液是蚀刻铜箔过程中产生的一种铜含量较高、酸度较大的工业废水。酸性蚀刻废液严重污染环境，影响水中微生物的生存、破坏土壤团粒结构、影响农作物的生长。为此，国内外有关印刷电路板酸性蚀刻废液回收利用技术的开发和推广工作方兴未艾，各国有关印刷电路板制造业的清洁生产法规、标准也陆续出台，例如，美国在1995年已对印制电路板生产企业提出环境设计要求，并大力推广印制电路板酸性蚀刻废液再生系统。我国也于2008年发布了HJ 450—2008《清洁生产标准　印制电路板制造业》，要求印制电路板生产企业建立酸性蚀刻废液再生循环系统，以实现清洁生产。

印制电路板酸性蚀刻废液中的主要成分为氯化铜、盐酸、氯化钠及少量的氧化剂。根据有关研究成果，通过采用合理的化学和电化学方法，可以将印制电路板酸性蚀刻废液中的铜离子转化为金属铜、氧化铜、氧化亚铜、硫酸铜、氯化亚铜以及碱式氯化铜等有用的含铜化学品，既减轻污染又变废为宝。

三、实验要求

查阅有关文献，设计实验方案完成下实验内容。

1. 由印制电路板酸性蚀刻废液制备1～2g下列物质之一：金属铜、氧化铜、氧化亚铜、硫酸铜、氯化亚铜或碱式氯化铜。

2. 鉴定所得产物。

3. 检测所得产物中 Fe^{3+} 的含量。

四、思考题

1. 检测产物中 Fe^{3+} 的含量，用什么方法比较简便？
2. 分别用 Na_2CO_3、NaOH、$NH_3 \cdot H_2O$ 作为铜离子沉淀剂，沉淀产物的质量是否相同？为什么？
3. 要制备较为纯净的金属铜，用什么方法合适？为什么？

附：

末端治理与清洁生产

在人类经济发展的过程中，工业污染经历了自由排放阶段和末端治理阶段，现在正向清洁生产的方向发展。

1. 末端治理及其局限性

人类经济发展的最初阶段往往只考虑经济收入，而很少考虑环境问题，工业污染处于自由排放阶段，环境质量急剧恶化，人们不得不在生产过程的末端即在污染物排入环境前增加治理污染的环节，从而进入了工业污染的末端治理阶段。其标志是1972年的斯德哥尔摩环境大会，这是人类现代意义环境保护的第一个里程碑。

末端治理作为防治污染而采取的一种补救措施，确实对环境质量的改善起到了非常强大的作用。然而，随着经济的飞速发展和人口的增长，全球性的污染、生态环境破坏和资源浪费有增无减，而且新的环境问题不断出现。由此可见，在以污染物排放标准为依据的排放收费制度支持下的末端处理方法越来越表现出其局限性，主要表现在以下几个方面：

(1) 污染物产生于生产过程，而末端治理却偏重污染物产生后的处理，忽视全过程控制，仅起被动“修补”作用，治标而不治本；

(2) 单纯依靠处理设施，往往仅起到污染物朝不同介质转移的作用，特别是有毒、有害废物在处理时可能转化为新的污染物，结果形成治不胜治的恶性循环；

(3) 末端治理侧重于控制污染物排放浓度，在一定程度上仅起到鼓励达标排放的作用，不利于实施污染物的总量控制；

(4) 治理投资和运行费用高，企业负担重甚至难以承受，这致使企业缺乏应有的积极性；

(5) 资源、能源得不到有效利用，一些本来可以回收利用的原材料及其产物都作为三废处理掉，造成资源和能源的浪费。

2. 清洁生产的含义

在总结末端治理经验的基础上，发达国家率先提出了“清洁生产”这一概念。对于这一概念，不同国家有不同的提法，如"无公害工艺""少废无废工艺""绿色工艺""生态工艺"等。尽管提法不同，但其含义是一致的，即将综合预防的策略持续应用于生产过程和产品中，以减少对人类和环境的危害。其要点包括：

(1) 清洁生产的基本思路是把污染控制由末端治理方法上升为全生产过程控制；

(2) 清洁生产的基本方法是在清洁生产审计的基础上，通过设施与技术改造、工艺流程改进、原材料替换、产品重新设计以及强化生产各个环节的内部管理、设备维修、人员培训等寻求清洁生产的机会。把污染物消除在生产过程中；

(3) 清洁生产的核心是废物最小量化和废物再生资源化；

(4) 清洁生产的目的是合理利用自然资源、缓解资源枯竭、减少废物排放、促进工业产品的生产、消费和环境相容，降低整个工业活动对人类和环境的危害。

可见，清洁生产不是指某项单一的技术或单一的方法，而是一项系统工程。同时，清洁生产也不是一次性工作，它是随着社会的进步而持续进行和不断完善的过程，因此只有持续的清洁生产才能保证经济与环境的可持续发展。

实验二十九　乙酰乙酸乙酯的制备——克莱森（Claisen）缩合反应

一、实验目的

1. 了解 Claisen（克莱森）酯缩合制备乙酰乙酸乙酯的原理和方法。
2. 掌握无水操作及减压蒸馏等操作技术。
3. 学习乙酰乙酸乙酯酮式与烯醇式结构互变异构的性质。

二、实验原理

两分子乙酸乙酯在强碱作用下缩合，再经过水解生成乙酰乙酸乙酯，此反应称为 Claisen（克莱森）酯缩合。本实验利用金属钠与乙酸乙酯中含有的少量乙醇生成乙醇钠作为碱性缩合剂，促进 Claisen 酯缩合反应发生从而制备乙酰乙酸乙酯。反应式如下：

$$C_2H_5OH + Na \longrightarrow C_2H_5ONa + \frac{1}{2}H_2$$

$$2CH_3COOC_2H_5 + C_2H_5ONa \rightleftharpoons CH_3\underset{\substack{|\\ ONa}}{C}{=}CHCOOC_2H_5 + C_2H_5OH$$

$$\underset{\text{酮式}}{CH_3-\overset{\substack{O\\ \|}}{C}-CH_2-COOC_2H_5} \rightleftharpoons \underset{\text{烯醇式}}{CH_3-\underset{\substack{|\\ OH}}{C}{=}CH-COOC_2H_5}$$

三、仪器及试剂

1. 仪器：50mL 圆底烧瓶、温度计、球形冷凝管、氯化钙干燥管、电热套、分液漏斗、50mL 蒸馏烧瓶、温度计套管、蒸馏头、直形冷凝管、接液管、锥形瓶、循环真空水泵、试管、胶头滴管。

2. 试剂：乙酸乙酯 21.5mL（19.4g，0.22mol）、金属钠 2.3g（0.10mol）、50%乙酸溶液。pH 试纸、饱和食盐水、无水硫酸镁、2，4-二硝基苯肼溶液、饱和亚硫酸氢钠溶液、

1%三氯化铁溶液、溴的四氯化碳溶液。

四、实验内容

1. 乙酰乙酸乙酯的制备

所用玻璃仪器必须干燥，乙酸乙酯也必须干燥[1]。

在干燥的50mL圆底烧瓶中加入21.5mL乙酸乙酯和2.3g刚刚切成小薄片的金属钠[2]，迅速装上回流冷凝管，并在冷凝管上端连接氯化钙干燥管。反应很快开始，如果反应较慢，可以稍微加热，使反应保持微沸状态，直至金属钠全部反应完[3]。此时，反应瓶内溶液呈橘红色并有淡黄色固体出现。

待反应瓶稍冷后，振摇下滴加50%乙酸溶液[4]至反应混合物pH值等于6，此时固体应全部溶解（若还有固体，可加水使其溶解）。将反应液转入分液漏斗中，加入等体积的饱和食盐水洗涤，分出有机层，用无水硫酸镁干燥后滤入蒸馏烧瓶，先常压蒸出过量的乙酸乙酯，再减压蒸馏蒸出乙酰乙酸乙酯[5]，产量5～6g。

纯乙酰乙酸乙酯：bp 180.4℃，相对密度 $d_{D}^{20}=1.025$，折射率为 $n_{D}^{20}=1.4198$。

2. 乙酰乙酸乙酯的化学性质试验

（1）2，4-二硝基苯肼试验

在试管中加入1mL新配制的2,4-二硝基苯肼溶液，再滴加4～5滴乙酰乙酸乙酯，观察现象。

（2）饱和亚硫酸氢钠溶液试验

在试管中加入2mL乙酰乙酸乙酯和0.5mL饱和亚硫酸氢钠溶液，振荡后有亚硫酸氢钠加成物析出。再加入饱和碳酸钾溶液，振荡后沉淀消失，乙酰乙酸乙酯游离出来。

（3）三氯化铁溶液试验

在试管中加入2滴乙酰乙酸乙酯和3mL水，振荡混匀后加入4～5滴1%三氯化铁溶液，观察溶液的颜色。

（4）溴的四氯化碳溶液试验

在试管中加入2滴乙酰乙酸乙酯和2mL四氯化碳，在振荡下滴加2%溴的四氯化碳溶液至溴的淡红色在1min内保持不变。放置5min后再观察颜色发生的变化，再滴加溴的四氯化碳溶液又有何变化。解释变化的原因。

五、注释

[1] 先加入无水碳酸钾干燥，再用水浴蒸馏，收集76～78℃馏分。

[2] 注意金属钠不能与水接触，在将钠切成小薄片的过程中动作要快，以防金属钠表面被氧化。

[3] 金属钠必须充分反应完全，否则加乙酸溶液时，容易着火。

[4] 要避免加入过量的乙酸溶液，否则会增加酯在水中的溶解度。另外，酸度过高，会促使副产物“去水乙酸”的生成，从而降低产量。

[5] 乙酰乙酸乙酯常压蒸馏时，易发生分解而降低产量。它的沸点与压力的关系如表7-3。

表7-3 乙酰乙酸乙酯的沸点与压力的关系

压力	mm Hg	12	14	18	20	30	40	60	80	760
	kPa	1.6	1.87	2.4	2.67	4	5.33	8	10.67	101.33
沸点	℃	71	74	78	82	88	92	97	100	181

六、思考题

1. 为什么与羰基相连碳上的氢有酸性？

2. 本实验应以哪种物质为基准计算产率？为什么？

3. 本实验所用仪器未经干燥处理，对反应有何影响？

4. 加入50%乙酸和饱和食盐水的目的是什么？

5. 什么叫互变异构现象？如何用实验证明乙酰乙酸乙酯是酮式和烯醇式两种互变异构体的平衡混合物？写出有关反应式。

实验三十　邻二氮菲分光光度法测定微量铁

一、实验目的

1. 掌握用邻二氮菲分光光度法测定微量铁的原理和方法。

2. 学习如何确定分光光度法测定微量铁的实验条件。

3. 学会绘制标准曲线的方法。

4. 了解分光光度计的构造，并掌握其使用方法。

二、实验原理

分光光度法测定微量铁的常用方法有磺基水杨酸法、邻二氮菲（Phen，又称邻菲罗啉）法、硫代甘醇酸法、硫氰盐法等，其中较常用的是邻二氮菲法。在 pH＝2～9 的酸度范围内，邻二氮菲法涉及的显色反应为：

Fe^{2+} ＋ 3 Phen ⟶ $[Fe(Phen)_3]^{2+}$ （橘红色）

生成的络合物 $[Fe(Phen)_3]^{2+}$ 的 $\lg K_f^{\ominus}=21.3$，在510nm处的吸光强度最大，摩尔吸光系数 $\varepsilon_{510nm}=1.1\times10^4 L\cdot mol^{-1}\cdot cm^{-1}$。

此方法的选择性很高，对铁含量的测定不受以下几种情况的干扰：

① Sn^{2+}、Al^{3+}、Ca^{2+}、Mg^{2+}、Zn^{2+}、SiO_3^{2-} 的含量是铁含量的40倍，

② Cr^{2+}、Mn^{2+}、PO_4^{3-} 的含量是铁含量的20倍，

③ Co^{2+}、Cu^{2+} 的含量是铁含量的5倍。

但是，铁通常为＋3价的稳定形式，并且 Fe^{3+} 可以与Phen反应生成稳定性较差的淡蓝色络合物。所以，在实际应用中常加入还原剂盐酸羟胺（$NH_2OH\cdot HCl$），将 Fe^{3+} 还原成 Fe^{2+}：

$$2Fe^{3+}+2NH_2OH\cdot HCl = 2Fe^{2+}+N_2\uparrow+2H_2O+4H^{+}+2Cl^{-}$$

此外，在用分光光度法测定金属离子含量时，显色反应对实验条件有一定的要求，如显色反应产物溶液的稳定性、显色剂的用量、溶液的酸度、显色的温度等，这些条件都要通过实验来确定。本实验通过几个条件实验来确定络合物的最大吸收波长（λ_{max}）、适当的溶液酸度、显色剂用量和显色时间。

条件实验的操作方法：改变某一实验条件，同时固定其他所有条件，测得一系列的吸光度数据，绘制吸光度与该实验条件的吸收曲线，根据所得曲线确定该实验条件的最佳范围。

由于酸度高时，反应进行比较慢；而酸度太低时，Fe^{2+} 容易发生水解反应，影响显色。所以，在测定时，本实验用 HAc-NaAc 缓冲溶液将 pH 值（酸度）控制在 5.0～6.0 之间。

三、仪器及试剂

1. 仪器：分光光度计、pH 计、容量瓶（50mL 8 只，100mL 1 只，1000mL 1 只）、移液管（1mL、2mL、5mL、10mL 各 1 只）、比色皿（1cm，1 对）

2. 试剂：邻二氮菲水溶液 1.5g·L^{-1}（8.7×10^{-3} mol·L^{-1}）、盐酸羟胺水溶液（新配置）100g·L^{-1}（1.4mol·L^{-1}）、NaAc 水溶液 1.0mol·L^{-1}、NaOH 水溶液 0.1mol·L^{-1}、待测铁溶液。

① 铁标准溶液（0.1g·L^{-1}，1.8×10^{-3} mol·L^{-1}）：用差减法准确称取 0.8634g 十二水硫酸铁铵 [$NH_4Fe(SO_4)_2\cdot12H_2O$，分析纯]，置于烧杯中，加入 20mL 6mol·L^{-1} 的 HCl 溶液，随后加少量蒸馏水并搅拌，使其完全溶解。然后，转移到 1000mL 的容量瓶内，加蒸馏水至刻度，摇匀待用。

② 铁标准溶液（0.01g·L^{-1}，1.8×10^{-4} mol·L^{-1}）：取一只 100mL 的容量瓶，加入 10mL①中所配铁标准溶液，随后加入 HCl 溶液（6mol·L^{-1}）2mL，用蒸馏水稀释至刻度，摇匀待用。

四、实验内容

1. 条件实验

（1）绘制邻二氮菲-Fe^{2+} 吸收曲线及确定测定波长

向两个 50mL 的容量瓶内分别加入 0mL 和 1.0mL 0.1g·L^{-1} 的铁标准溶液，然后均加入 1.0mL 100g·L^{-1} $NH_2OH\cdot HCl$、2.0mL 1.5g·L^{-1} Phen 和 5.0mL 1.0mol·L^{-1} NaAc 水溶液，用水稀释至刻度线，摇匀，静置 10min。用 pH 计测其酸度。选用一对 1cm 的比色皿，分别加入上述两种溶液。以含 0mL 铁标准溶液的溶液（即试剂空白）为参比溶液，以加入铁标准溶液的样品为研究对象，测定随入射光波长改变其吸光度的变化情况，确定显色产物的 λ_{max}。具体操作：在 450～570nm 之间，每隔 10nm 测一次吸光度，在最大吸收峰附近，每隔 5nm 测一次吸光度（注意：每改变一次波长，都要用参比溶液校正仪器的吸光度）；以波长为横坐标，相应的吸光度 A 为纵坐标，作 A-λ 关系曲线；求出最大吸收峰的顶点对应的波长，即为最大吸收波长 λ_{max}。通常，选用 λ_{max} 为测量铁含量的适宜波长。

（2）确定适宜的溶液酸度

取 8 只 50mL 的容量瓶，用移液管均加入 1.0mL 0.1g·L^{-1} 的铁标准溶液、1.0mL 100g·L^{-1} $NH_2OH\cdot HCl$ 和 2.0mol 1.5g·L^{-1} Phen 溶液，然后分别加入 0mL、0.2mL、0.5mL、1.0mL、1.5mL、2.0mL、2.5mL 和 3.0mL 0.1mol·L^{-1} NaOH 溶液（依次标记为 1 号、2 号、3 号、…、8 号）。用蒸馏水稀释至 50mL，摇匀，静置 10min。用 pH 计测定 8 个样品的 pH 值。用 1cm 的比色皿，以蒸馏水为参比溶液，在波长 λ_{max} 下测定 8 个样品的吸光度。然后，以 pH 值为横坐标，相应的吸光度 A 为纵坐标，作 A-pH 关系曲线，求出测定铁含量的适当 pH 值范围。

（3）确定显色剂的用量

取 7 只 50mL 的容量瓶，用移液管均加入 1.0mL 0.1g·L^{-1} 的铁标准溶液和 1.0mL

$100g \cdot L^{-1}$ $NH_2OH \cdot HCl$ 溶液。然后分别加入 0.1mL、0.3mL、0.5mL、0.8mL、1.0mL、2.0mL、4.0mL $1.5g \cdot L^{-1}$ Phen 溶液，再加入 5.0mL $1.0mol \cdot L^{-1}$ NaAc 溶液（依次标记为 1 号、2 号、3 号、…、7 号）。用蒸馏水稀释至 50mL，摇匀，静置 10min。以蒸馏水为参比，用 1cm 比色皿，在 λ_{max} 下测定 7 个样品的吸光度。以 Phen 的体积 V_{Phen} 为横坐标，相应的吸光度 A 为纵坐标，作 A-V_{Phen} 关系曲线，求出测定铁含量的适当的显色剂用量范围。

（4）确定合适的显色时间

取 2 只 50mL 的容量瓶，用移液管分别加入 0mL 和 1.0mL $0.1g \cdot L^{-1}$ 的铁标准溶液（分别标记为 1 号和 2 号）。然后向两个容量瓶内均依次加入 1.0mL $100g \cdot L^{-1}$ $NH_2OH \cdot HCl$、2.0mL $1.5g \cdot L^{-1}$ Phen 和 5.0mL $1.0mol \cdot L^{-1}$ NaAc 溶液。用蒸馏水稀释至 50mL，摇匀。马上用 1cm 比色皿，以 1 号溶液为参比，在 λ_{max} 下测 2 号溶液的吸光度。然后依次测量 2 号样品被静置 10min、30min、1h、1.5h、2h 后的吸光度。以时间 t 为横坐标，相应的吸光度 A 为纵坐标，作 A-t 关系曲线，求出显色反应完全所需的最佳时间范围。

2. 样品含铁量的测定

（1）标准曲线的绘制

用移液管向 6 只已编号的 50mL 容量瓶内分别加入 0mL、2mL、4mL、6mL、8mL 和 10mL $0.01g \cdot L^{-1}$ 铁标准溶液，然后均加入 1.5mL $100g \cdot L^{-1}$ $NH_2OH \cdot HCl$ 溶液，摇匀，静置 5min。然后均依次加入 2.0mL $1.5g \cdot L^{-1}$ Phen 和 5.0mL $1.0mol \cdot L^{-1}$ NaAc 溶液，摇匀。用蒸馏水稀释至 50mL，摇匀后静置 10min。以 1 号试剂为参比，用 1cm 比色皿，在 λ_{max} 下测各溶液的吸光度。以铁的含量 c 为横坐标，相应的吸光度 A 为纵坐标，绘制 A-c 标准曲线，并求出曲线方程。

（2）样品中含铁量的测定

取 1 只编号为 7 的 50mL 容量瓶，用移液管加入 3mL 待测样品，然后加入 1.5mL $100g \cdot L^{-1}$ $NH_2OH \cdot HCl$ 溶液，摇匀，静置 5min。随后，依次加入 2.0mL $1.5g \cdot L^{-1}$ Phen 和 5.0mL $1.0mol \cdot L^{-1}$ NaAc 溶液，摇匀。以 1 号试剂为参比，在 λ_{max} 下，用 1cm 比色皿测 7 号样品的吸光度 A（平行测三次）。根据 A-c 标准曲线或曲线方程，求出样品中的含铁量（单位：$g \cdot L^{-1}$）。

五、数据处理

1. 条件试验

（1）绘制邻二氮菲-Fe^{2+} 吸收曲线及确定测定波长（表 7-4）

表 7-4　铁标准溶液（$0.1g \cdot L^{-1}$）在不同波长的吸光度 A

波长/nm	450	460	470	480	490	495	500
吸光度 A							
波长/nm	505	510	515	520	525	530	540
吸光度 A							
波长/nm	550	560	570				
吸光度 A							

含 0mL 铁标准溶液的试剂为参比溶液，pH=________。

绘制吸收曲线图，确定最大吸收波长 λ_{max}=__________nm。

（2）确定适宜的溶液酸度（表 7-5）

表 7-5　酸度对吸光度的影响（参比溶液：蒸馏水，吸收波长：λ_{max}）

编号	1	2	3	4	5	6	7	8
$0.1mol \cdot L^{-1}NaOH$ 体积/mL	0.0	0.2	0.5	1.0	1.5	2.0	2.5	3.0
pH								
吸光度 A								

绘制 A-pH 曲线，确定适宜酸度范围：pH=＿＿＿＿＿。

（3）确定显色剂的用量（表 7-6）

表 7-6　显色剂用量对吸光度的影响（参比溶液：蒸馏水，吸收波长：λ_{max}）

序号	1	2	3	4	5	6	7
$1.5g \cdot L^{-1}$Phen 体积/mL	0.1	0.3	0.5	0.8	1.0	2.0	4.0
pH							
吸光度 A							

绘制 A-V 曲线，确定适宜的显色剂用量：V=＿＿＿＿＿mL。

（4）确定合适的显色时间（表 7-7）

表 7-7　显色时间对吸光度的影响

序号	1	2	3	4	5	6	7
t/min	0	5	10	30	60	90	120
吸光度 A							

绘制 A-t 曲线，确定适宜的显色时间：t=＿＿＿＿＿min。

2. 样品含铁量的测定（表 7-8）

表 7-8　不同浓度 Fe 标准溶液的吸光度（1 号为参比溶液，吸收波长：λ_{max}）

序号	2	3	4	5	6	7(未知)
$0.01g \cdot L^{-1}Fe^{2+}$ 体积/mL	2	4	6	8	10	3
吸光度 A_1						
吸光度 A_2						
吸光度 A_3						
平均吸光度 A						

（1）绘制标准曲线图，标准曲线方程为：＿＿＿＿＿＿＿＿＿＿＿＿

（2）计算样品中铁的含量 $c(Fe^{2+})$=＿＿＿＿＿g/L

六、思考题

1. 进行条件实验的目的是什么？
2. 为什么要加入盐酸羟胺？能否用配置已久的盐酸羟胺溶液，为什么？
3. 选用参比溶液的目的和原则是什么？
4. 绘制标准曲线和测定试样中铁含量时，能否任意改变试剂的加入顺序？为什么？

实验三十一　无溶剂微波法合成 meso-苯基四苯并卟啉锌

一、实验目的

1. 了解微波仪合成卟啉锌的基本原理，学习无溶剂微波固相合成卟啉化合物的方法。

2. 学习紫外-可见分光光度法在定量分析中的应用。

二、实验原理

微波能够明显地加快有机合成反应的速率，被广泛用于合成、材料、分析和高分子等化学领域。在20世纪80年代，微波法已被成功用于合成卟啉类化合物。苯基苯并卟啉及其衍生物是卟啉领域的重要化合物之一，在光功能材料方面显示出良好的应用前景。采用无溶剂微波固相反应法，直接将邻苯二甲酰亚胺、苯乙酸和乙酸锌研磨后进行微波反应，可以获得meso-不同苯基取代度的四苯并卟啉锌，且产率较高。在邻苯二甲酰亚胺：苯乙酸：乙酸锌=1：1.4：0.8（物质的量之比）时，主要产物为meso-四苯基四苯并卟啉锌（Zn-P_4TBP），反应方程式为：

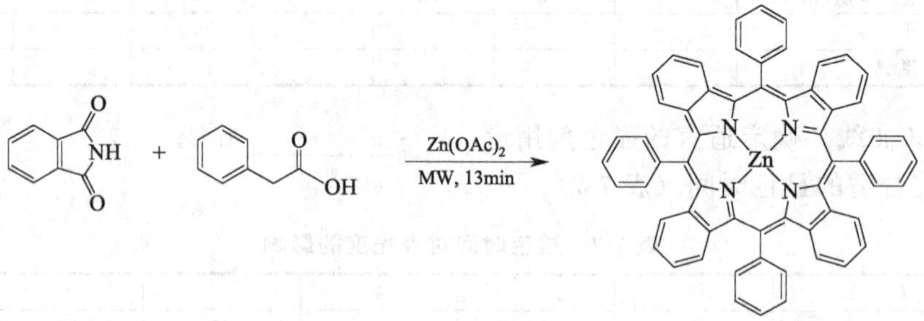

Zn-P_4TBP的B带最大吸收波长为464nm，其吸收光谱图如图7-4所示。

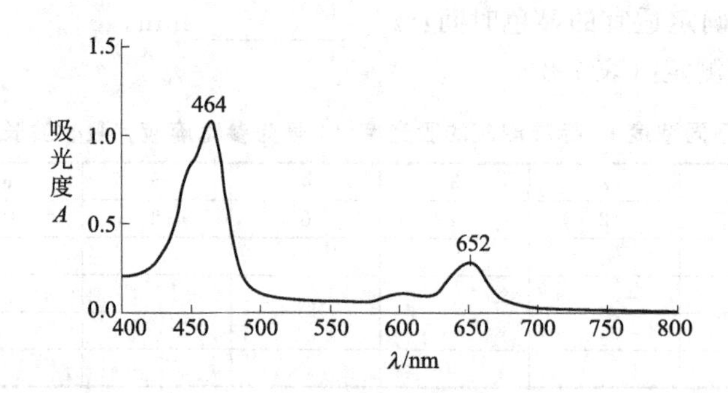

图7-4 Zn-P_4TBP的吸收光谱

三、仪器及试剂

1. 仪器：分析天平、研钵、试管、烧杯、微波炉、色谱柱、容量瓶、移液管、紫外-可见分光光度计、1cm比色皿。

2. 试剂：邻苯二甲酰亚胺（分析纯）、苯乙酸（工业用品）、乙酸锌（化学纯）、氯仿（分析纯）、meso-四苯基四苯并卟啉锌（纯品）、中性氧化铝（100～200目）。

四、实验内容

1. meso-四苯基四苯并卟啉锌的合成

用分析天平准确称取0.1471g（1mmol）的邻苯二甲酰亚胺、0.1362g（1.4mmol）的苯乙酸和0.1830g（0.8mmol）的乙酸锌，在研钵中将三种药品研磨均匀（约5min）。随后，将该混合粉末转移到10mL的试管中，放入微波炉内。将微波炉的功率调至500W的中等强度，加热13min，至反应物为墨绿色的熔融状态。取出样品，避光冷却。

2. 计算合成产率

（1）绘制 Zn-P_4TBP 吸光度的标准曲线

用分析天平称取 0.01g meso-四苯基四苯并卟啉锌纯品，并用 10mL 氯仿溶解，然后转移到 100mL 的容量瓶内，加氯仿稀释到刻度，摇匀。取 5 只 50mL 容量瓶并编号，依次加入上述标准溶液 5mL、10mL、15mL、20mL、25mL，并用氯仿稀释至刻度，摇匀。以氯仿为参比溶液，用 1cm 比色皿测 1～5 号标准溶液的特征峰在最大吸收波长 464nm 处的吸光度 A。以浓度 c 为横坐标，吸光度 A 为纵坐标，作 A-c 标准曲线。

（2）计算产率

称取 0.01g meso-苯基四苯并卟啉锌合成产物，用 10mL 氯仿溶解，移至 100mL 容量瓶内并稀释至刻度，摇匀。以氯仿为参比溶液，用 1cm 比色皿测其特征峰在最大吸收波长 464nm 处的吸光度 A。对比标准曲线，可确定 meso-苯基四苯并卟啉锌的浓度，从而计算出本方法的合成产率。

3. 层析提纯

取一只适当的色谱柱，用干法装柱，加入氧化铝至 2/3 处，用洗耳球轻轻拍打至柱子压实，然后用氯仿淋洗（保持柱子的上表面为水平面）。向冷却后的产物中加入一定量的氧化铝，搅拌均匀后移入色谱柱内（色谱柱上表面须为水平面）。加入少量氯仿，静置 3～5min 后，打开色谱柱下面的玻璃旋塞，让淋洗液慢慢滴下至色谱柱上面基本无液体，再加入少许氯仿，淋洗。一直到样品完全处于氧化铝柱上表面以下（1～5mm 处）。加入大量氯仿淋洗液进行层析（注意：流速不能过快）。将流出的绿色溶液用干净试管收集，此为所合成的 Zn-P_4TBP 纯品。

五、数据记录及处理

1. 数据记录（表 7-9）

表 7-9　meso-苯基四苯并卟啉锌的吸光度（λ_{max}=464nm）

数值/序号	1	2	3	4	5	6(未知)
c/mg·L^{-1}	10	20	30	40	50	
吸光度 A						

2. 绘制标准曲线，计算样品浓度，得出反应产率。

样品中卟啉锌的浓度 c=________________mg·L^{-1}

产率=________________

六、思考题

1. 根据本实验方案，meso-苯基四苯并卟啉锌的理论产量是多少？
2. 层析时，淋洗液流速过快会有什么影响？

附：

微波仪的使用

一、微波加热简介

微波是一种波长极短的电磁波，它和无线电波、红外线、可见光一样，都属于电磁波，微波的频率范围从 300MHz 到 300kMHz，即波长从 1mm 到 1m 的范围。

微波加热的原理：当微波与物质分子相互作用，会导致分子极化、取向、摩擦、碰撞、吸收微波能而产生热效应，这种加热方式称为微波加热。微波加热是物体吸收微波后自身发热，加热从物体内部、外部同时开始，能做到里外同时加热。它不依靠表面热传导方式，可以避免常规加热方式存在的一些问题，诸如需要预热、加热时间长和加热干燥速率慢等弊病。

1. 微波对物料的非热效应

微波对物料加热时，将同时出现热效应和非热效应（或称生物效应）。其中热效应主要表现为：物料在吸收微波能量后，其温度升高、所含水分的蒸发、干燥和脱水；若适当控制脱水速率还可造成物料的膨化、结构疏松。非热效应现象发生在生物体上，是指生物体因处在微波电磁场环境中而出现的所谓应答性反应，即以最小的微波量造成生物体生存环境条件以及自身生理活动的改变。例如：破坏生物体细胞膜内外的电位平衡，阻断细胞膜与外界交换物质的离子通道的通畅性等。这些改变对生物体作用是致命的，它能在极短的时间内让生物体（如细菌）死亡。其致死成因为微波电磁场的热力与电磁力的共同作用，其中以电磁力作用为主。

2. 微波对化学过程的激励效应

微波电磁场可以直接作用于化学体系，可以催化加速或改变各类化学反应过程。例如，可以通过微波功率的诱导，将气体转变为等离子体（作为光源）来检测某些用常规方法很难测定的非金属元素。或者，在一些基本材料上，可以用微波加热的方法增强化学相沉积。

微波对化学反应的催化，使一些在通常条件下不易进行的反应迅速得到完成。通过对它的作用机理的研究，发现微波对化学反应的影响，除了对反应物加热的热效应外，还存在着微波电磁场对参与反应分子间行为的非热效应的直接作用。可以认为是微波电磁场对物质的又一方面的直接作用，即微波电磁场可以对生物体，也可以对组成物质的分子结构产生组合的影响。

3. 微波加热的优点

（1）加热快速。微波能以光速（3×10^{10}cm/s）在物体中传播，瞬间（约10^{-9}s以内）就能把微波能转化为物质的热能，并将热能渗透到被加热的物质中，无需热传导过程。

（2）快速响应能力。能快速启动、停止及调整输出功率，操作简单。

（3）加热均匀。里外同时加热。

（4）选择性加热。介质损耗大的，加热后温度也高；反之亦然。

（5）加热效率高。由于被加热物自身发热，加热没有热传导过程，因此周围的空气及加热箱没有热损耗。

（6）加热渗透力强。

二、MG08S-2 型微波实验仪的使用步骤

1. 安装好微波抑制器。

2. 连接好实验仪炉体与微波电源之间的相关线缆。

3. 插上电源插头，将搅拌控制与功率调节旋钮逆时针转动回“零”位。

4. 在需要对所实验物料进行测温时连接铂金温度传感器。

在连接测温传感器时请注意：

a. 由于该插头有定位口，无方向性。在连接时要求用手拧紧螺纹即可。

b. 连接温度传感器时插座的螺纹不紧固有可能导致在微波场中因打火而发热现象，最终可能导致测温传感器损坏。

c. 不需测温时需将传感器测温头取下，传感器测温头使用时不能接触炉腔壁，否则可能导致温度传感器损坏。

5. 按下 MG08S 微波电源上的“电源开关”按钮，此时“电源指示”灯亮，炉腔内的照明灯亮，同时冷却风机工作；

6. 打开微波腔体的炉门将被加热物料摆放均匀后，将其放入微波炉腔内。

7. 将测温传感器插入实验物料。

8. 打开磁力搅拌按钮开关（此时按钮灯亮），然后调节磁力搅拌“搅拌速度”旋钮至合适的搅拌速度。

9. 关好微波炉门（若门没有关好，则高压无法打开），设置定时器的时间，定时器的设定方法：按照物料在实际使用中的具体要求，来设定“微波定时”的加热时间。取下定时器罩壳，按“＋”/“－”来分别设定 H－M－S 的档位及具体定时时间参数。其中“H”代表小时，“M”代表分钟，“S”代表秒。

10. 将“功率调节”旋钮调至“0”位，按下“微波开”按钮，此时定时器开始计时；

11. 顺时针转动“功率调节”旋钮，观察面板上的“阳极电流”表的读数，该电流值的变化与功率变化呈同比关系。具体参数的对照值可参见图 7-5。

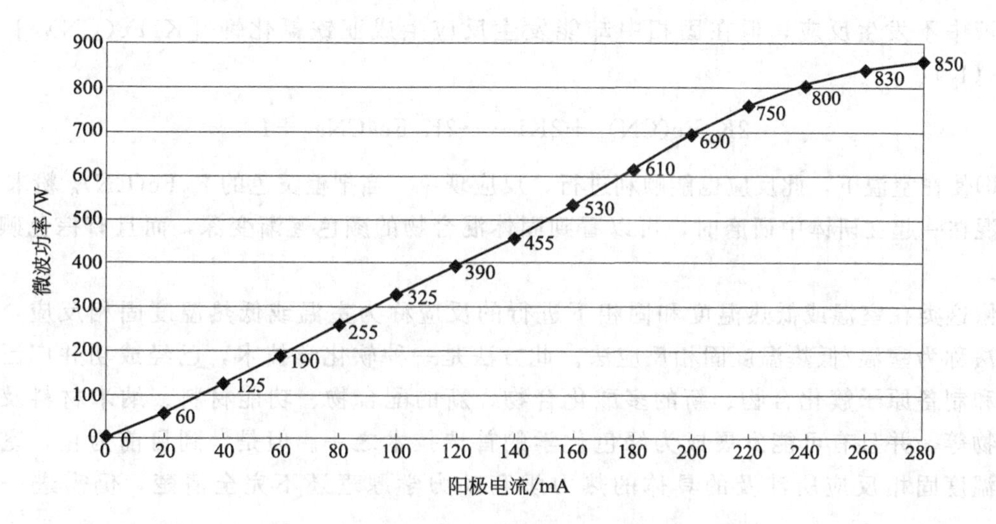

图 7-5　微波阳极电流与微波功率间的关系曲线

12. 在需进行在线温度监控时，首先在腔体内安装测温传感器，同时在温度表上设定控制温度的大小。具体的设定方法如下：

a. 设定控制温度大小。按温度表上的“SET”键后，LED 上出现“S0”时，在按“▲”或“▼”键调整绿色显示区的数值大小，该数值即为温度控制的中心温度。

b. 设定控制温度的区间。在温度控制过程中，为减少温控仪与内部系统的频繁工作次数，一般情况下均根据不同的实验物料设置不同的温控区间，也就是说设置一个控制的±区间，设置的方法是按“SET”键 5s 后出现显示“P”，按“▲”或“▼”键调整绿色显示区的数值大小，该数值即为温度控制的总区间。如需设定±2℃的控制区间，则设定“P”为 4；需设定±3℃的控制区间，则设定“P”为 6。

13. 在无须使用温度测量的实验环境，请将测温传感器卸下后再开机。

14. 停机时可由“时间到”而自动关断微波输出，如在实验过程中需中途停止，可逆时针转动“功率调节”旋钮降低微波阳极电流至 0 位后，按“微波关”按钮关断微波，此时可以打开炉门观察或调整实验状态。

15. 最终关机时，关闭“电源开关”，拔出电源插头。

实验三十二 $K_3Fe(CN)_6$ 与 KI 的室温固相反应

一、实验目的

1. 了解 $K_3Fe(CN)_6$ 与 KI 的室温固相反应。

2. 学习用有机溶剂进行萃取的技术。

3. 掌握用红外光谱鉴定化学物质的方法。

二、实验原理

20 世纪 80 年代以来的研究发现，许多固体化合物在室温或低热温度（<100℃）的条件下可以发生反应。甚至是，有些在溶液状态不能进行的反应，在固体状态即使在室温或低热温度下却能够发生。比如，铁氰化钾［$K_3Fe(CN)_6$］和碘化钾（KI）在水溶液中不发生反应，但在固相中却能发生反应生成亚铁氰化钾［$K_4Fe(CN)_6$］和碘分子（I_2）：

$$2K_3Fe(CN)_6 + 2KI \longrightarrow 2K_4Fe(CN)_6 + I_2$$

即使在室温下，此反应也能顺利进行，反应现象：当把橙黄色的 $K_3Fe(CN)_6$ 粉末和 KI 细粉混在一起在研钵中研磨时，可以看到固体混合物的颜色逐渐变深，而且有棕色碘蒸气产生。

像这类在室温或低热温度和固相下进行的反应称为室温或低热温度固相反应，相应的方法称为室温/低热温度固相反应法。此方法是一种软化学技术，已经成功并广泛用于合成和制备原子簇化合物、新的多酸化合物、新的配合物、功能材料、纳米材料及有机化合物等，并且有可能发展成为绿色化学的首选技术之一。但是，到目前为止，室温或低热温度固相反应所涉及的具体的热力学和动力学原理还不完全清楚，仍需进一步的研究。

三、仪器及试剂

1. 仪器：分析天平、研钵、塑料药勺、塑料密实袋、烧杯、碘量瓶、玻璃棒、比色管、移液管、傅里叶变换红外分光光度计、烘箱、布氏漏斗、吸滤瓶。

2. 试剂：铁氰化钾、碘化钾、氯仿（或四氯甲烷）、碘、六水氯化铁、均为分析纯。

四、实验内容

1. $K_3Fe(CN)_6$ 与 KI 的室温固相反应

分别称取 0.500g 干燥 $K_3Fe(CN)_6$（80～100 目）和 0.504g KI，置于研钵内并用塑料密实袋套上。然后，在室温下研磨反应混合物 60min（注意：研磨过程之中，①应不时地用塑料药勺翻动；②观察研磨过程中混合物颜色的变化和气体的逸出）。

2. 萃取碘单质

将研磨后的反应混合物全部转移至 50mL 的烧杯内，并用 10mL 氯仿（或四氯甲烷）完全溶解（玻璃棒搅动至颜色不再加深）。静置 10min 后，用倾析法将该溶液转移至碘量瓶内。按上述操作，对反应混合物重复萃取 4 次，萃取液置于同一碘量瓶内。

3. 萃取液碘浓度的测定

（1）配置碘标准溶液

在25mL比色管内，以氯仿为溶剂，用纯碘单质配制5份浓度分别为0.1g·L^{-1}、1.0g·L^{-1}、1.5g·L^{-1}、2.0g·L^{-1}和3.0g·L^{-1}的碘标准溶液10mL。

（2）确定萃取液的含碘浓度

首先量取萃取液的总体积。然后从总的萃取液内取10mL置于25mL比色管内，并与碘标准溶液进行比色，从而确定萃取液的含碘浓度。

4. 检验$K_4Fe(CN)_6$

取少量萃取后的反应混合物，置于50mL小烧杯内，用10mL蒸馏水完全溶解。然后，向此溶液内加入5滴0.1mol·L^{-1} $FeCl_3$水溶液（新配置），振荡，观察现象。

5. 测定萃取后反应混合物的红外光谱

用抽滤法将萃取后的反应混合物中的溶液抽干，然后在烘箱内将抽滤后的混合物烘干（注意：不能将含有大量有机溶剂的试样放在烘箱内烘干）。测定烘干后的混合物的红外光谱。然后，将其红外光谱与药品铁氰化钾和亚铁氰化钾的红外光谱进行对照，判断反应进行的程度和萃取的程度。

五、数据处理

1. 由比色测定结果，计算所得碘的质量，并用此质量计算反应的最低转化率。

2. 根据亚铁氰化钾的检验结果和反应混合物的红外光谱特征，如何判断该反应在固相条件下能够正向进行？

六、思考题

1. 为什么反应$2K_3Fe(CN)_6+2KI \longrightarrow 2K_4Fe(CN)_6+I_2$在固相条件下能顺利进行，而在溶液中不能进行（用化学反应速率的碰撞理论解释）？

2. 用氯化铁检验亚铁氰化钾的原理是什么？

实验三十三　乙酰水杨酸的制备

一、实验目的

1. 学习制备乙酰水杨酸的实验方法及实验原理。

2. 通过乙酰水杨酸的制备，初步了解有机合成中乙酰化反应的原理及方法。

3. 进一步熟悉减压过滤、熔点测定和重结晶等基本操作技术。

二、实验原理

本实验通过水杨酸在浓硫酸催化下与乙酸酐发生酰化反应来制备乙酰水杨酸。由于水杨酸分子中具有双官能团，羟基（—OH）和羧基（—COOH），且羧基和羟基在酸性条件下都可以发生酯化反应，因此该反应过程中副反应较多。反应式如下：

$$C_6H_4(OH)COOH + (CH_3CO)_2O \xrightarrow[\Delta]{H^+} C_6H_4(OCOCH_3)COOH + H_2O$$

乙酰水杨酸

副反应有：

$$C_6H_4(OH)COOH + C_6H_4(OH)COOH \xrightarrow[\triangle]{H^+} C_6H_4(OH)C(=O)-O-C_6H_4COOH + H_2O$$

$$C_6H_4(OCOCH_3)COOH + C_6H_4(OH)COOH \xrightarrow[\triangle]{H^+} C_6H_4(OCOCH_3)C(=O)-O-C_6H_4COOH + H_2O$$

本实验用 $FeCl_3$ 检查粗产品中是否含有没有反应的水杨酸。如粗产品中有未反应完的水杨酸，则遇 $FeCl_3$ 呈紫蓝色。如果在产品中加入一定量的 $FeCl_3$ 无颜色变化，则认为产品纯度基本达到要求。此外还可采用测定熔点的方法检测粗产品的纯度。

三、仪器与试剂

1. 仪器：150mL 锥形瓶、水浴锅、温度计、冰浴、布氏漏斗、抽滤瓶、循环水真空泵、滤纸、锥形瓶、熔点测定仪等。

2. 试剂：水杨酸 2.0g（约 15mmol）、乙酸酐[1] 5mL、浓硫酸、95%乙醇 5mL、1% $FeCl_3$ 溶液。

四、实验内容

1. 酰化反应

（1）称取 2.0g（约 15mmol）固体水杨酸，放入 150mL 锥形瓶中，加入 5mL 乙酸酐，用滴管加入 5 滴浓硫酸，摇匀，待水杨酸溶解后将锥形瓶放在 60～85℃水浴中 30min[2]，不断摇动锥形瓶，使乙酰化反应尽可能完全。

（2）取出锥形瓶，让其自然降至室温。观察有无晶体出现。如果无晶体出现，用玻璃棒摩擦锥形瓶内壁。当有晶体出现时，置于冰水浴中冷却，并加入 50mL 冷水，出现大量不规则白色晶体，继续冷却 5min，使结晶完全。

（3）倒入布氏漏斗中减压过滤，锥形瓶用 5mL 冷水洗涤三次，洗涤液倒入布氏漏斗中，继续抽滤至无液体滴下。

2. 重结晶

（1）将粗产品转入 150mL 锥形瓶中，加入 95%乙醇 5mL，置水浴中加热溶解，然后冷却，用玻璃棒摩擦锥形瓶内壁，当有晶体出现时，加入 25mL 冷水，并置冰水浴中冷却 5min，使结晶完全。

（2）再次减压过滤。用冷水 5mL 洗涤锥形瓶三次，洗涤液倒入布氏漏斗中，继续抽滤至无液体滴下。

（3）将产品[3] 转入表面皿中，干燥，称重，计算产率（以水杨酸为标准）。

3. 产品纯度检验

（1）取少量（约火柴头大小）晶体装入试管中，加 10 滴 95%乙醇，溶解后滴入 1 滴 1% $FeCl_3$ 溶液，观察颜色变化。如果颜色出现变化（红色 - 紫蓝色），说明产品不纯，须再次重结晶。若无颜色变化，说明产品比较纯。

（2）测定熔点，乙酰水杨酸熔点文献值为 135～136℃。

五、注释

[1] 乙酸酐要使用新蒸馏的，收集 139～140℃的馏分。仪器要全部干燥，药品也要提

前干燥处理。

[2] 温度高时反应快，但温度不宜过高，否则副反应增多。

[3] 为了得到更纯的产品，可以用乙酸乙酯进行重结晶。

六、思考题

1. 什么是酰化反应？什么是酰化试剂？进行酰化反应的容器是否需要干燥？

2. 重结晶的目的是什么？

3. 前后两次用 $FeCl_3$ 溶液检测，其结果说明什么？

实验三十四　从槐花米中提取芦丁

一、实验目的

1. 掌握从天然产物中用酸碱法提取黄酮苷的原理和方法。

2. 练习热过滤及重结晶等基本操作。

二、实验原理

槐花米是槐系豆科槐属植物的花蕾，性凉，味苦，凉血，止血，主治肠风、痔血、便血等症。槐花米的主要活性成分是芦丁，芦丁含量高达 12%～16%。芦丁，又称芸香苷，有调节毛细血管管壁的渗透作用，临床上用作毛细血管止血药，作为高血压症的辅助治疗药物。

黄酮，是黄酮类化合物的总称，泛指两个具有酚羟基的苯环（A-与 B-环）通过中央三碳原子相互连接而成的一系列化合物。它们的分子中都有一个酮式羰基又显黄色，所以称为黄酮，结构式如下：

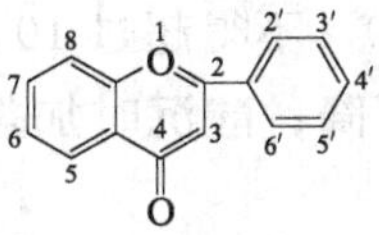

天然黄酮类化合物多以苷类形式存在，并且由于糖的种类、数量、连接位置及连接方式不同，可以组成各种各样黄酮苷类。芦丁是一种黄酮苷，其结构如下：

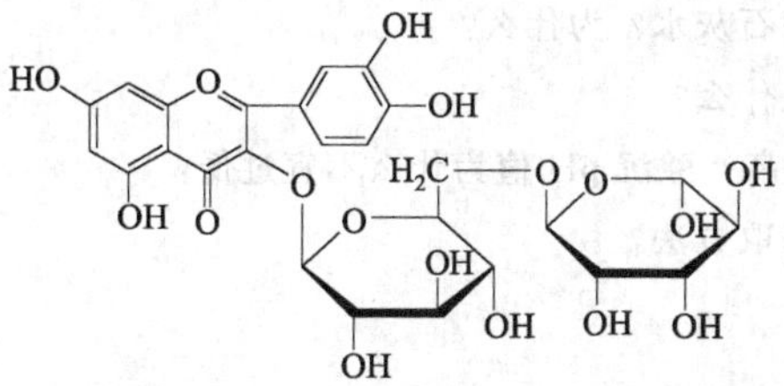

由结构式可以看出，芦丁实际上是由黄酮与葡萄糖和鼠李糖形成的苷。由于含有黄酮结构，所以呈黄色。黄酮部分含有许多酚羟基，故易溶于碱液，酸化后重新析出，这是本实验采用酸碱调节法提取芦丁的依据。

芦丁，淡黄色小针状结晶，含有三分子结晶水，熔点为 174～178℃，不含结晶水的熔点为 188℃。芦丁在热水中的溶解度为 1∶200，冷水中为 1∶8000；热乙醇中为 1∶60，冷乙醇中为 1∶650；可溶于吡啶及碱性水溶液，呈黄色，加水稀释后析出；可溶于浓硫酸和浓盐酸呈棕黄色，加水稀释后析出；不溶于乙醇、氯仿、石油醚、乙酸乙酯、丙酮等溶剂。

三、仪器及试剂

1. 仪器：250mL 烧杯、100mL 量筒、研钵、酒精灯、布氏漏斗、抽滤瓶、真空泵。

2. 试剂：饱和石灰水、15%盐酸。

四、实验内容

称取 10g 槐花米于研钵中研成粉状，置于 250mL 烧杯中，加入 100mL 饱和石灰水溶液[1]，加入 0.4g 硼砂[2]，于石棉网上加热至沸腾，并不断搅拌，煮沸 15min，抽滤。滤渣中加入 70mL 饱和石灰水溶液，煮沸 10min，再抽滤。合并两次滤液，然后用 15%盐酸中和，调节 pH＝3～4[3]。放置 1～2h，使沉淀完全，抽滤，并用水洗涤 2～3 次，即得芦丁粗产品。

将制得的芦丁粗产品，置于 250mL 烧杯中，加水 100mL，于石棉网上加热至沸腾，在不断搅拌下，慢慢加入饱和石灰水溶液调节溶液的 pH＝8～9[3]，待沉淀溶解后，趁热过滤。滤液置于 250mL 烧杯中，用 15%盐酸调节溶液的 pH＝4～5，静置 30min，芦丁即以浅黄色结晶析出[4]，抽滤，产品用水洗涤 1～2 次，烘干，称重、计算收率。

芦丁收率＝芦丁质量/槐花米质量×100%

五、注释

[1] 槐花米中含有大量多糖、黏液质等水溶性杂质，用饱和石灰水溶液去溶解芦丁时，上述的含羧基杂质可生成钙盐沉淀，不致溶出。

[2] 提取过程中加入硼砂的目的是保护芦丁分子中邻二酚羟基结构不被氧化破坏，并使邻二酚羟基不与石灰乳中的钙离子配位（钙盐配合物不溶于水），使芦丁不受损失。同时还具有调节水溶液 pH 值的作用。

[3] 碱溶液提取时控制 pH 值 8～9，不得超过 10，pH 值过高，在加热提取过程中可使芦丁结构被破坏，造成芦丁收率明显下降；酸沉时加盐酸调节 pH＝3～4，不宜过低，以免芦丁形成锌盐溶于水而降低收率。

[4] 纯净芦丁为黄色粉末。

六、思考题

1. 为什么可用碱法从槐花米中提取芦丁？
2. 能否用氢氧化钠溶液代替石灰水？为什么？
3. 实验中加入硼砂的目的是什么？
4. 碱提 pH 值为什么不宜过高？酸沉 pH 值为什么不宜过低？
5. 黄酮类化合物还有哪些提取方法？

实验三十五　银量法废液中银的回收

一、实验目的

1. 对莫尔法测定原理，配合物溶解原理，沉淀滴定完全有一定理解。

2. 掌握减压抽滤，沉淀洗涤、烘干等技能。

二、实验原理

用莫尔法测定氯含量时，会产生大量含银废液，其主要成分为 AgCl、Ag_2CrO_4 沉淀和 $AgNO_3$ 溶液。加入过量氯化钠溶液使之全部转化为 AgCl 沉淀，过滤，再用氨水使 AgCl 溶解，并与其他物质分离，然后用抗坏血酸作还原剂，使 $[Ag(NH_3)_2]^+$ 被还原为银单质。在单质银中加入稀硝酸，即可生成 $AgNO_3$ 溶液。

三、仪器及试剂

1. 仪器：减压抽滤装置、台秤、烧杯等。

2. 试剂：含银废液、浓氨水、NaCl（$1mol \cdot L^{-1}$）抗坏血酸（$1mol \cdot L^{-1}$）、Na_2S（$0.2mol \cdot L^{-1}$）、HNO_3（$2mol \cdot L^{-1}$）、$AgNO_3$ 溶液。

四、实验内容

1. 废液的处理

取适量银量法废液，加入过量 $1mol \cdot L^{-1}$ NaCl 溶液，搅拌 5min 后，沉淀先用热水洗涤数次，再用冷水洗涤至无 Cl^-（如何检验?）为止，并继续抽滤至接近干燥。称重，粗略计算所得物质的量。

2. AgCl 沉淀的溶解

在湿 AgCl 中加入浓氨水至全部沉淀溶解。若有不溶物，应再抽滤出去。

3. 单质银的制备

按每 6g 湿 AgCl 中加 20mL 浓度为 $1mol \cdot L^{-1}$ 的抗坏血酸的比例，将 $[Ag(NH_3)_2]^+$ 还原为银单质。放置并搅拌至银沉淀完全（取少量上层清液滴入一滴 Na_2S 溶液，检验银离子是否完全还原）。减压抽滤，沉淀分别用热的和冷的去离子水反复洗涤数次，并抽滤至近干，称量所得银单质的质量。

4. 硝酸银的制备

在通风橱内向单质银中加入适量的 $2.0mol \cdot L^{-1}$ HNO_3 溶液，并加热煮沸至银完全溶解，用 G_4 砂芯玻璃漏斗减压抽滤，除去不溶物。继续蒸发浓缩至干，再用水和乙醇混合溶剂重结晶。减压过滤，结晶用少量无水乙醇洗涤 1 次，并继续抽滤至接近干燥，然后在 120℃下烘干 2h，冷却后称量所得硝酸银固体。

五、思考题

1. 为什么氨水溶解氯化银沉淀的方法基本上能使银与其他金属元素分离？

2. 如何判断溶液中没有氯离子？

实验三十六 从果皮中提取果胶

一、实验目的

1. 学习从果皮中提取果胶的基本原理和方法。

2. 了解果胶的有关知识。

3. 熟悉萃取、减压过滤等基本操作。

二、实验原理

果胶是一种高分子聚合物，存在于植物组织内，一般以原果胶、果胶酸酯和果胶酸三种形式存在于各种植物的果实、果皮以及根、茎、叶的组织之中。果胶为白色、浅黄色到黄色的粉末，有特殊水果香味，无异味，无固定熔点和溶解度，不溶于乙醇、甲醇等有机溶剂中。粉末果胶溶于20倍水中形成黏稠状透明胶体，胶体的等电点为3.5。果胶是由D-半乳糖醛酸残基经α-1,4-糖苷键相连接聚合而成的大分子多糖，分子量在5万～30万之间，其中半乳糖醛酸的羧基可能不同程度地甲酯化以及部分或全部成盐，结构式如下：

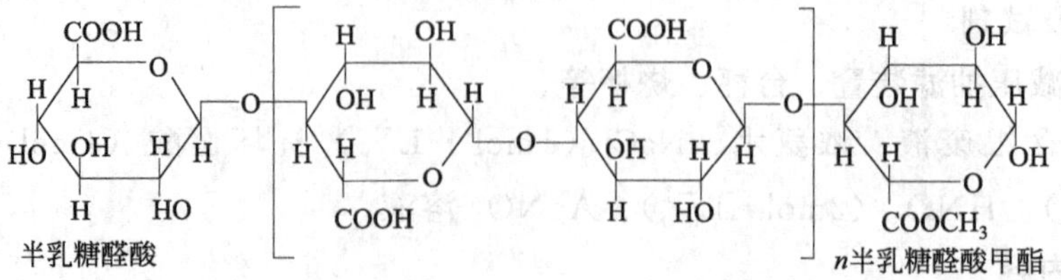

[结构式：半乳糖醛酸—O—[…]—O—n半乳糖醛酸甲酯（含 COOH、OH、H、$COOCH_3$ 等基团）]

不同的果蔬含果胶物质的量不同，山楂约为6.6%，柑橘约为0.7%～1.5%，南瓜含量较多，约为7%～17%。在果蔬中，尤其是在未成熟的水果和果皮中，果胶多数以原果胶存在，原果胶不溶于水，用酸水解，生成可溶性果胶。再进行脱色、沉淀、干燥即得商品果胶。从柑橘皮中提取的果胶是高酯化度的果胶，在食品工业中常用来制作果酱、果冻等食品。

目前常用的果胶提取法有传统酸提取法，离子交换法，微波提取法，微生物法等。其中，酸提取法包括酸提取乙醇沉淀法和酸提取盐沉淀法。其主要过程为：将原料进行处理后，用稀盐酸水解，水浴恒温并不断搅拌，然后过滤，将滤液在真空中浓缩，再用乙醇或铁铝盐进行沉淀，以析出果胶。

本实验采用酸提取乙醇沉淀法从柑橘皮中提取果胶。

三、仪器及试剂

1. 仪器：恒温水浴锅、布氏漏斗、抽滤瓶、纱布、表面皿、精密pH试纸、烧杯、电子天平、小刀、真空泵、真空干燥箱等。

2. 试剂：稀盐酸、95%乙醇、无水乙醇。

四、实验内容

1. 称取干柑橘皮8g（新鲜柑橘皮20g），将其浸泡在120mL温水中（60～70℃）约30min[1]，使其充分吸水软化，并除掉可溶性糖、有机酸、苦味和色素等。把柑橘皮沥干，浸入沸水5min进行灭酶，防止果胶分解。然后用小剪刀将柑橘皮剪成2～3mm的颗粒，再将剪碎后的柑橘皮置于流水中漂洗，进一步除去色素、苦味和糖分等，漂洗至沥液近无色为止，最后甩干。

2. 根据原果胶在稀酸下加热可以变成水溶性果胶的原理，把已处理好的柑橘皮放入烧杯中，加入的水以浸没柑橘皮为度，于90℃加热，边搅拌边加入稀盐酸进行提取，提取过程中控制溶液的pH值在2.0～2.5之间[2]，约1h后，趁热用垫有四层纱布的布氏漏斗抽滤，得果胶提取液。

3. 将提取液装入250mL的烧杯中，加入活性炭脱色。加热至80℃，搅拌20min，然后趁热抽滤、除掉脱色剂[3]。如橘皮漂洗干净，提取液清澈，则可不脱色。

4. 将滤液于沸水浴中加热，浓缩至原液的10%[4]。

5. 在浓缩液中加入适量（约为浓缩后滤液体积的1.5倍）95%乙醇，有絮状果胶沉淀析出，约30min后，减压过滤、用无水乙醇洗涤得果胶。

6. 将所得的果胶置于表面皿内，放入真空干燥箱中，于60℃左右干燥4h，称重计算收率。

果胶含量＝果胶质量/柑橘皮质量×100％

五、注释

［1］浸泡柑橘皮要用温水，水温不宜过高。

［2］酸提取时，要控制好pH值，pH值不能太低，否则会影响产率。

［3］脱色时，若减压过滤困难，可加入2％～4％的硅藻土作助滤剂。

［4］加热浓缩是为了减少乙醇用量。

六、思考题

1. 从橘皮中提取果胶时，为什么要加热使酶失活？
2. 脱色时除了使用活性炭，还可以使用哪些吸附剂？
3. 沉淀果胶时，除使用乙醇外，还可以用其他试剂吗？

实验三十七　甲基橙的合成

一、实验目的

1. 了解由重氮化反应和偶联反应制备甲基橙的原理和实验操作。
2. 初步掌握冰浴低温反应的装置和操作。
3. 巩固重结晶及红外光谱操作。

二、实验原理

染料是具有颜色的，并对天然或人造纤维有亲合力的一类化合物。天然染料色调柔和，质朴，但品种少，色泽不够鲜艳。19世纪，人们制造了合成染料，其色泽艳丽，颜色范围广，着色牢固，成本低廉。较重要的合成染料有偶氮类染料、三苯甲基类染料和苯胺类染料等。大多数染料以苯胺类和芳香烃类化合物为原料合成。常用的偶氮染料如下：

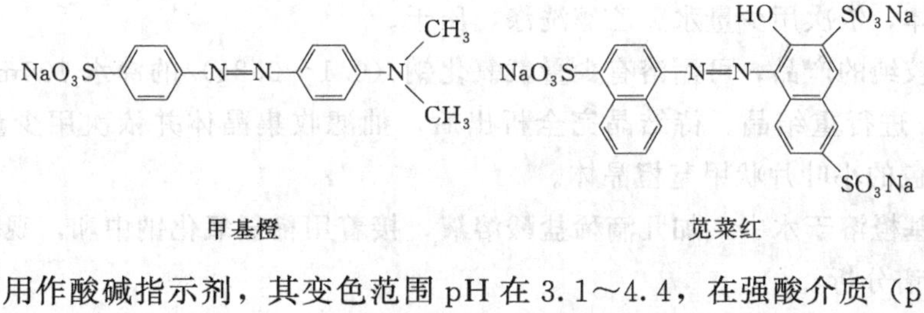

$NaO_3S-C_6H_4-N{=}N-C_6H_4-N(CH_3)_2$　　甲基橙

$NaO_3S-C_{10}H_6-N{=}N-C_{10}H_4(OH)(SO_3Na)_2$　　苋莱红

甲基橙可用作酸碱指示剂，其变色范围pH在3.1～4.4，在强酸介质（pH≤3）中显红色，碱性或弱酸性介质（pH≥4.1）中显黄色，这是由于在不同介质中化合物结构不同，对光吸收的波长不同：

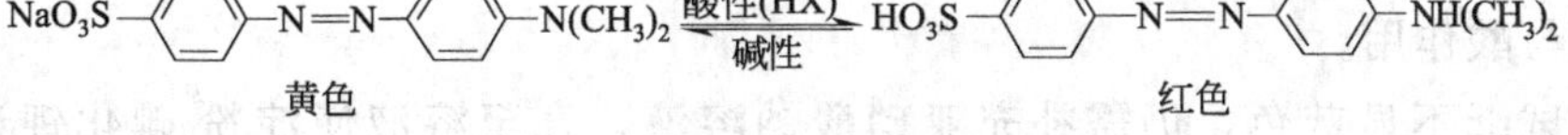

$$\underset{\text{黄色}}{NaO_3S-C_6H_4-N{=}N-C_6H_4-N(CH_3)_2} \xrightleftharpoons[\text{碱性}]{\text{酸性(HX)}} \underset{\text{红色}}{HO_3S-C_6H_4-N{=}N-C_6H_4-\overset{+}{N}H(CH_3)_2}$$

芳香族伯胺在强酸性介质中与亚硝酸作用，生成重氮盐（diazonium salt）的反应，称为重氮化反应。在适当条件下，重氮盐可与酚、芳胺发生偶联反应生成偶氮化合物。

$$H_2N-C_6H_4-SO_3H + NaOH \longrightarrow H_2N-C_6H_4-SO_3Na$$

$$H_2N-C_6H_4-SO_3Na \xrightarrow[HCl]{NaNO_2} \left[HO_3S-C_6H_4-\overset{+}{N}\equiv N\right]Cl^- \xrightarrow[HAc]{C_6H_5N(CH_3)_2}$$

$$\left[HO_3S-C_6H_4-N=N-C_6H_4-\underset{H}{\underset{|}{N}}(CH_3)_2\right]^+ Ac^- \xrightarrow{NaOH} \underset{\text{甲基橙,黄色}}{NaO_3S-C_6H_4-N=N-C_6H_4-N(CH_3)_2} + NaAc + H_2O$$

三、仪器及试剂

1. 仪器：三口瓶、减压蒸馏装置、吸滤瓶、布氏漏斗、分液漏斗、量筒、回流冷凝管、直型冷凝管、接液管、电磁搅拌器、干燥管等。

2. 试剂：对氨基苯磺酸（2.1g，0.01mol）、N,N-二甲基苯胺（1.2g，0.01mol）、亚硝酸钠（0.8g，0.11mol）、5%氢氧化钠溶液、冰乙酸、浓盐酸、乙醇、淀粉-碘化钾试纸。

四、实验内容

1. 重氮盐的制备

向100mL烧杯中，加入10mL 5%氢氧化钠溶液及2.1g对氨基苯磺酸晶体[1]，温热溶解。另溶0.8g亚硝酸钠于6mL水中，加入上述烧杯内，用冰盐浴冷至0～5℃。在不断搅拌下，将3mL浓盐酸与10mL水配成的溶液缓缓滴加到上述混合液中，并控制温度在5℃以下。快滴加完时，用淀粉-碘化钾试纸检验[2]。将反应液在此温度下放置15min，使其反应完全。此时，往往有细小晶体析出[3]。

2. 偶合

在烧杯内混合1.2g N,N-二甲基苯胺和1mL冰乙酸，在不断搅拌下，将此溶液慢慢加到上述冷却的重氮盐溶液中。加完后，继续搅拌10min，然后慢慢加入25mL 5%氢氧化钠溶液，直至反应物变为橙色，这时反应液呈碱性，粗制的甲基橙呈细粒状晶体析出[4]。将反应物在沸水浴上加热5min，冷至室温后，再在冷水浴中冷却，使甲基橙晶体完全析出，抽滤、收集晶体，依次用少量水、乙醇洗涤，压干。

若要得到较纯的产品，可用溶有少量氢氧化钠（0.1～0.2g）的沸水100mL（每克粗产物约需25mL）进行重结晶。待结晶完全析出后，抽滤收集晶体并依次用少量水、乙醇洗涤[5]，得到橙色的小叶片状甲基橙晶体。

取少量甲基橙溶于水中，加几滴稀盐酸溶液，接着用稀氢氧化钠中和，观察颜色变化。

3. 红外光谱分析

将提纯的甲基橙用红外光谱仪进行测定，与甲基橙标准红外光谱比较。

五、注释

[1] 对氨基苯磺酸是两性化合物，酸性比碱性强，以酸性内盐存在，所以它能与碱作用成盐而不能与酸作用。

[2] 若试纸不显蓝色，仍需补充亚硝酸钠溶液，直至溶液使淀粉-碘化钾试纸呈蓝色为止。

[3] 此时往往析出对氨基苯磺酸的重氮盐，这是因为对氨基苯磺酸的重氮盐在水中电离

形成中性内盐：

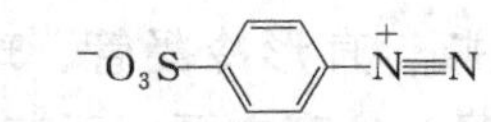

$$^{-}O_3S-C_6H_4-\overset{+}{N}\equiv N$$

它在低温时难溶于水，因而形成细小晶体析出。

[4] 加入氢氧化钠后，如反应混合液中含有未反应的 *N*,*N*-二甲基苯胺乙酸盐，便会有难溶于水的 *N*,*N*-二甲基苯胺析出，影响产物纯度。湿的甲基橙在空气中受光的照射后颜色很快变深，故一般得紫红色粗产物。

[5] 重结晶操作应迅速，否则由于产物呈碱性，在温度高时变质，颜色会变深。用乙醇洗涤的目的是使其迅速干燥。

六、思考题

1. 什么叫偶合反应？比较芳香胺或酚与重氮盐偶合反应中的反应条件有何差异？

2. 本实验中，制备重氮盐时为什么要把对氨基苯磺酸变成钠盐？本实验如改为先将对氨基苯磺酸与盐酸混合，再滴加亚硝酸钠溶液进行重氮化反应可以吗？为什么？

3. 试解释甲基橙在酸碱性介质中变色的原因，并用反应式表示。

实验三十八　从胡椒中提取胡椒碱

一、实验目的

1. 了解胡椒碱的性质。

2. 学习重结晶法分离提纯固态有机物的基本原理和操作技术。

二、实验原理

胡椒有“香料之王”的美称，它是世界上古老而著名的香料作物，广泛用作厨房烹饪调味料。此外，在食品加工业上，胡椒可用作防腐剂来延长食品的保存期；在医学上，胡椒可以作为祛风剂与退热剂用来治疗消化不良与普通感冒。

胡椒碱是胡椒中主要的活性化学物质，其化学名称为（*E*,*E*)-1-[5-(1,3-苯并二氧戊环-5-基)-1-氧代-2,4-戊二烯基]-哌啶[1]，是酰胺衍生物，在自然界中广泛存在，尤其在胡椒科植物中大量存在。胡椒碱易溶于氯仿、乙醇、丙酮、苯、醋酸中，微溶于乙醚，不溶于水和石油醚，是制药行业多种药物必需的原料和中间体。目前已发现胡椒碱具有抗氧化（其抗氧化能力相当于维生素的60%)、免疫调节、抗肿瘤、促进药物代谢等作用。胡椒碱属于生物碱，但碱性很弱，在市售的白胡椒中含量大约有2%，而黑胡椒中含量高达6%～8%。该物质为白色粉末晶体，熔点130～133℃。胡椒碱的结构式如下：

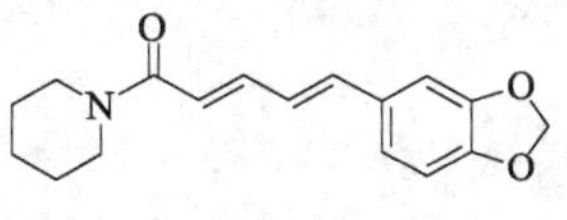

将胡椒加工成胡椒碱，可提高附加值10倍，而且胡椒碱在国内外市场广阔，经济效益十分可观。本实验利用胡椒来提取胡椒碱，通过回流来增大胡椒碱在有机溶剂中的含量，之后蒸馏除去溶剂、浓缩溶液，接着加入强碱使胡椒碱游离，最后利用重结晶的方法提纯胡椒碱。

三、仪器及试剂

1. 仪器：电热套、烧杯、圆底烧瓶、直形冷凝管、球形冷凝管、蒸馏头、接液管、温度计、抽滤瓶、布氏漏斗、粉碎机、漏斗、真空泵、石蕊试纸。

2. 试剂：氢氧化钾、丙酮、95%乙醇、蒸馏水。

四、实验内容

1. 取白胡椒10g[2]，清洗干净后粉碎，装入圆底烧瓶，向烧瓶中加入约三分之一的乙醇。组装好回流装置，用电热套作为热源，接好冷凝水。

2. 加热回流，使液滴滴回烧瓶的速度控制在每秒1～2滴。随着回流的进行，可以观察到乙醇的颜色变深。回流2h，此时溶液变成深棕色，带有一股胡椒的辛味和一股淡淡的香气，应为胡椒精油[3]。

3. 将回流装置改为蒸馏装置，浓缩提取液，同时可蒸馏回收提取液中的大部分乙醇。当浓缩至原提取液的十分之一时，过滤除去胡椒的渣滓。另取一烧杯，加入适量氢氧化钾和水配成溶液[4]，待放冷后再加少许乙醇配制成氢氧化钾的醇溶液。将10mL氢氧化钾乙醇溶液倒入之前的胡椒碱的浓缩液，再一次过滤。滤液中加入等量的水，会有大量黄色晶体析出，减压过滤，干燥，得到胡椒碱粗品。

4. 将得到的胡椒碱粗品溶解在丙酮中，微热促使胡椒碱粗品完全溶解。观察是否有沉淀。若有沉淀，进行过滤；若无，则加入与丙酮等量的水，有大量白色晶体析出。此操作反复进行2～3次，待胡椒碱晶体不再出现黄色即可。干燥后得到纯胡椒碱，称重、计算收率，测熔点。

$$胡椒碱收率=(胡椒碱质量/白胡椒质量)\times 100\%$$

五、注释

[1] 胡椒碱为白色粉末状晶体，熔点131℃。取少量胡椒碱样品溶解，用石蕊试纸测试，可观察到石蕊试纸不变色，呈中性。证明胡椒碱碱性极弱。

[2] 如果使用黑胡椒作为原料进行胡椒碱的提取，则产量更高。

[3] 胡椒精油具有很强的刺激性，容易刺激鼻腔黏膜使人打喷嚏。尽量避免回流时乙醇蒸气带着胡椒精油挥发出来，在实验中注意通风。

[4] 氢氧化钾溶于水之后，如果长时间不能溶解完全，说明所用的蒸馏水不干净，含有杂质，应当更换蒸馏水。

六、思考题

1. 加入氢氧化钾-乙醇溶液的目的是什么？

2. 除了用实验中的一般方法对胡椒中的胡椒碱提取外，还可以采用什么方法进行提取？

实验三十九　饲料中铜含量的测定

一、实验目的

1. 掌握工作曲线的绘制，火焰原子吸收分光光度计的使用方法，铜含量的测定原理。

2. 掌握干灰法的操作技能，火焰原子吸收分光光度计的操作方法。

二、实验原理

同一种溶质的溶液，当它的浓度不同时对光波的吸收也不同，在本实验中，样品分解后导入火焰原子吸收分光光度计。经原子化后，吸收 324.8nm 的光波，它的吸收量与铜含量是成正比的。先用已知浓度的标准溶液进行测定，绘制出标准工作曲线，然后在标准工作曲线上找到样品吸光度的位置点，从而查出样品中铜的含量。

三、仪器及试剂

1. 仪器：分析天平、马弗炉、坩埚、电炉、100mL 容量瓶、50mL 容量瓶。

2. 试剂：0.5% HNO_3、浓硝酸、50% HNO_3、$10\mu g \cdot mL^{-1}$ 铜标准工作溶液。

四、实验内容

1. 样品分解

采用干灰法。准确称取 5.0g 的样品置于坩埚中。于电炉上缓慢加热至炭化，然后移入马弗炉中，500℃下灰化 5h，放冷，取出坩埚，加入 1mL 浓硝酸，润湿残渣，用小火蒸干，重新放入马弗炉，550℃灼烧 1h，取下冷却，加入 1mL 50% HNO_3，加热使灰分溶解，过滤，移入 50mL 容量瓶中。用水洗涤坩埚数次，洗液并入容量瓶中，定容至刻度。同时做空白试验。

2. 配制铜标准曲线溶液

准确吸取 0.00mL、1.00mL、2.00mL、4.00mL、6.00mL、8.00mL $10\mu g \cdot mL^{-1}$ 铜标准工作溶液，分别加入 100mL 容量瓶中，用 0.5%的 HNO_3 溶液稀释至刻度。

3. 调节火焰原子吸收分光光度计的各参数

波长 324.8nm，灯光电流 6mA，狭缝 0.19nm，空气流量 $9L \cdot min^{-1}$，乙炔流量 $2L \cdot min^{-1}$，灯头高度 3mm。

4. 测定

把样品分解液、试剂空白液和各种浓度的铜标准曲线溶液分别导入火焰中进行测定，然后用不同铜含量对应的吸光度来绘制标准曲线，从绘制的工作曲线中查出相对应的样品中的铜含量。

五、思考题

1. 在炭化样品时为什么一定要等到烟雾逸散完全后再进行下一步操作？

2. 铜标准溶液为什么要现用现配？

附录

附录一 国际原子量表

序数	名称	符号	原子量	序数	名称	符号	原子量
1	氢	H	1.00794	40	锆	Zr	91.224
2	氦	He	4.002602	41	铌	Nb	92.90638
3	锂	Li	6.941	42	钼	Mo	95.94
4	铍	Be	9.012182	43	锝	Tc	(98)
5	硼	B	10.811	44	钌	Ru	101.07
6	碳	C	12.0107	45	铑	Rh	102.90550
7	氮	N	14.00674	46	钯	Pd	106.42
8	氧	O	15.9994	47	银	Ag	107.8682
9	氟	F	18.9984032	48	镉	Cd	112.411
10	氖	Ne	20.1797	49	铟	In	114.818
11	钠	Na	22.989770	50	锡	Sn	118.710
12	镁	Mg	24.3050	51	锑	Sb	121.760
13	铝	Al	26.981538	52	碲	Te	127.60
14	硅	Si	28.0855	53	碘	I	126.90447
15	磷	P	30.973761	54	氙	Xe	131.29
16	硫	S	32.066	55	铯	Cs	132.90543
17	氯	Cl	35.4527	56	钡	Ba	137.327
18	氩	Ar	39.948	57	镧	La	138.9055
19	钾	K	39.0983	58	铈	Ce	140.116
20	钙	Ca	40.078	59	镨	Pr	140.90765
21	钪	Sc	44.955910	60	钕	Nd	144.23
22	钛	Ti	47.867	61	钷	Pm	(145)
23	钒	V	50.9415	62	钐	Sm	150.36
24	铬	Cr	51.9961	63	铕	Eu	151.964
25	锰	Mn	54.938049	64	钆	Gd	157.25
26	铁	Fe	55.845	65	铽	Tb	158.92534
27	钴	Co	58.933200	66	镝	Dy	162.50
28	镍	Ni	58.6934	67	钬	Ho	164.93032
29	铜	Cu	63.546	68	铒	Er	167.26
30	锌	Zn	65.39	69	铥	Tm	168.93421
31	镓	Ga	69.723	70	镱	Yb	173.04
32	锗	Ge	72.61	71	镥	Lu	174.967
33	砷	As	74.92160	72	铪	Hf	178.49
34	硒	Se	78.96	73	钽	Ta	180.9479
35	溴	Br	79.904	74	钨	W	183.84
36	氪	Kr	83.80	75	铼	Re	186.207
37	铷	Rb	85.4678	76	锇	Os	190.23
38	锶	Sr	87.62	77	铱	Ir	192.217
39	钇	Y	88.90585	78	铂	Pt	195.078

续表

序数	名称	符号	原子量	序数	名称	符号	原子量
79	金	Au	196.96655	100	镄	Fm	(257)
80	汞	Hg	200.59	101	钔	Md	(258)
81	铊	Tl	204.3833	102	锘	No	(259)
82	铅	Pb	207.2	103	铹	Lr	(262)
83	铋	Bi	208.98038	104	𬬻	Rf	(261)
84	钋	Po	(209)	105	𬭊	Db	(262)
85	砹	At	(210)	106	𬭳	Sg	(263)
86	氡	Rn	(222)	107	𬭛	Bh	(262)
87	钫	Fr	(223)	108	𬭶	Hs	(265)
88	镭	Ra	(226)	109	鿏	Mt	(266)
89	锕	Ac	(227)	110	𫟼	Ds	(269)
90	钍	Th	232.0381	111	𬬭	Rg	(272)
91	镤	Pa	231.03588	112	鎶	Cn	(277)
92	铀	U	238.0289	113	鉨	Nh	(286)
93	镎	Np	(237)	114	𫓧	Fl	(289)
94	钚	Pu	(244)	115	镆	Mc	(289)
95	镅	Am	(243)	116	𫟷	Lv	(293)
96	锔	Cm	(247)	117	石田	Ts	(294)
97	锫	Bk	(247)	118	气奥	Og	(294)
98	锎	Cf	(251)				
99	锿	Es	(252)				

注：摘自 Lide D R. Handbook of Chemistry and Physics. 78 th Ed, CRC PRESS, 1997～1998

附录二 常见化合物的摩尔质量

化合物	摩尔质量 /g·mol^{-1}	化合物	摩尔质量 /g·mol^{-1}	化合物	摩尔质量 /g·mol^{-1}
Ag_3AsO_4	462.52	BaO	153.33	CoS	90.99
$AgBr$	187.77	$Ba(OH)_2$	171.34	$CoSO_4$	154.99
$AgCl$	143.32	$BaSO_4$	233.39	$CoSO_4 \cdot 7H_2O$	281.10
$AgCN$	133.89	$BiCl_3$	315.34	$CO(NH_2)_2$	60.06
$AgSCN$	165.95	$BiOCl$	260.43	$CrCl_3$	158.35
Ag_2CrO_4	331.73	CO_2	44.01	$CrCl_3 \cdot 6H_2O$	266.45
AgI	234.77	CaO	56.08	$Cr(NO_3)_3$	238.01
$AgNO_3$	169.87	$CaCO_3$	100.09	Cr_2O_3	151.99
$AlCl_3$	133.34	CaC_2O_4	128.10	$CuCl$	98.999
$AlCl_3 \cdot 6H_2O$	241.43	$CaCl_2$	110.99	$CuCl_2$	134.45
$Al(NO_3)_3$	213.00	$CaCl_2 \cdot 6H_2O$	219.08	$CuCl_2 \cdot 2H_2O$	170.48
$Al(NO_3)_3 \cdot 9H_2O$	375.13	$Ca(NO_3)_2 \cdot 4H_2O$	236.15	$CuSCN$	121.62
Al_2O_3	101.96	$Ca(OH)_2$	74.09	CuI	190.45
$Al(OH)_3$	78.00	$Ca_3(PO_4)_2$	310.18	$Cu(NO_3)_2$	187.56
$Al_2(SO_4)_3$	342.14	$CaSO_4$	136.14	$Cu(NO_3)_2 \cdot 3H_2O$	241.60
$Al_2(SO_4)_3 \cdot 18H_2O$	666.41	$CdCO_3$	172.42	CuO	79.545
As_2O_3	197.84	$CdCl_2$	183.32	Cu_2O	143.09
As_2O_5	229.84	CdS	144.47	CuS	95.61
As_2S_3	246.02	$Ce(SO_4)_2$	332.24	$CuSO_4$	159.60
$BaCO_3$	197.34	$Ce(SO_4)_2 \cdot 4H_2O$	404.30	$CuSO_4 \cdot 5H_2O$	249.68
BaC_2O_4	225.35	$CoCl_2$	129.84	$FeCl_2$	126.75
$BaCl_2$	208.24	$CoCl_2 \cdot 6H_2O$	237.93	$FeCl_2 \cdot 4H_2O$	198.81
$BaCl_2 \cdot 2H_2O$	244.27	$Co(NO_3)_2$	132.94	$FeCl_3$	162.21
$BaCrO_4$	253.32	$Co(NO_3)_2 \cdot 6H_2O$	291.03	$FeCl_3 \cdot 6H_2O$	270.30

续表

化合物	摩尔质量 /g·mol^{-1}	化合物	摩尔质量 /g·mol^{-1}	化合物	摩尔质量 /g·mol^{-1}
$FeNH_4(SO_4)_2 \cdot 12H_2O$	482.18	$KClO_3$	122.55	$(NH_4)_2C_2O_4 \cdot H_2O$	142.11
$Fe(NO_3)_3$	241.86	$KClO_4$	138.55	NH_4SCN	76.12
$Fe(NO_3)_3 \cdot 9H_2O$	404.00	KCN	65.116	NH_4HCO_3	79.055
FeO	71.846	$KSCN$	97.18	$(NH_4)_2MoO_4$	196.01
Fe_2O_3	159.69	K_2CO_3	138.21	NH_4NO_3	80.043
Fe_3O_4	231.54	K_2CrO_4	194.19	$(NH_4)_2HPO_4$	132.06
$Fe(OH)_3$	106.87	$K_2Cr_2O_7$	294.18	$(NH_4)_2S$	68.14
FeS	87.91	$K_3Fe(CN)_6$	329.25	$(NH_4)_2SO_4$	132.13
Fe_2S_3	207.87	$K_4Fe(CN)_6$	368.35	NH_4VO_3	116.98
$FeSO_4$	151.90	$KFe(SO_4)_2 \cdot 12H_2O$	503.24	Na_3AsO_3	191.89
$FeSO_4 \cdot 7H_2O$	278.01	$KHC_2O_4 \cdot H_2O$	146.14	$Na_2B_4O_7$	201.22
$FeSO_4 \cdot (NH_4)_2SO_4 \cdot 6H_2O$	392.13	$KHC_2O_4 \cdot H_2C_2O_4 \cdot 2H_2O$	254.19	$Na_2B_4O_7 \cdot 10H_2O$	381.37
H_3AsO_3	125.94	$KHC_4H_4O_6$	188.18	$NaBiO_3$	279.97
H_3AsO_4	141.94	$KHSO_4$	136.16	$NaCN$	49.007
H_3BO_3	61.83	KI	166.00	$NaSCN$	81.07
HBr	80.912	KIO_3	214.00	Na_2CO_3	105.99
HCN	27.026	$KIO_3 \cdot HIO_3$	389.91	$Na_2CO_3 \cdot 10H_2O$	286.14
$HCOOH$	46.026	$KMnO_4$	158.03	$Na_2C_2O_4$	134.00
CH_3COOH	60.052	$KNaC_4H_4O_6 \cdot 4H_2O$	282.22	CH_3COONa	82.034
H_2CO_3	62.025	KNO_3	101.10	$CH_3COONa \cdot 3H_2O$	136.08
$H_2C_2O_4$	90.035	KNO_2	85.104	$NaCl$	58.443
$H_2C_2O_4 \cdot 2H_2O$	126.07	K_2O	94.196	$NaClO$	74.442
HCl	36.461	KOH	56.106	$NaHCO_3$	84.007
HF	20.006	K_2SO_4	174.25	$Na_2HPO_4 \cdot 12H_2O$	358.14
HI	127.91	$MgCO_3$	84.314	$Na_2H_2Y \cdot 2H_2O$	372.24
HIO_3	175.91	$MgCl_2$	95.211	$NaNO_2$	68.995
HNO_3	63.013	$MgCl_2 \cdot 6H_2O$	203.30	$NaNO_3$	84.995
HNO_2	47.013	MgC_2O_4	112.33	Na_2O	61.979
H_2O	18.015	$Mg(NO_3)_2 \cdot 6H_2O$	256.41	Na_2O_2	77.978
H_2O_2	34.015	$MgNH_4PO_4$	137.32	$NaOH$	39.997
H_3PO_4	97.995	MgO	40.304	Na_3PO_4	163.94
H_2S	34.08	$Mg(OH)_2$	58.32	Na_2S	78.04
H_2SO_3	82.07	$Mg_2P_2O_7$	222.55	$Na_2S \cdot 9H_2O$	240.18
H_2SO_4	98.07	$MgSO_4 \cdot 7H_2O$	246.47	Na_2SO_3	126.04
$Hg(CN)_2$	252.63	$MnCO_3$	114.95	Na_2SO_4	142.04
$HgCl_2$	271.50	$MnCl_2 \cdot 4H_2O$	197.91	$Na_2S_2O_3$	158.10
Hg_2Cl_2	472.09	$Mn(NO_3)_2 \cdot 6H_2O$	287.04	$Na_2S_2O_3 \cdot 5H_2O$	248.17
HgI_2	454.40	MnO	70.937	$NiCl_2 \cdot 6H_2O$	237.69
$Hg_2(NO_3)_2$	525.19	MnO_2	86.937	NiO	74.69
$Hg_2(NO_3)_2 \cdot 2H_2O$	561.22	MnS	87.00	$Ni(NO_3)_2 \cdot 6H_2O$	290.79
$Hg(NO_3)_2$	324.60	$MnSO_4$	151.00	NiS	90.75
HgO	216.59	$MnSO_4 \cdot 4H_2O$	223.06	$NiSO_4 \cdot 7H_2O$	280.85
HgS	232.65	NO	30.006	P_2O_5	141.94
$HgSO_4$	296.65	NO_2	46.006	$PbCO_3$	267.20
Hg_2SO_4	497.24	NH_3	17.03	PbC_2O_4	295.22
$KAl(SO_4)_2 \cdot 12H_2O$	474.38	CH_3COONH_4	77.083	$PbCl_2$	278.10
KBr	119.00	NH_4Cl	53.491	$PbCrO_4$	323.20
$KBrO_3$	167.00	$(NH_4)_2CO_3$	96.086	$Pb(CH_3COO)_2$	325.30
KCl	74.551	$(NH_4)_2C_2O_4$	124.10	$Pb(CH_3COO)_2 \cdot 3H_2O$	379.30

续表

化合物	摩尔质量 /g·mol^{-1}	化合物	摩尔质量 /g·mol^{-1}	化合物	摩尔质量 /g·mol^{-1}
PbI_2	461.00	SiF_4	104.08	$SrSO_4$	183.68
$Pb(NO_3)_2$	331.20	SiO_2	60.084	$UO_2(CH_3COO)_2\cdot 2H_2O$	424.15
PbO	223.20	$SnCl_2$	189.62	$ZnCO_3$	125.39
PbO_2	239.20	$SnCl_2\cdot 2H_2O$	225.65	ZnC_2O_4	153.40
$Pb_3(PO_4)_2$	811.54	$SnCl_4$	260.52	$ZnCl_2$	136.29
PbS	239.3	$SnCl_4\cdot 5H_2O$	350.596	$Zn(CH_3COO)_2$	183.47
$PbSO_4$	303.30	SnO_2	150.71	$Zn(CH_3COO)_2\cdot 2H_2O$	219.50
SO_3	80.06	SnS	150.776	$Zn(NO_3)_2$	189.39
SO_2	64.06	$SrCO_3$	147.63	$Zn(NO_3)_2\cdot 6H_2O$	297.48
$SbCl_3$	228.11	SrC_2O_4	175.64	ZnO	81.38
$SbCl_5$	299.02	$SrCrO_4$	203.61	ZnS	97.44
Sb_2O_3	291.50	$Sr(NO_3)_2$	211.63	$ZnSO_4$	161.44
Sb_2S_3	339.68	$Sr(NO_3)_2\cdot 4H_2O$	283.69	$ZnSO_4\cdot 7H_2O$	287.54

附录三 常用指示剂

指示剂名称	变色pH范围	颜色变化	溶液配制方法
甲基紫(第一变色范围)	0.13～0.5	黄—绿	0.1%或0.05%的水溶液
苦味酸	0.0～1.3	无色—黄	0.1%水溶液
甲基绿	0.1～2.0	黄—绿—浅蓝	0.05水溶液
孔雀绿(第一变色范围)	0.13～2.0	黄—浅蓝—绿	0.1%水溶液
甲基紫(第二变色范围)	1.0～1.5	绿—蓝	0.1%水溶液
百里酚蓝(麝香草酚蓝)(第一变色范围)	1.2～2.8	红—黄	0.1g指示剂溶于100mL 20%乙醇中
甲基紫(第三变色范围)	2.0～3.0	蓝—紫	0.1%水溶液
茜素黄R(第一变色范围)	1.9～3.3	红—黄	0.1%水溶液
二甲基黄	2.9～4.0	红—黄	0.1g或0.01g指示剂溶于100mL 90%乙醇中
甲基橙	3.1～4.4	红—橙黄	0.1%水溶液
溴酚蓝	3.0～4.6	黄—蓝	0.1g指示剂溶于100mL 20%乙醇中
溴甲酚绿	3.8～5.4	黄—蓝	0.1g指示剂溶于100mL 20%乙醇中
甲基红	4.4～6.2	红—黄	0.1g或0.2g指示剂溶于100mL 60%乙醇中
溴酚红	5.0～6.8	黄—红	0.1g或0.04g指示剂溶于100mL 20%乙醇中
溴甲酚紫	5.2～6.8	黄—紫红	0.1g指示剂溶于100mL 20%乙醇中
溴百里酚蓝	6.0～7.6	黄—蓝	0.05g指示剂溶于100mL 20%乙醇中
中性红	6.8～8.0	红—亮黄	0.1g指示剂溶于100mL 60%乙醇中
酚红	6.8～8.0	黄—红	0.1g指示剂溶于100mL 20%乙醇中
百里酚蓝(麝香草酚蓝)(第二变色范围)	8.0～9.0	黄—蓝	参看第一变色范围
酚酞	8.0～10.0	无色—紫红	(1)0.1g指示剂溶于100mL 60%乙醇中 (2)1g酚酞溶于100mL 50%乙醇中
百里酚酞	9.4～10.6	无色—蓝	0.1g指示剂溶于100mL 90%乙醇中
达旦黄	12.0～13.0	黄—红	0.1%水溶液

附录四 常用缓冲溶液

缓冲溶液组成	pK_a	缓冲液 pH	缓冲溶液配制方法
氨基乙酸-HCl	2.53 (pK_{a1})	2.3	取150g 氨基乙酸溶于500mL水中后，加80mL浓HCl，水稀释至1L
H_3PO_4-柠檬酸盐		2.5	取113g $Na_2HPO_4 \cdot 12H_2O$ 溶200mL水后，加387g柠檬酸，溶解，过滤，稀至1L
一氯乙酸-NaOH	2.86	2.8	取200g一氯乙酸溶于200mL水中，加40g NaOH溶解后，稀至1L
邻苯二甲酸氢钾 -HCl	2.95(pK_{a1})	2.9	取500g邻苯二甲酸氢钾溶于500mL水中，加80mL浓HCl，稀至1L
甲酸-NaOH	3.76	3.7	取95g甲酸和40g NaOH溶于500mL水中，稀至1L
NaAc-HAc	4.74	4.2	取3.2g无水NaAc溶于水中，加50mL冰HAc，用水稀至1L
NaAc-HAc	4.74	4.7	取83g无水NaAc溶于水中，加60mL冰HAc，稀至1L
NaAc-HAc	4.74	5.0	取160g无水NaAc溶于水中，加60mL冰HAc，稀至1L
NH_4Ac-HAc		5.0	取250g NH_4Ac 溶于水中，加25mL冰HAc，稀至1L
六亚甲基四胺-HCl	5.15	5.4	取40g六亚甲基四胺溶于200mL水中，加100mL浓HCl，稀至1L
NH_4Ac-HAc		6.0	取600g NH_4Ac 溶于水中，加20mL冰HAc，稀至1L
NaAc-H_3PO_4 盐		8.0	取50g无水NaAc和50g $Na_2HPO_4 \cdot 12H_2O$，溶于水中，稀至1L
Tris HCl[三羟甲基胺甲烷 $CNH_2(HOCH_3)_3$]	8.21	8.2	取25g Tris试剂溶于水中，加18mL浓HCl，稀至1L
NH_3-NH_4Cl	9.26	9.2	取54g NH_4Cl 溶于水中，加63mL浓氨水，稀至1L
NH_3-NH_4Cl	9.26	10.0	(1)取54g NH_4Cl 溶于水中，加350mL浓氨水，稀至1L (2)取67.5g NH_4Cl 溶于200mL水中，加570mL浓氨水，稀至1L

附录五 常用酸、碱的浓度

试剂名称	密度 /$g \cdot cm^{-3}$	质量分数 /%	物质的量浓度 /$mol \cdot L^{-1}$	试剂名称	密度 /$g \cdot cm^{-3}$	质量分数/%	物质的量浓度 /$mol \cdot L^{-1}$
浓硫酸	1.84	98	18	浓氢氟酸	1.13	40	23
稀硫酸	1.1	9	2	氢溴酸	1.38	40	7
浓盐酸	1.19	38	12	氢碘酸	1.70	57	7.5
稀盐酸	1.0	7	2	冰醋酸	1.05	99	17.5
浓硝酸	1.4	68	16	稀醋酸	1.04	30	5
稀硝酸	1.2	32	6	稀醋酸	1.0	12	2
稀硝酸	1.1	12	2	浓氢氧化钠	1.44	41	14.4
浓磷酸	1.7	85	14.7	稀氢氧化钠	1.1	8	2
稀磷酸	1.05	9	1	浓氨水	0.91	28	14.8
浓高氯酸	1.67	70	11.6	稀氨水	1.0	3.5	2
稀高氯酸	1.12	19	2				

附录六 部分化合物的颜色

化合物	颜色	化合物	颜色	化合物	颜色
氧化物		AgCl	白色	MnS	肉色
CuO	黑色	Hg_2Cl_2	白色	ZnS	白色
Cu_2O	暗红色	$PbCl_2$	白色	As_2S_3	黄色
Ag_2O	暗棕色	CuCl	白色	硫酸盐	白色
ZnO	白色	$CuCl_2$	棕色	Ag_2SO_4 Hg_2SO_4	白色
CdO	棕红色	$CuCl_2 \cdot 2H_2O$	蓝色	$PbSO_4$	白色
Hg_2O	黑褐色	$Hg(NH_2)Cl$	白色	$CaSO_4 \cdot 2H_2O$	白色
HgO	红色或黄色	$CoCl_2$	蓝色	$SrSO_4$	白色
TiO_2	白色	$CoCl_2 \cdot H_2O$	蓝紫色	$BaSO_4$	白色
VO	亮灰色	$CoCl_2 \cdot 2H_2O$	紫红色	$[Fe(NO)]SO_4$	白色
V_2O_3	黑色	$CoCl_2 \cdot 6H_2O$	粉红色	$Cu_2(OH)_2SO_4$	深棕色
VO_2	深蓝色	$FeCl_3 \cdot 6H_2O$	黄棕色	$CuSO_4 \cdot 5H_2O$	浅蓝色
V_2O_5	红棕色	$TiCl_3 \cdot 6H_2O$	紫色或绿色	$CoSO_4 \cdot 7H_2O$	蓝色
Cr_2O_3	绿色	$TiCl_2$	黑色	$Cr(SO_4)_3 \cdot 6H_2O$	红色
CrO_3	红色	溴化物		$Cr_2(SO_4)_3$	绿色
MnO_2	棕褐色	AgBr	淡黄色	$Cr_2(SO_4)_3 \cdot 18H_2O$	紫色或红色
MoO_2	铅灰色	AsBr	浅黄色	$KCr(SO_4)_2 \cdot 12H_2O$	蓝紫色
WO_2	棕红色	$CuBr_2$	黑紫色		紫色
FeO	黑色	碘化物		碳酸盐	
Fe_2O_3	砖红色	AgI	黄色	Ag_2CO_3	白色
Fe_3O_4	黑色	Hg_2I_2	黄绿色	$CaCO_3$	白色
CoO	灰绿色	HgI_2	红色	$SrCO_3$	白色
Co_2O_3	黑色	PbI_2	黄色	$BaCO_3$	白色
NiO	暗黑色	CuI	白色	$MnCO_3$	白色
Ni_2O_3	黑色	SbI_3	红黄色	$CdCO_3$	白色
PbO	黄色	BiI_3	绿黑色	$Zn_2(OH)_2CO_3$	白色
Pb_3O_4	红色	TiI_4	暗棕色	$BiOHCO_3$	白色
氢氧化物		卤酸盐		$Hg_2(OH)_2CO_3$	红褐色
$Zn(OH)_2$	白色	$Ba(IO_3)_2$	白色	$Co_2(OH)_2CO_3$	红色
$Pb(OH)_2$	白色	$AgIO_3$	白色	$Cu_2(OH)_2CO_3$	暗绿色①
$Mg(OH)_2$	白色	$KClO_4$	白色	$Ni_2(OH)_2CO_3$	浅绿色
$Sn(OH)_2$	白色	$AgBrO_3$	白色	磷酸盐	
$Sn(OH)_4$	白色	硫化物		Ca_3PO_4	白色
$Mn(OH)_2$	白色	Ag_2S	灰黑色	$CaHPO_4$	白色
$Fe(OH)_2$	白色或绿色	HgS	红色或黑色	$Ba_3(PO_4)_2$	白色
$Fe(OH)_3$	红棕色	PbS	黑色	$FePO_4$	浅黄色
$Cd(OH)_2$	白色	CuS	黑色	Ag_3PO_4	黄色
$Al(OH)_3$	白色	Cu_2S	黑色	NH_4MgPO_4	白色
$Bi(OH)_3$	白色	FeS	棕黑色	铬酸盐	
$Sb(OH)_3$	白色	Fe_2S_3	黑色	Ag_2CrO_4	砖红色
$Cu(OH)_2$	浅蓝色	CoS	黑色	$PbCrO_4$	黄色
CuOH	黄色	NiS	黑色	$BaCrO_4$	黄色
$Ni(OH)_2$	浅绿色	Bi_2S_3	黑褐色	$FeCrO_4 \cdot 2H_2O$	黄色
$Ni(OH)_3$	黑色	SnS	褐色	硅酸盐	
$Co(OH)_2$	粉红色	SnS_2	金黄色	$BaSiO_3$	白色
$Co(OH)_3$	褐棕色	CdS	黄色	$CuSiO_3$	蓝色
$Cr(OH)_3$	灰绿色	Sb_2S_3	橙色	$CoSiO_3$	紫色
氯化物		Sb_2S_5	橙红色	$Fe_2(SiO_3)_3$	棕红色

续表

化合物	颜色	化合物	颜色	化合物	颜色
$MnSiO_3$	肉色	$Cu(SCN)_2$	黑绿色	$Ag_4[Fe(CN)_6]$	白色
$NiSiO_3$	翠绿色	其他含氧酸盐		$Zn_2[Fe(CN)_6]$	白色
$ZnSiO_3$	白色	NH_4MgAsO_4	白色	$K_3[Co(NO_2)_6]$	黄色
草酸盐		Ag_3AsO_4	红褐色	$K_2Na[Co(NO_2)_6]$	黄色
CaC_2O_4	白色	$Ag_2S_2O_3$	白色	$(NH_4)_2Na[Co(NO_2)_6]$	黄色
$Ag_2C_2O_4$	白色	$BaSO_3$	白色	$K_2[PtCl_6]$	黄色
$FeC_2O_4 \cdot 2H_2O$	黄色	$SrSO_3$	白色	$KHC_4H_4O_6$	白色
类卤化合物		其他化合物		$Na[Sb(OH)_6]$	白色
$AgCN$	白色	$Fe_4[Fe(CN)_6]_3 \cdot xH_2O$	蓝色	$Na_2[Fe(CN)_5NO] \cdot 2H_2O$	红色
$Ni(CN)_2$	浅绿色	$Cu_2[Fe(CN)_6]$	红褐色	$NaOAc \cdot Zn(OAc)_2 \cdot 3[UO_2(Ac)_2] \cdot 9H_2O$	黄色
$Cu(CN)_2$	浅棕绿色	$Ag_3[Fe(CN)_6]$	橙色		
$CuCN$	白色	$Zn_3[Fe(CN)_6]_2$	黄褐色	$(NH_4)_2MoS_4$	血红色
$AgSCN$	白色	$Co_2[Fe(CN)_6]$	绿色		

① 相同浓度硫酸铜和硫酸钠溶液的比例(体积)不同时生成的碱式碳酸铜颜色不同。

$V_{CuSO_4}:V_{Na_2CO_3}$	碱式碳酸铜
2∶1.6	浅蓝绿色
1∶1	暗绿色

附录七 水的饱和蒸气压（$\times 10^2$ Pa，273.2～313.2K）

温度/K	0.0	0.2	0.4	0.6	0.8
273		6.105	6.195	6.286	6.379
274	6.473	6.567	6.663	6.759	6.858
275	6.958	7.058	7.159	7.262	7.366
276	7.473	7.579	7.687	7.797	7.907
277	8.019	8.134	8.249	8.365	8.483
278	8.603	8.723	8.846	8.970	9.095
279	9.222	9.350	9.481	9.611	9.745
280	9.881	10.017	10.155	10.295	10.436
281	10.580	10.726	10.872	11.022	11.172
282	11.324	11.478	11.635	11.792	11.952
283	12.114	12.278	12.443	12.610	12.779
284	12.951	13.124	13.300	13.478	13.658
285	13.839	14.023	14.210	14.397	14.587
286	14.779	14.973	15.171	15.369	15.572
287	15.776	15.981	16.191	16.401	16.615
288	16.831	17.049	17.260	17.493	17.719
289	17.947	18.177	18.410	18.648	18.886
290	19.128	19.372	19.618	19.869	20.121
291	20.377	20.634	20.896	21.160	21.426
292	21.694	21.968	22.245	22.523	22.805
293	23.090	23.378	23.669	23.963	24.261
294	24.561	24.865	25.171	25.482	25.797
295	26.114	26.434	26.758	27.086	27.418
296	27.751	28.088	28.430	28.775	29.124
297	29.478	29.834	30.195	30.560	30.928

续表

温度/K	0.0	0.2	0.4	0.6	0.8
298	31.299	31.672	32.049	32.432	32.820
299	33.213	33.609	34.009	34.413	34.820
300	35.232	35.649	36.070	36.496	36.925
301	37.358	37.796	38.237	38.683	39.135
302	39.593	40.054	40.519	40.990	41.466
303	41.945	42.429	42.918	43.411	43.908
304	44.412	44.923	45.439	45.958	46.482
305	47.011	47.547	48.087	48.632	49.184
306	49.740	50.301	50.869	51.441	52.020
307	52.605	53.193	53.788	54.390	54.997
308	55.609	56.229	56.854	57.485	58.122
309	58.766	59.412	60.067	60.727	61.395
310	62.070	62.751	63.437	64.131	64.831
311	65.537	66.251	66.969	67.693	68.425
312	69.166	69.917	70.673	71.434	72.202
313	72.977	73.759			

注：摘自 R. C. Weast，Handbook of Chemistry and Physics. D-189，70th. . edition，1989～1990

附录八　常见难溶化合物的溶度积常数

化合物	溶度积(温度/℃)	化合物	溶度积(温度/℃)
铝		钴	
铝酸 H_3AlO_3	4×10^{-13}(15)	硫化钴(Ⅱ)α-CoS	4.0×10^{-21}(18-25)
	1.1×10^{-15}(18)	β-CoS	2.0×10^{-25}(18-25)
	3.7×10^{-15}(25)	铜	
氢氧化铝	1.9×10^{-33}(18～20)	草酸铜	4.43×10^{-10}(25)
钡		一水合碘酸铜	6.94×10^{-8}(25)
碳酸钡	2.58×10^{-9}(25)	硫化铜	8.5×10^{-45}(18)
铬酸钡	1.17×10^{-10}(25)	溴化亚铜	6.27×10^{-9}(25)
氟化钡	1.84×10^{-7}(25)	氯化亚铜	1.72×10^{-7}(25)
碘酸钡 $Ba(IO_3)_2\cdot2H_2O$	1.67×10^{-9}(25)	碘化亚铜	1.27×10^{-12}(25)
碘酸钡	4.01×10^{-9}(25)	硫化亚铜	2×10^{-47}(16～18)
草酸钡 $BaC_2O_4\cdot2H_2O$	1.2×10^{-7}(18)	硫氰酸亚酮	1.77×10^{-13}(25)
硫酸钡	1.08×10^{-10}(25)	亚铁氰化铜	1.3×10^{-16}(18～25)
镉		铁	
草酸镉 $CdC_2O_4\cdot3H_2O$	1.42×10^{-8}(25)	氢氧化铁	2.79×10^{-39}(25)
氢氧化镉	7.2×10^{-15}(25)	氢氧化亚铁	4.87×10^{-17}(18)
硫化镉	3.6×10^{-29}(18)	草酸亚铁	2.1×10^{-7}(25)
钙		硫化亚铁	3.7×10^{-19}(18)
碳酸钙	3.36×10^{-9}(25)	铅	
氟化钙	3.45×10^{-11}(25)	碳酸铅	7.4×10^{-14}(25)
碘酸钙 $Ca(IO_3)_2\cdot6H_2O$	7.10×10^{-7}(25)	铬酸铅	1.77×10^{-14}(18)
碘酸钙	6.47×10^{-6}(25)	氟化铅	3.3×10^{-8}(25)
草酸钙	2.32×10^{-9}(25)	碘酸铅	3.69×10^{-13}(25)
草酸钙 $CaC_2O_4\cdot H_2O$	2.57×10^{-9}(25)	碘化铅	9.8×10^{-9}(25)
硫酸钙	4.93×10^{-5}(25)	草酸铅	2.74×10^{-11}(18)

续表

化合物	溶度积(温度/℃)	化合物	溶度积(温度/℃)
硫酸铅	2.53×10^{-8}(25)	溴化银	5.35×10^{-13}(25)
硫化铅	3.4×10^{-28}(18)	碳酸银	8.46×10^{-12}(25)
锂		氯化银	1.77×10^{-10}(25)
碳酸锂	8.15×10^{-4}(25)	铬酸银	1.2×10^{-12}(14.8)
镁		铬酸银	1.12×10^{-12}(25)
磷酸铵镁	2.5×10^{-13}(25)	重铬酸银	2×10^{-7}(25)
碳酸镁	6.82×10^{-6}(25)	氢氧化银	1.52×10^{-8}(20)
氟化镁	5.16×10^{-11}(25)	碘酸银	3.17×10^{-8}(25)
氢氧化镁	5.61×10^{-12}(25)	碘化银	0.32×10^{-16}(13)
氢氧化镁	4×10^{-14}(18)	碘化银	8.52×10^{-17}(25)
二水合草酸镁	4.83×10^{-6}(25)	硫化银	1.6×10^{-49}(18)
锰		溴酸银	5.38×10^{-5}(25)
硫化锰	1.4×10^{-15}(18)	硫氢酸银	0.49×10^{-12}(18)
汞		硫氢酸银	1.03×10^{-12}(25)
氢氧化汞	3.0×10^{-26}(18～25)	锶	
硫化汞(红)	4.0×10^{-53}(18～25)	碳酸锶	5.60×10^{-10}(25)
硫化汞(黑)	1.6×10^{-52}(18～25)	氟化锶	4.33×10^{-9}(25)
氯化亚汞	1.43×10^{-18}(25)	草酸锶	5.61×10^{-8}(18)
碘化亚汞	5.2×10^{-29}(25)	硫酸锶	3.44×10^{-7}(25)
溴化亚汞	6.4×10^{-23}(25)	铬酸锶	2.2×10^{-5}(18～25)
镍		锌	
硫化镍(Ⅱ)α-NiS	3.2×10^{-19}(18～25)	氢氧化锌	3×10^{-17}(25)
β-NiS	1.0×10^{-24}(18～25)	草酸锌 $ZnC_2O_4\cdot2H_2O$	1.38×10^{-9}(25)
γ-NiS	2.0×10^{-26}(18～25)	硫化锌	1.2×10^{-23}(18)
银			

附录九　常见氢氧化物沉淀的 pH

氢氧化物	开始沉淀时的 pH 初浓度[M^{n+}]		沉淀完全时 pH (残留离子浓度＜10^{-5} mol·L^{-1})	沉淀开始溶解时的 pH	沉淀完全溶解时的 pH
	1 mol·L^{-1}	0.01 mol·L^{-1}			
$Sn(OH)_4$	0	0.5	1	13	15
$TiO(OH)_2$	0	0.5	2.0	—	—
$Sn(OH)_2$	0.9	2.1	4.7	10	13.5
$ZrO(OH)_2$	1.3	2.3	3.8	—	—
HgO	1.3	2.4	5.0	11.5	
$Fe(OH)_3$	1.5	2.3	4.1	14	
$Al(OH)_3$	3.3	4.0	5.2	7.8	10.8
$Cr(OH)_3$	4.0	4.9	6.8	12	15
$Be(OH)_2$	5.2	6.2	8.8	—	—
$Zn(OH)_2$	5.4	6.4	8.0	10.5	12～13
Ag_2O	6.2	8.2	11.2	12.7	—
$Fe(OH)_3$	6.5	7.5	9.7	13.5	—
$Co(OH)_2$	6.6	7.6	9.2	14.1	—
$Ni(OH)_2$	6.7	7.7	9.5	—	—
$Cd(OH)_2$	7.2	8.2	9.7	—	—

续表

氢氧化物	开始沉淀时的pH 初浓度[M^{n+}]		沉淀完全时pH（残留离子浓度< 10^{-5} mol·L^{-1}）	沉淀开始溶解时的pH	沉淀完全溶解时的pH
	1 mol·L^{-1}	0.01 mol·L^{-1}			
$Mn(OH)_2$	7.8	8.8	10.4	14	—
$Mg(OH)_2$	9.4	10.4	12.4	—	—
$Pb(OH)_2$		7.2	8.7	10	13
$Ce(OH)_4$		0.8	1.2	—	—
$Th(OH)_4$		0.5			—
$Tl(OH)_3$		~0.6	~1.6	—	—
H_2WO_4		~0	~0	—	—
H_2MoO_4				~8	~9
稀土		6.8~8.5	~9.5	—	—
H_2UO_4		3.6	5.1	—	—

注：摘自北京师范大学化学系无机化学教研室编．简明化学手册．北京：北京出版社．1980

附录十　弱酸弱碱在水中的解离常数（25℃）

弱酸	分子式	K_a	pK_a
砷酸	H_3AsO_4	$6.3\times10^{-3}(K_{a1})$	2.20
		$1.0\times10^{-7}(K_{a2})$	7.00
		$3.2\times10^{-12}(K_{a3})$	11.50
亚砷酸	$HAsO_2$	6.0×10^{-10}	9.22
硼酸	H_3BO_3	5.8×10^{-10}	9.24
焦硼酸	$H_2B_4O_7$	$1.0\times10^{-4}(K_{a1})$	4
		$1.0\times10^{-9}(K_{a2})$	9
碳酸	$H_2CO_3(CO_2+H_2O)$	$4.2\times10^{-7}(K_{a1})$	6.38
		$5.6\times10^{-11}(K_{a2})$	10.25
氢氰酸	HCN	6.2×10^{-10}	9.21
铬酸	H_2CrO_4	$1.8\times10^{-1}(K_{a1})$	0.74
		$3.2\times10^{-7}(K_{a2})$	6.50
氢氟酸	HF	6.6×10^{-4}	3.18
亚硝酸	HNO_2	5.1×10^{-4}	3.29
过氧化氢	H_2O_2	1.8×10^{-12}	11.75
磷酸	H_3PO_4	$7.6\times10^{-3}(>K_{a1})$	2.12
		$6.3\times10^{-8}(K_{a2})$	7.2
		$4.4\times10^{-13}(K_{a3})$	12.36
焦磷酸	$H_4P_2O_7$	$3.0\times10^{-2}(K_{a1})$	1.52
		$4.4\times10^{-3}(K_{a2})$	2.36
		$2.5\times10^{-7}(K_{a3})$	6.60
		$5.6\times10^{-10}(K_{a4})$	9.25
亚磷酸	H_3PO_3	$5.0\times10^{-2}(K_{a1})$	1.30
		$2.5\times10^{-7}(K_{a2})$	6.60
氢硫酸	H_2S	$1.3\times10^{-7}(K_{a1})$	6.88
		$7.1\times10^{-15}(K_{a2})$	14.15
硫酸	HSO_4^-	$1.0\times10^{-2}(K_{a1})$	1.99

续表

弱酸	分子式	K_a	pK_a
亚硫酸	$H_3SO_3(SO_2+H_2O)$	$1.3\times10^{-2}(K_{a1})$ $6.3\times10^{-8}(K_{a2})$	1.90 7.20
偏硅酸	H_2SiO_3	$1.7\times10^{-10}(K_{a1})$ $1.6\times10^{-12}(K_{a2})$	9.77 11.8
甲酸	$HCOOH$	1.8×10^{-4}	3.74
乙酸	CH_3COOH	1.8×10^{-5}	4.74
一氯乙酸	$CH_2ClCOOH$	1.4×10^{-3}	2.86
二氯乙酸	$CHCl_2COOH$	5.0×10^{-2}	1.30
三氯乙酸	CCl_3COOH	0.23	0.64
氨基乙酸盐	$^+NH_3CH_2COOH^-$ $^+NH_3CH_2COO^-$	$4.5\times10^{-3}(K_{a1})$ $2.5\times10^{-10}(K_{a2})$	2.35 9.60
抗坏血酸	$C_6H_8O_6$	$5.0\times10^{-5}(K_{a1})$ $1.5\times10^{-10}(K_{a2})$	4.30 9.82
乳酸	$CH_3CHOHCOOH$	1.4×10^{-4}	3.86
苯甲酸	C_6H_5COOH	6.2×10^{-5}	4.21
草酸	$H_2C_2O_4$	$5.9\times10^{-2}(K_{a1})$ $6.4\times10^{-5}(K_{a2})$	1.22 4.19
d-酒石酸	CH(OH)COOH CH(OH)COOH	$9.1\times10^{-4}(K_{a1})$ $4.3\times10^{-5}(K_{a2})$	3.04 4.37
邻一苯二甲酸		$1.1\times10^{-3}(K_{a1})$ $3.9\times10^{-6}(K_{a2})$	2.95 5.41
柠檬酸	CH_2COOH CH(OH)COOH CH_2COOH	$7.4\times10^{-4}(K_{a1})$ $1.7\times10^{-5}(K_{a2})$ $4.0\times10^{-7}(K_{a3})$	3.13 4.76 6.40
苯酚	C_6H_5OH	1.1×10^{-10}	9.95
乙二胺四乙酸	H_6-$EDTA^{2+}$ H_5-$EDTA^+$ H_4-EDTA H_3-$EDTA^-$ H_2-$EDTA^{2-}$ H-$EDTA^{3-}$	$0.1(K_{a1})$ $3\times10^{-2}(K_{a2})$ $1\times10^{-2}(K_{a3})$ $2.1\times10^{-3}(K_{a4})$ $6.9\times10^{-7}(K_{a5})$ $5.5\times10^{-11}(K_{a6})$	0.9 1.6 2.0 2.67 6.17 10.26
氨水	NH_3	1.8×10^{-5}	4.74
联氨	H_2NNH_2	$3.0\times10^{-6}(K_{b1})$ $1.7\times10^{-5}(K_{b2})$	5.52 14.12
羟胺	NH_2OH	9.1×10^{-6}	8.04
甲胺	CH_3NH_2	4.2×10^{-4}	3.38
乙胺	$C_2H_5NH_2$	5.6×10^{-4}	3.25
二甲胺	$(CH_3)_2NH$	1.2×10^{-4}	3.93
二乙胺	$(C_2H_5)_2NH$	1.3×10^{-3}	2.89
乙醇胺	$HOCH_2CH_2NH_2$	3.2×10^{-5}	4.50
三乙醇胺	$(HOCH_2CH_2)_3N$	5.8×10^{-7}	6.24
六亚甲基四胺	$(CH_2)_6N_4$	1.4×10^{-9}	8.85
乙二胺	$H_2NHC_2CH_2NH_2$	$8.5\times10^{-5}(K_{b1})$ $7.1\times10^{-8}(K_{b2})$	4.07 7.15
吡啶		1.7×10^{-5}	8.77

附录十一 标准电极电势（298.16K）

1. 在酸性溶液中

电极反应	$E^{\ominus}/V$	电极反应	$E^{\ominus}/V$
$Ag^{+}+e^{-}=Ag$	0.7996	$Cd^{2+}+2e^{-}=Cd(Hg)$	−0.3521
$Ag^{2+}+e^{-}=Ag^{+}$	1.980	$Ce^{3+}+3e^{-}=Ce$	−2.483
$AgAc+e^{-}=Ag+Ac^{-}$	0.643	$Cl_2(g)+2e^{-}=2Cl^{-}$	1.35827
$AgBr+e^{-}=Ag+Br^{-}$	0.07133	$HClO+H^{+}+e^{-}=1/2Cl_2+H_2O$	1.611
$Ag_2BrO_3+e^{-}=2Ag+BrO_3^{-}$	0.546	$HClO+H^{+}+2e^{-}=Cl^{-}+H_2O$	1.482
$Ag_2C_2O_4+2e^{-}=2Ag+C_2O_4^{2-}$	0.4647	$ClO_2+H^{+}+e^{-}=HClO_2$	1.277
$AgCl+e^{-}=Ag+Cl^{-}$	0.22233	$HClO_2+2H^{+}+2e^{-}=HClO+H_2O$	1.645
$Ag_2CO_3+2e^{-}=2Ag+CO_2$	0.47	$HClO_2+3H^{+}+3e^{-}=1/2Cl_2+2H_2O$	1.628
$Ag_2CrO_4+2e^{-}=2Ag+CrO_4^{2-}$	0.4470	$HClO_2+3H^{+}+4e^{-}=Cl^{-}+2H_2O$	1.570
$AgF+e^{-}=Ag+F^{-}$	0.779	$ClO_3^{-}+2H^{+}+e^{-}=ClO_2+H_2O$	1.152
$AgI+e^{-}=Ag+I^{-}$	−0.15224	$ClO_3^{-}+3H^{+}+2e^{-}=HClO_2+H_2O$	1.214
$Ag_2S+2H+2e^{-}=2Ag+H_2S$	−0.0366	$ClO_3^{-}+6H^{+}+5e^{-}=1/2Cl_2+3H_2O$	1.47
$AgSCN+e^{-}=Ag+SCN^{-}$	0.08951	$ClO_3^{-}+6H^{+}+6e^{-}=Cl^{-}+3H_2O$	1.451
$Ag_2SO_4+2e^{-}=2Ag+SO_4^{2-}$	0.654	$ClO_4^{-}+2H^{+}+2e^{-}=ClO_3^{-}+H_2O$	1.189
$Al^{3+}+3e^{-}=Al$	−1.662		
$AlF_6^{3-}+3e^{-}=Al+6F^{-}$	−2.069	$ClO_4^{-}+8H^{+}+7e^{-}=1/2Cl_2+4H_2O$	1.39
$As_2O_3+6H^{+}+6e^{-}=2As+3H_2O$	0.234		
$HAsO_2+3H^{+}+3e^{-}=As+2H_2O$	0.248	$ClO_4^{-}+8H^{+}+8e^{-}=Cl^{-}+4H_2O$	1.389
$H_3AsO_4+2H^{+}+2e^{-}=HAsO_2+2H_2O$	0.560	$Co^{2+}+2e^{-}=Co$	−0.28
$Au^{+}+e^{-}=Au$	1.692	$Co^{3+}+e^{-}=Co^{2+}(2mol\cdot L^{-1}H_2SO_4)$	1.83
$Au^{3+}+3e^{-}=Au$	1.498	$CO_2+2H^{+}+2e^{-}=HCOOH$	−0.199
$AuCl_4^{-}+3e^{-}=Au+4Cl^{-}$	1.002	$Cr^{2+}+2e^{-}=Cr$	−0.913
$Au^{3+}+2e^{-}=Au^{+}$	1.401	$Cr^{3+}+e^{-}=Cr^{2+}$	−0.407
$H_3BO_3+3H^{+}+3e^{-}=B+3H_2O$	−0.8698	$Cr^{3+}+3e^{-}=Cr$	−0.744
$Ba^{2+}+2e^{-}=Ba$	−2.912	$Cr_2O_7^{2-}+14H^{+}+6e^{-}=2Cr^{3+}+7H_2O$	1.232
$Ba^{2+}+2e^{-}=Ba(Hg)$	−1.570	$HCrO_4^{-}+7H^{+}+3e^{-}=Cr^{3+}+4H_2O$	1.350
$Be^{2+}+2e^{-}=Be$	−1.847	$Cu^{+}+e^{-}=Cu$	0.521
$BiCl_4^{-}+3e^{-}=Bi+4Cl^{-}$	0.16	$Cu^{2+}+e^{-}=Cu^{+}$	0.153
$Bi_2O_4+4H^{+}+2e^{-}=2BiO^{+}+2H_2O$	1.593	$Cu^{2+}+2e^{-}=Cu$	0.3419
$BiO^{+}+2H^{+}+3e^{-}=Bi+H_2O$	0.320	$CuCl+e^{-}=Cu+Cl^{-}$	0.124
$BiOCl+2H^{+}+3e^{-}=Bi+Cl^{-}+H_2O$	0.1583	$F_2+2H^{+}+2e^{-}=2HF$	3.053
$Br_2(aq)+2e^{-}=2Br^{-}$	1.0873	$F_2+2e^{-}=2F^{-}$	2.866
$Br_2(l)+2e^{-}=2Br^{-}$	1.066	$Fe^{2+}+2e^{-}=Fe$	−0.447
$HBrO+H^{+}+2e^{-}=Br^{-}+H_2O$	1.331	$Fe^{3+}+3e^{-}=Fe$	−0.037
$HBrO+H^{+}+e^{-}=1/2Br_2(aq)+H_2O$	1.574	$Fe^{3+}+e^{-}=Fe^{2+}$	0.771
$HBrO+H^{+}+e^{-}=1/2Br_2(l)+H_2O$	1.596	$[Fe(CN)_6]^{3-}+e^{-}=[Fe(CN)_6]^{4-}$	0.358
$BrO_3^{-}+6H^{+}+5e^{-}=1/2Br_2+3H_2O$	1.482	$FeO_4^{2-}+8H^{+}+3e^{-}=Fe^{3+}+4H_2O$	2.20
$BrO_3^{-}+6H^{+}+6e^{-}=Br^{-}+3H_2O$	1.423	$Ga^{3+}+3e^{-}=Ga$	−0.560
$Ca^{2+}+2e^{-}=Ca$	−2.868	$2H^{+}+2e^{-}=H_2$	0.00000
$Cd^{2+}+2e^{-}=Cd$	−0.4030	$H_2(g)+2e^{-}=2H^{-}$	−2.23
$CdSO_4+2e^{-}=Cd+SO_4^{2-}$	−0.246	$HO_2+H^{+}+e^{-}=H_2O_2$	1.495

续表

电极反应	$E^{\ominus}$/V	电极反应	$E^{\ominus}$/V
$H_2O_2+2H^++2e^-$ ══ $2H_2O$	1.776	$O_2+4H^++4e^-$ ══ $2H_2O$	1.229
$Hg^{2+}+2e^-$ ══ Hg	0.851	$O(g)+2H^++2e^-$ ══ H_2O	2.421
$2Hg^{2+}+2e^-$ ══ Hg_2^{2+}	0.920	$O_3+2H^++2e^-$ ══ O_2+H_2O	2.076
$Hg_2^{2+}+2e^-$ ══ $2Hg$	0.7973	$P(red)+3H^++3e^-$ ══ $PH_3(g)$	−0.111
$Hg_2Br_2+2e^-$ ══ $2Hg+2Br^-$	0.13923	$P(white)+3H^++3e^-$ ══ $PH_3(g)$	−0.063
$Hg_2Cl_2+2e^-$ ══ $2Hg+2Cl^-$	0.26808	$H_3PO_2+H^++e^-$ ══ $P+2H_2O$	−0.508
$Hg_2I_2+2e^-$ ══ $2Hg+2I^-$	−0.0405	$H_3PO_3+2H^++2e^-$ ══ $H_3PO_2+H_2O$	−0.499
$Hg_2SO_4+2e^-$ ══ $2Hg+SO_4^{2-}$	0.6125	$H_3PO_3+3H^++3e^-$ ══ $P+3H_2O$	−0.454
I_2+2e^- ══ $2I^-$	0.5355	$H_3PO_4+2H^++2e^-$ ══ $H_3PO_3+H_2O$	−0.276
$I_3^-+2e^-$ ══ $3I^-$	0.536	$Pb^{2+}+2e^-$ ══ Pb	−0.1262
$H_5IO_6+H^++2e^-$ ══ $IO_3^-+3H_2O$	1.601	$PbBr_2+2e^-$ ══ $Pb+2Br^-$	−0.284
$2HIO+2H^++2e^-$ ══ I_2+2H_2O	1.439	$PbCl_2+2e^-$ ══ $Pb+2Cl^-$	−0.2675
$HIO+H^++2e^-$ ══ I^-+H_2O	0.987	PbF_2+2e^- ══ $Pb+2F^-$	−0.3444
$2IO_3^-+12H^++10e^-$ ══ I_2+6H_2O	1.195	PbI_2+2e^- ══ $Pb+2I^-$	−0.365
$IO_3^-+6H^++6e^-$ ══ I^-+3H_2O	1.085	$PbO_2+4H^++2e^-$ ══ $Pb^{2+}+2H_2O$	1.455
$In^{3+}+2e^-$ ══ In^+	−0.443	$PbO_2+SO_4^{2-}+4H^++2e^-$ ══ $PbSO_4+2H_2O$	1.6913
$In^{3+}+3e^-$ ══ In	−0.3382	$PbSO_4+2e^-$ ══ $Pb+SO_4^{2-}$	−0.3588
$Ir^{3+}+3e^-$ ══ Ir	1.159	$Pd^{2+}+2e^-$ ══ Pd	0.951
K^++e^- ══ K	−2.931	$PdCl_4^{2-}+2e^-$ ══ $Pd+4Cl^-$	0.591
$La^{3+}+3e^-$ ══ La	−2.522	$Pt^{2+}+2e^-$ ══ Pt	1.118
Li^++e^- ══ Li	−3.0401	Rb^++e^- ══ Rb	−2.98
$Mg^{2+}+2e^-$ ══ Mg	−2.372	$Re^{3+}+3e^-$ ══ Re	0.300
$Mn^{2+}+2e^-$ ══ Mn	−1.185	$S+2H^++2e^-$ ══ $H_2S(aq)$	0.142
$Mn^{3+}+e^-$ ══ Mn^{2+}	1.5415	$S_2O_6^{2-}+4H^++2e^-$ ══ $2H_2SO_3$	0.564
$MnO_2+4H^++2e^-$ ══ $Mn^{2+}+2H_2O$	1.224	$S_2O_8^{2-}+2e^-$ ══ $2SO_4^{2-}$	2.010
$MnO_4^-+e^-$ ══ MnO_4^{2-}	0.558	$S_2O_8^{2-}+2H^++2e^-$ ══ $2HSO_4^-$	2.123
$MnO_4^-+4H^++3e^-$ ══ MnO_2+2H_2O	1.679	$2H_2SO_3+H^++2e^-$ ══ $H_2SO_4^-+2H_2O$	−0.056
$MnO_4^-+8H^++5e^-$ ══ $Mn^{2+}+4H_2O$	1.507	$H_2SO_3+4H^++4e^-$ ══ $S+3H_2O$	0.449
$MO^{3+}+3e^-$ ══ MO	−0.200	$SO_4^{2-}+4H^++2e^-$ ══ $H_2SO_3+H_2O$	0.172
$N_2+2H_2O+6H^++6e^-$ ══ $2NH_4OH$	0.092	$2SO_4^{2-}+4H^++2e^-$ ══ $S_2O_6^{2-}+2H_2O$	−0.22
$3N_2+2H^++2e^-$ ══ $2NH_3(aq)$	−3.09	$Sb+3H^++3e^-$ ══ $2SbH_3$	−0.510
$N_2O+2H^++2e^-$ ══ N_2+H_2O	1.766	$Sb_2O_3+6H^++6e^-$ ══ $2Sb+3H_2O$	0.152
$N_2O_4+2e^-$ ══ $2NO_2^-$	0.867	$Sb_2O_5+6H^++4e^-$ ══ $2SbO^++3H_2O$	0.581
$N_2O_4+2H^++2e^-$ ══ $2HNO_2$	1.065	$SbO^++2H^++3e^-$ ══ $Sb+H_2O$	0.212
$N_2O_4+4H^++4e^-$ ══ $2NO+2H_2O$	1.035	$Sc^{3+}+3e^-$ ══ Sc	−2.077
$2NO+2H^++2e^-$ ══ N_2O+H_2O	1.591	$Se+2H^++2e^-$ ══ $H_2Se(aq)$	−0.399
$HNO_2+H^++e^-$ ══ $NO+H_2O$	0.983	$H_2SeO_3+4H^++4e^-$ ══ $Se+3H_2O$	0.74
$2HNO_2+4H^++4e^-$ ══ N_2O+3H_2O	1.297	$SeO_4^{2-}+4H^++2e^-$ ══ $H_2SeO_3+H_2O$	1.151
$NO_3^-+3H^++2e^-$ ══ HNO_2+H_2O	0.934	$SiF_6^{2-}+4e^-$ ══ $Si+6F^-$	−1.24
$NO_3^-+4H^++3e^-$ ══ $NO+2H_2O$	0.957	$(quartz)SiO_2+4H^++4e^-$ ══ $Si+2H_2O$	0.857
$2NO_3^-+4H^++2e^-$ ══ $N_2O_4+2H_2O$	0.803	$Sn^{2+}+2e^-$ ══ Sn	−0.1375
Na^++e^- ══ Na	−2.71	$Sn^{4+}+2e^-$ ══ Sn^{2+}	0.151
$Nb^{3+}+3e^-$ ══ Nb	−1.1	Sr^++e^- ══ Sr	−4.10
$Ni^{2+}+2e^-$ ══ Ni	−0.257	$Sr^{2+}+2e^-$ ══ Sr	−2.89
$NiO_2+4H^++2e^-$ ══ $Ni^{2+}+2H_2O$	1.678	$Sr^{2+}+2e^-$ ══ $Sr(Hg)$	−1.793
$O_2+2H^++2e^-$ ══ H_2O_2	0.695	$Te+2H^++2e^-$ ══ H_2Te	−0.793

续表

电极反应	$E^{\ominus}$/V	电极反应	$E^{\ominus}$/V
$Te^{4+}+4e^{-}=Te$	0.568	$V^{3+}+e^{-}=V^{2+}$	−0.255
$TeO_2+4H^{+}+4e^{-}=Te+2H_2O$	0.593	$VO^{2+}+2H^{+}+e^{-}=V^{3+}+H_2O$	0.337
$TeO_4^{-}+8H^{+}+7e^{-}=Te+4H_2O$	0.472	$VO_2^{+}+2H^{+}+e^{-}=VO^{2+}+H_2O$	0.991
$H_6TeO_6+2H^{+}+2e^{-}=TeO_2+4H_2O$	1.02	$V(OH)_4^{+}+2H^{+}+e^{-}=VO^{2+}+3H_2O$	1.00
$Th^{4+}+4e^{-}=Th$	−1.899	$V(OH)_4^{+}+4H^{+}+5e^{-}=V+4H_2O$	−0.254
$Ti^{2+}+2e^{-}=Ti$	−1.630	$W_2O_5+2H^{+}+2e^{-}=2WO_2+H_2O$	−0.031
$Ti^{3+}+e^{-}=Ti^{2+}$	−0.368	$WO_2+4H^{+}+4e^{-}=W+2H_2O$	−0.119
$TiO^{2+}+2H^{+}+e^{-}=Ti^{3+}+H_2O$	0.099	$WO_3+6H^{+}+6e^{-}=W+3H_2O$	−0.090
$TiO_2+4H^{+}+2e^{-}=Ti^{2+}+2H_2O$	−0.502	$2WO_3+2H^{+}+2e^{-}=W_2O_5+H_2O$	−0.029
$Tl^{+}+e^{-}=Tl$	−0.336	$Y^{3+}+3e^{-}=Y$	−2.37
$V^{2+}+2e^{-}=V$	−1.175	$Zn^{2+}+2e^{-}=Zn$	−0.7618

2. 在碱性溶液中

电极反应	$E^{\ominus}$/V	电极反应	$E^{\ominus}$/V
$AgCN+e^{-}=Ag+CN^{-}$	−0.017	$Cu(OH)_2+2e^{-}=Cu+2OH^{-}$	−0.222
$[Ag(CN)_2]^{-}+e^{-}=Ag+2CN^{-}$	−0.31	$2Cu(OH)_2+2e^{-}=Cu_2O+2OH^{-}+H_2O$	−0.080
$Ag_2O+H_2O+2e^{-}=2Ag+2OH^{-}$	0.342	$[Fe(CN)_6]^{3-}+e^{-}=[Fe(CN)_6]^{4-}$	0.358
$2AgO+H_2O+2e^{-}=Ag_2O+2OH^{-}$	0.607	$Fe(OH)_3+e^{-}=Fe(OH)_2+OH^{-}$	−0.56
$Ag_2S+2e^{-}=2Ag+S^{2-}$	−0.691	$H_2GaO_3^{-}+H_2O+3e^{-}=Ga+4OH^{-}$	−1.219
$H_2AlO_3^{-}+H_2O+3e^{-}=Al+4OH^{-}$	−2.33	$2H_2O+2e^{-}=H_2+2OH^{-}$	−0.8277
$AsO_2^{-}+2H_2O+3e^{-}=As+4OH^{-}$	−0.68	$Hg_2O+H_2O+2e^{-}=2Hg+2OH^{-}$	0.123
$AsO_4^{3-}+2H_2O+2e^{-}=AsO_2^{-}+4OH^{-}$	−0.71	$HgO+H_2O+2e^{-}=Hg+2OH^{-}$	0.0977
$H_2BO_3^{-}+5H_2O+8e^{-}=BH_4^{-}+8OH^{-}$	−1.24	$H_3IO_3^{2-}+2e^{-}=IO_3^{-}+3OH^{-}$	0.7
$H_2BO_3^{-}+H_2O+3e^{-}=B+4OH^{-}$	−1.79	$IO^{-}+H_2O+2e^{-}=I^{-}+2OH^{-}$	0.485
$Ba(OH)_2+2e^{-}=Ba+2OH^{-}$	−2.99	$IO_3^{-}+2H_2O+4e^{-}=IO^{-}+4OH^{-}$	0.15
$Be_2O_3^{2-}+3H_2O+4e^{-}=2Be+6OH^{-}$	−2.63	$IO_3^{-}+3H_2O+6e^{-}=I^{-}+6OH^{-}$	0.26
$Bi_2O_3+3H_2O+6e^{-}=2Bi+6OH^{-}$	−0.46	$Ir_2O_3+3H_2O+6e^{-}=2Ir+6OH^{-}$	0.098
$BrO^{-}+H_2O+2e^{-}=Br^{-}+2OH^{-}$	0.761	$La(OH)_3+3e^{-}=La+3OH^{-}$	−2.90
$BrO_3^{-}+3H_2O+6e^{-}=Br^{-}+6OH^{-}$	0.61	$Mg(OH)_2+2e^{-}=Mg+2OH^{-}$	−2.690
$Ca(OH)_2+2e^{-}=Ca+2OH^{-}$	−3.02	$MnO_4^{-}+2H_2O+3e^{-}=MnO_2+4OH^{-}$	0.595
$Ca(OH)_2+2e^{-}=Ca(Hg)+2OH^{-}$	−0.809	$MnO_4^{2-}+2H_2O+2e^{-}=MnO_2+4OH^{-}$	0.60
$ClO^{-}+H_2O+2e^{-}=Cl^{-}+2OH^{-}$	0.81	$Mn(OH)_2+2e^{-}=Mn+2OH^{-}$	−1.56
$ClO_2^{-}+H_2O+2e^{-}=ClO^{-}+2OH^{-}$	0.66	$Mn(OH)_3+e^{-}=Mn(OH)_2+OH^{-}$	0.15
$ClO_2^{-}+2H_2O+4e^{-}=Cl^{-}+4OH^{-}$	0.76	$2NO+H_2O+2e^{-}=N_2O+2OH^{-}$	0.76
$ClO_3^{-}+H_2O+2e^{-}=ClO_2^{-}+2OH^{-}$	0.33	$NO+H_2O+e^{-}=NO+2OH^{-}$	−0.46
$ClO_3^{-}+3H_2O+6e^{-}=Cl^{-}+6OH^{-}$	0.62	$2NO_2^{-}+2H_2O+4e^{-}=N_2^{2-}+4OH^{-}$	−0.18
$ClO_4^{-}+H_2O+2e^{-}=ClO_3^{-}+2OH^{-}$	0.36	$2NO_2^{-}+3H_2O+4e^{-}=N_2O+6OH^{-}$	0.15
$[Co(NH_3)_6]^{3+}+e^{-}=[Co(NH_3)_6]^{2+}$	0.108	$NO_3^{-}+H_2O+2e^{-}=NO_2^{-}+2OH^{-}$	0.01
$Co(OH)_2+2e^{-}=Co+2OH^{-}$	−0.73	$2NO_3^{-}+2H_2O+2e^{-}=N_2O_4+4OH^{-}$	−0.85
$Co(OH)_3+e^{-}=Co(OH)_2+OH^{-}$	0.17	$Ni(OH)_2+2e^{-}=Ni+2OH^{-}$	−0.72
$CrO_2^{-}+2H_2O+3e^{-}=Cr+4OH^{-}$	−1.2	$NiO_2+2H_2O+2e^{-}=Ni(OH)_2+2OH^{-}$	−0.490
$CrO_4^{2-}+4H_2O+3e^{-}=Cr(OH)_3+5OH^{-}$	−0.13	$O_2+H_2O+2e^{-}=HO_2^{-}+OH^{-}$	−0.076
$Cr(OH)_3+3e^{-}=Cr+3OH^{-}$	−1.48	$O_2+2H_2O+2e^{-}=H_2O_2+2OH^{-}$	−0.146
$Cu^{2}+2CN^{-}+e^{-}=[Cu(CN)_2]^{-}$	1.103	$O_2+2H_2O+4e^{-}=4OH^{-}$	0.401
$[Cu(CN)_2]^{-}+e^{-}=Cu+2CN^{-}$	−0.429	$O_3+H_2O+2e^{-}=O_2+2OH^{-}$	1.24
$Cu_2O+H_2O+2e^{-}=2Cu+2OH^{-}$	−0.360	$HO_2^{-}+H_2O+2e^{-}=3OH^{-}$	0.878

续表

电极反应	$E^{\ominus}$/V	电极反应	$E^{\ominus}$/V
$P+3H_2O+3e^- = PH_3(g)+3OH^-$	−0.87	$2SO_3^{2-}+3H_2O+4e^- = S_2O_3^{2-}+6OH^-$	−0.571
$H_2PO_2^-+e^- = P+2OH^-$	−1.82	$SO_4^{2-}+H_2O+2e^- = SO_3^{2-}+2OH^-$	−0.93
$HPO_3^{2-}+2H_2O+2e^- = H_2PO_2^-+3OH^-$	−1.65	$SbO_2^-+2H_2O+3e^- = Sb+4OH^-$	−0.66
$HPO_3^{2-}+2H_2O+3e^- = P+5OH^-$	−1.71	$SbO_3^-+H_2O+2e^- = SbO_2^-+2OH^-$	−0.59
$PO_4^{3-}+2H_2O+2e^- = HPO_3^{2-}+3OH^-$	−1.05	$SeO_3^{2-}+3H_2O+4e^- = Se+6OH^-$	−0.366
$PbO+H_2O+2e^- = Pb+2OH^-$	−0.580	$SeO_4^{2-}+H_2O+2e^- = SeO_3^{2-}+2OH^-$	0.05
$HPbO_2^-+H_2O+2e^- = Pb+3OH^-$	−0.537	$SiO_3^{2-}+3H_2O+4e^- = Si+6OH^-$	−1.697
$PbO_2+H_2O+2e^- = PbO+2OH^-$	0.247	$HSnO_2^-+H_2O+2e^- = Sn+3OH^-$	−0.909
$Pd(OH)_2+2e^- = Pd+2OH^-$	0.07	$Sn(OH)_3^{2-}+2e^- = HSnO_2^-+3OH^-+H_2O$	−0.93
$Pt(OH)_2+2e^- = Pt+2OH^-$	0.14	$Sr(OH)+2e^- = Sr+2OH^-$	−2.88
$ReO_4^-+4H_2O+7e^- = Re+8OH^-$	−0.584	$Te+2e^- = Te^{2-}$	−1.143
$S+2e^- = S^{2-}$	−0.47627	$TeO_3^{2-}+3H_2O+4e^- = Te+6OH^-$	−0.57
$S+H_2O+2e^- = HS^-+OH^-$	−0.478	$Th(OH)_4+4e^- = Th+4OH^-$	−2.48
$2S+2e^- = S_2^{2-}$	−0.42836	$Tl_2O_3+3H_2O+3e^- = 2Tl^++6OH^-$	0.02
$S_4O_6^{2-}+2e^- = 2S_2O_3^{2-}$	0.08	$ZnO_2^{2-}+2H_2O+2e^- = Zn+4OH^-$	−1.215
$2SO_3^{2-}+2H_2O+2e^- = S_2O_4^{2-}+4OH^-$	−1.12		

注：摘自 R. C. Weast. Handbook of Chemistry and Physics，D-151. 70th ed. 1989-1990 。

附录十二 常见的共沸混合物

1. 与水形成的二元共沸物（水的沸点 100℃）

溶剂	沸点/℃	共沸点/℃	含水量/%
乙醚	35	34	1
二硫化碳	46	44	2
氯仿	61.2	56.1	2.5
四氯化碳	77	66	4
乙醇	78.3	78.1	4.4
乙酸乙酯	77.1	70.4	6.1
苯	80.4	69.2	8.8
异丙醇	82.4	80.4	12.1
丙烯腈	78	70	13
甲苯	110.5	84.1	13.5
乙腈	82	76	16
二氯乙烷	83.7	72	19.5
甲酸	100.7	77.5	22.5
正丙醇	97.2	87.7	28.8
二甲苯	137～140.5	92	35
正丁醇	117.7	92.2	37.5
吡啶	115.5	92.5	40.6
正戊醇	138.3	95.4	44.7
异戊醇	131	95.1	49.6
氯乙醇	129	97.8	59
异丁醇	108.4	89.9	88.2

2. 常见有机溶剂间的共沸混合物

共沸混合物	组分的沸点/℃	共沸物的组成(ω_B)/%	共沸物的沸点/℃
乙醇-乙酸乙酯	78.3,78	30∶70	72
乙醇-苯	78.3,80.6	32∶68	68.2
乙醇-氯仿	78.3,61.2	7∶93	59.4
乙醇-四氯化碳	78.3,77	16∶84	64.9
乙酸乙酯-四氯化碳	78,77	43∶57	75
甲醇-四氯化碳	64.7,77	21∶79	55.7
甲醇-苯	64.7,80.6	39∶61	48.3
氯仿-丙酮	61.2,56.4	80∶20	64.7
甲苯-乙酸	110.6,118.5	72∶28	105.4
乙醇-苯-水	78.3,80.6,100	19∶74∶7	64.9

附录十三 常用有机溶剂的除水方法

有机物	干燥剂
烷烃、芳烃、醚类	$CaCl_2$,Na,P_2O_5
醇类	K_2CO_3,$MgSO_4$,Na_2SO_4,CaO,$CuSO_4$
醛类	$MgSO_4$,Na_2SO_4,$CaCl_2$
酮类	$MgSO_4$,Na_2SO_4,K_2CO_3,$CaCl_2$
酸类	$MgSO_4$,Na_2SO_4
酯类	$MgSO_4$,Na_2SO_4,K_2CO_3
卤代烃	$MgSO_4$,Na_2SO_4,$CaCl_2$,P_2O_5
有机碱类(胺类)	NaOH,KOH
酚类	Na_2SO_4
腈类	K_2CO_3
硝基化物	$CaCl_2$,Na_2SO_4
肼类	K_2CO_3

附录十四 常用有机溶剂的物理常数

溶剂	沸点/℃	熔点/℃	分子量	相对密度(20℃)	相对介电常数	溶解度/g·(100g H_2O)$^{-1}$
乙醚	35	−116	74	0.71	4.3	6.0
二硫化碳	46	−111	76	1.26	2.6	0.29 (20℃)
丙酮	56	−95	58	0.79	20.7	∞
氯仿	61	−64	119	1.49	4.8	0.82 (20℃)
甲醇	65	−98	32	0.79	32.7	∞
四氯化碳	77	−23	154	1.59	2.2	0.08
乙酸乙酯	77	−84	88	0.90	6.0	8.1
乙醇	78	−114	46	0.79	24.6	∞

续表

溶剂	沸点/℃	熔点/℃	分子量	相对密度(20℃)	相对介电常数	溶解度/g·(100g H_2O)$^{-1}$
苯	80	5.5	78	0.88	2.3	0.18
异丙醇	82	−88	60	0.79	19.9	∞
正丁醇	118	−89	74	0.81	17.5	7.45
甲酸	101	8	46	1.22	58.5	∞
甲苯	111	−95	92	0.87	2.4	0.05
吡啶	115	−42	79	0.98	12.4	∞
乙酸	118	17	60	1.05	6.2	∞
乙酐	140	−73	102	1.08	2.0.7	反应
硝基苯	211	6	123	1.20	34.8	0.19(20℃)

参考文献

[1] 林宝凤．基础化学实验技术绿色化教程．北京：科学出版社，2003.

[2] 刘瑾，王颖，李真．大学化学基础实验．北京：化学工业出版社，2018.

[3] 汪丽梅，窦立岩．材料化学实验教程．北京：冶金工业出版社，2010.

[4] 朗建平，卞国庆．无机化学实验．第二版，南京：南京大学出版社，2013.

[5] 林志强．综合化学实验．北京：科学出版社，2005.

[6] 李运涛．无机及分析化学实验．北京：化学工业出版社，2019.

[7] 华东化工学院．无机化学实验．第三版．北京：高等教育出版社，2000.

[8] 吴茂英，余倩．微型无机及分析化学实验．北京：化学工业出版社，2013.

[9] 北京师范大学，东北师范大学，华中师范大学，南京师范大学．无机化学实验．第三版．北京：高等教育出版社，2001.

[10] 罗志刚．基础化学实验技术．广州：华南理工大学出版社，2007.

[11] 侯振雨，范文秀，郝海玲．无机及分析化学实验．第三版．北京：化学工业出版社，2016.

[12] 姚思童，刘利，张进．大学化学实验（Ⅰ）无机化学实验．北京：化学工业出版社，2018.

[13] 浙江大学，华东理工大学，四川大学．新编大学化学实验．北京：高等教育出版社，2003.

[14] 马卫兴，李艳辉，沙鸥等．Excel在创新分光度分析新方法中的应用．甘肃科技，2006，22（5）：69-71.

[15] 南京大学．大学化学实验．北京：高等教育出版社，2001.

[16] 周宁怀．微型无机化学实验．北京：科学出版社，2000.

[17] 胡海峰，王晓研，董倩．应用 Origin 软件处理水中铬含量的测定实验数据．广东化工，2018，45（6）：81-82.

[18] 蒋玉思，张建华，程华月．印制电路板酸性蚀刻液的回收利用．化工环保，2009，29（3）：235-238.

[19] 申世刚，李立军，赵晓珑．基础化学实验 5 综合设计与探索．北京：化学工业出版社，2016.

[20] 刘绍乾，方正法，杨章鸿等．磺基水杨酸合铜配合物组成和稳定常数测定实验的改进．大学化学，2018，33（3）：59-62.

[21] 汪利平，于秀玲．清洁生产和末端治理的发展．中国人口·资源与环境，2010，20（3）：438-431.

[22] 葛秀涛．化学科学实验基础．合肥：中国科学技术大学出版社，2020.

[23] 李长恭，冯喜兰．有机化学实验．北京：化学工业出版社，2015.

[24] 谭迪，杨克儿，佟珊玲等．无溶剂微波法合成 meso-苯基四苯并卟啉锌．化学与生物工程，2006，23（7）：51～53.

[25] 吴茂英，肖楚民．微型无机化学实验．北京：化学工业出版社，2012.

[26] 武汉大学．分析化学实验．第四版．北京：高等教育出版社，2001.

[27] 陶建中．基础化学实验．成都：四川科学技术出版社，1998.

[28] 李梅．化学实验与生活．北京：化学工业出版社，2009.

参考文献